计算机基础和 OFFICE 高级应用

主　编　周少卿　许桂平　王霞成

主　审　刘言强

北京理工大学出版社

BEIJING INSTITUTE OF TECHNOLOGY PRESS

内 容 简 介

本书主要介绍了计算机基础知识、Windows 7 操作系统、Word 2016、Excel 2016、PowerPoint 2016、计算机网络和 Internet 使用等内容。考虑到学生已经具有一定的计算机应用能力和今后就业的需要，本书在介绍计算机基础知识和 Office 软件常用功能的基础上，还介绍了 MS Office 高级应用的内容。本书采用案例教学的方式，通过对一系列案例的剖析，使读者在掌握计算机基础知识的基础上，熟练应用 Office 办公软件的常用功能及典型的高级功能。

本书以"课证融合"为目标，紧扣教育部考试中心制定的全国计算机等级考试一级《计算机基础和 MS Office 应用》和二级《MS Office 高级应用》2021 年考试大纲的要求设计了习题，为读者顺利通过计算机等级考试做了充分准备。本书既可以作为高职高专计算机公共课程的教材，也可以作为各类成人教育机构的教材，还可供各类培训班使用。

图书在版编目（CIP）数据

计算机基础和 OFFICE 高级应用／周少卿，许桂平，
王霞成主编．－－北京：北京理工大学出版社，2021.8
ISBN 978－7－5763－0225－7

Ⅰ．①计… Ⅱ．①周… ②许… ③王… Ⅲ．①电子计
算机－高等职业教育－教材②办公自动化－应用软件－高
等职业教育－教材 Ⅳ．①TP3

中国版本图书馆 CIP 数据核字（2021）第 172983 号

出版发行／北京理工大学出版社有限责任公司
社　　　址／北京市海淀区中关村南大街 5 号
邮　　　编／100081
电　　　话／（010）68914775（总编室）
　　　　　　（010）82562903（教材售后服务热线）
　　　　　　（010）68944723（其他图书服务热线）
网　　　址／http：//www.bitpress.com.cn
经　　　销／全国各地新华书店
印　　　刷／唐山富达印务有限公司
开　　　本／787 毫米×1092 毫米　1/16
印　　　张／19　　　　　　　　　　　　　　　　责任编辑／王玲玲
字　　　数／446 千字　　　　　　　　　　　　　文案编辑／王玲玲
版　　　次／2021 年 8 月第 1 版　2021 年 8 月第 1 次印刷　　责任校对／刘亚男
定　　　价／53.00 元　　　　　　　　　　　　　责任印制／施胜娟

前言
Preface

  本书是根据教育部考试中心制定的全国计算机等级考试一级《计算机基础和 MS Office 应用》和二级《MS Office 高级应用》2021 年考试大纲编写的，在 Windows 7 的操作系统平台下，使用 Office 2016 办公软件进行教学与实训。

  一级《计算机基础和 MS Office 应用》是操作技能等级考试，考核考生计算机基础知识及计算机基本操作能力，所以本书介绍了计算机基础知识、Windows 7 操作系统、Word 2016、Excel 2016、PowerPoint 2016、计算机网络与 Internet 使用等内容。

  通过本书的学习，读者将对计算机的基本概念、微型计算机的工作原理、多媒体技术和计算机网络知识有全面的了解和认识，并且能够熟练掌握操作系统软件和常用 Office 软件各功能的使用。

  随着计算机在办公领域应用的广泛和深入，从业人员仅仅掌握 Office 软件的常用功能已经远远不能适应工作的要求了，他们需要熟练掌握办公软件的高级应用功能，不但能够高效、规范地处理越来越多的办公文档，而且能够应用办公软件的高级功能整合、分析并且充分利用各种数据信息。在这样的形势下，全国计算机等级考试从 2013 年下半年起增设了《MS Office 高级应用》二级考试科目。持有全国计算机等级考试二级《MS Office 高级应用》合格证书有助于求职办公室管理岗位，如果持有《MS Office 高级应用》优秀证书，更会使证书持有人具有更强的竞争力，所以，该科目开考以后，就立即受到了广大在校学生和在职人员的欢迎。同时，由于学生在中学阶段已经学习过计算机基本知识和 Office 软件的常用功能，部分学生已经获得《计算机基础和 MS Office 应用》一级证书，本书正是从学生的基础和就业的需要两方面考虑，增加了 MS Office 高级应用的内容。

  本书采用案例教学的方式，通过对一系列案例的剖析，使读者通过对实例的操作，实现"学中做、做中学"，可以更快、更直观地掌握计算机基础知识及常用 Office 软件的功能。本书强调实践操作，并且以"课证融合"为目标，紧扣全国计算机《计算机基础和 MS Office 应用》一级考试和《MS Office 高级应用》二级考试的要求设计了习题，为读者顺利通过计算机等级考试创造了有利条件。

  本书由昆山登云科技职业学院周少卿、许桂平、王霞成三位老师主编，其中，周少卿老师编写第 1、5、6、9 章及第 10 章的内容，许桂平老师编写第 2、3、7 章的内容，王霞成老师编写第 4、8 章的内容。工学院刘言强院长担任本书的主审。

本书在编写过程中吸取了历年来计算机应用基础课程教学改革和组织学生参加全国计算机等级考试的经验，同时，许多兄弟院校的专家对本课程的建设和本书的编写提供了许多帮助，在此一并表示感谢。

　　由于编者水平有限，并且新考纲颁布时间较短，编写时间较为仓促，书中不妥之处难免，敬请同行和读者批评指正。

编　者

目录 Contents

第1章 计算机基础知识

1946年诞生的电子数字计算机是20世纪的一项重大科技发明，引起了科学技术乃至整个社会的飞速发展，使现代社会正在发生日新月异的变化。21世纪，人类进入了一个全新的时代——信息时代，计算机和信息技术给人们的工作、学习、生活带来巨大的变化，人们可以有效地利用计算机和信息技术来提高经济效益、促进社会发展、提高生活质量。计算机与信息技术的基础知识已成为人们必备的基本素养。

本章主要介绍计算机的基本知识，通过本章的学习，读者应掌握：

1. 计算机的发展、特点、分类及其应用领域。
2. 计算机硬件系统的组成、作用及简单工作原理。
3. 微机的基本配置、常用设备及性能指标。
4. 计算机软件系统的组成，系统软件和应用软件的概念和作用。
5. 信息的计算机表示和计算机使用的常用数制。
6. 计算机的性能和技术指标。
7. 计算机病毒的概念及防治。
8. 信息安全与计算机职业道德。

1.1 计算机概述

在人类文明发展的历史长河中，计算工具也经历了从简单到复杂、从低级到高级的发展过程，计算机最早应用于计算，它也因此而得名。计算机是电子数字计算机的简称，它是一种能自动、高速、精确地进行信息处理的现代化的电子装置，它能自动完成对数据、图形等信息的加工处理、存储或传送，并输出人们所需的信息。

1.1.1 计算机发展史

1946年2月15日，第一台电子计算机ENIAC（Electronic Numerical Integrator And Calculator，电子数字积分计算机）在美国宾夕法尼亚大学诞生了。从第一台电子计算机诞生到现在，计算机技术以前所未有的速度迅猛发展，通常以它使用的元器件为依据，分为以下几个阶段。

1. 第一代计算机（1946—1958）

第一代计算机是电子管计算机，其基本元件是电子管。由于当时电子技术的限制，运算速度为每秒几千次到几万次，内存储器容量也非常小（仅为1 000 ~ 4 000字节）。计算机程序设计语言还处于最低阶段，用以0和1表示的机器语言进行编程，直到20世纪50年代才出现了汇编语言。尚无操作系统出现，操作机器困难。

第一代计算机体积庞大，造价高昂，速度低，存储容量小，可靠性差，不易掌握，主要运用于军事目的和科学研究领域的狭小天地里。

2. 第二代计算机（1958—1964）

第二代计算机是晶体管计算机，其基本元件是晶体管，内存储器大量使用由磁性材料制成的磁芯，每颗小米粒大小的磁芯可存一位二进制代码，外存储器有磁盘、磁带，外部设备种类增加。运算速度从每秒几万次提高到几十万次，内存储器容量扩大到几十万字节。

与此同时，计算机软件也有了重大发展，出现了监控程序并发展成为后来的操作系统，高级程序设计语言 Basic、Fortran 和 Cobol 的推出，使程序的编写工作变得更为方便，并实现了程序兼容。所以，使用计算机的效率大大提高。

3. 第三代计算机（1965—1971）

第三代计算机的主要元件是小规模集成电路（Small Scale Integrated Circuits，SSI）和中规模集成电路（Medium Scale Integrated Circuits，MSI）。所谓集成电路，是用特殊的工艺将完整的电子线路做在一个硅片上，通常只有邮票的 1/4 大小。与晶体管电路相比，集成电路计算机的体积、重量、功耗都进一步减小，运算速度、逻辑运算功能和可靠性都进一步提高。此外，软件在这个时期形成了产业。操作系统在规模和功能上发展很快，通过分时操作系统，用户可以享受计算机上的资源。结构化、模块化的程序设计思想被提出，而且出现了结构化的程序设计语言 Pascal。

4. 第四代计算机（1971 年至今）

第四代计算机的主要元件是大规模集成电路（Large Scale Integrated Circuits，LSI）和超大规模集成电路（Vary Large Scale Integrated Circuits，VLSI），集成度很高的半导体存储器完全代替了磁芯存储器，磁盘的存取速度和存储容量大幅度上升，开始引入光盘，外部设备的种类和质量都有很大的提高，计算机的速度可达每秒几百万次至几十亿次。计算机的体积、重量和耗电量进一步减少。操作系统向虚拟操作系统发展，数据库管理系统不断完善和提高，程序语言进一步发展和改进，软件行业发展成为新兴的高科技产业。计算机的应用领域不断向社会各个方面渗透。

5. 微型计算机阶段

随着集成度更高的超大规模集成电路（Super Large Scale Integrated Circuits，SLSI）技术的出现，计算机正朝着微型化和巨型化两个方向发展。尤其是微型计算机，自 1971 年世界上第一片 4 位微处理器 Intel 4004 在 Intel 公司诞生以来，就异军突起，以迅猛的气势渗透到工业、教育、生活等诸多领域之中。

微处理器是大规模和超大规模集成电路的产物，通常人们以微处理器为标志来划分微型计算机，如 286、386、486、Pentium、PⅡ、PⅢ、P4、Core 系列等。微型计算机的发展史实际上就是微处理器的发展史，微处理器按照 More 定律，其性能以平均 18 个月提高一倍的高速度发展着。

1.1.2　计算机的特点

曾有人说，机械可使人类的体力得以放大，计算机则可使人类的智慧得以放大。作为人类智力劳动的工具，计算机具有以下主要特性。

①处理速度快。

②计算精度高。

③记忆能力强。

④可靠性高。

⑤工作全自动。

⑥使用范围广，通用性强。

1.1.3　计算机的应用

计算机具有存储量大、处理速度快、工作全自动、可靠性高及很强的逻辑推理和判断能力等特点，所以已被广泛运用于各种学科领域，并迅速渗透到人类社会的各个方面，同时也进入了家庭。计算机应用已形成一门专门的学科，下面对应用的几个主要方面做简单的介绍。

①科学计算。

②信息处理。

③过程控制。

④计算机辅助设计和辅助制造。

计算机辅助设计和计算机辅助制造分别简称为 CAD（Computer Aided Design）和 CAM（Computer Aided Manufacturing）。目前，无论从复杂的飞机到简单的家电产品，都广泛使用了 CAD/CAM 技术。将 CAD/CAM 和数据库技术集成在一起，形成 CIMS（计算机集成制造系统）技术，可实现设计、制造和管理完全自动化。

⑤现代教育。

⑥家庭管理与娱乐。

1.1.4　计算机的分类

计算机发展到今天，种类繁多，分类方法也各不相同。

1. 按处理数据的形态分类

可以分为数字计算机、模拟计算机和混合计算机。

2. 按使用范围分类

通用计算机适用于一般科技运算、学术研究、工程设计和数据处理等，专用计算机是为适应某种特殊应用而设计的计算机，如飞机的自动驾驶仪等。

3. 按其性能分类

（1）超级计算机（Supercomputer）

超级计算机又称为巨型机。它是目前功能最强、速度最快、价格最高的计算机，一般用于解决诸如气象、太空、能源、医药等尖端科学研究和战略武器研制中的复杂计算。它们安装在国家级研究机关中，可供几百个用户同时使用。如美国克雷公司生产的 Cray–1、Cray–2 和 Cray–3 是著名的巨型机。我国自主生产的银河–Ⅲ型百亿次机、曙光–2000 型机和"神威"千亿次机都属于巨型机。

（2）大型计算机（Mainframe）

这类机器通常用于大型企业、商业管理或大型数据库管理系统中，也可用作大型计算机网络中的主机。

（3）小型计算机（Minicomputer）

这类机器价格便宜，适合中小型企事业单位采用。

（4）微型计算机（Microcomputer）

微型计算机也叫个人计算机（Personal Computer）。

（5）工作站（Workstation）

它与功能较强的高档微机之间的差别已不十分明显，主要用于图像处理和计算机辅助设计等领域。

4. 未来计算机与计算机技术

未来的计算机技术将向超高速、超小型、平行处理、智能化的方向发展。硅芯片技术的高速发展的同时也意味着硅技术越来越接近其物理极限，为此，世界各国的研究人员正在加紧研究开发新型计算机，计算机从体系结构的变革到器件与技术革命都要产生一次量的乃至质的飞跃。新型的量子计算机、光子计算机、生物计算机、纳米计算机等将会走进我们的生活，遍布各个领域。

（1）量子计算机

量子计算机是基于量子效应开发的，它利用一种链状分子聚合物的特性来表示开与关的状态，利用激光脉冲来改变分子的状态，使信息沿着聚合物移动，从而进行运算。量子计算机中，数据用量子位存储。由于量子叠加效应，一个量子位可以是 0 或 1，也可以既存储 0，又存储 1。因此，一个量子位可以存储 2 个数据。同样数量的存储位，量子计算机的存储量比通常计算机大许多。同时，量子计算机能够实行量子并行计算，其运算速度可能比目前个人计算机的 Pentium Ⅲ 晶片快 10 亿倍。目前正在开发中的量子计算机有核磁共振量子计算机和硅基半导体量子计算机。预计 2030 年将普及量子计算机。

（2）光子计算机

光子计算机即全光数字计算机，以光子代替电子，光互连代替导线互连，光硬件代替计算机中的电子硬件，光运算代替电运算。与电子计算机相比，光计算机的"无导线计算机"信息传递平行通道密度极大。一枚直径为 5 分硬币大小的棱镜，它通过能力超过全世界现有电话电缆的许多倍。光的并行、高速，天然地决定了光计算机的并行处理能力很强，具有超高速运算速度。超高速电子计算机只能在低温下工作，而光计算机在室温下即可开展工作。光子计算机还具有与人脑相似的容错性。系统中某一元件损坏或出错时，并不影响最终的计算结果。

目前，世界上第一台光子计算机已由欧共体的英国、法国、比利时、德国、意大利的 70 多名科学家研制成功，其运算速度比电子计算机快 1 000 倍。

（3）生物计算机（分子计算机）

生物计算机的运算过程就是蛋白质分子与周围物理化学介质的相互作用过程。计算机的转换开关由酶来充当，而程序则在酶合成系统本身和蛋白质的结构中极其明显地表示出来。

蛋白质分子比硅晶片上的电子元件要小得多，彼此相距甚近，生物计算机完成一项运算，所需的时间仅为 10^{-13} s，比人的思维速度快 100 万倍。DNA 分子计算机具有惊人的存储容量，$1 \ m^3$ 的 DNA 溶液可存储 1 万亿亿的二进制数据。DNA 计算机消耗的能量非常小，只有电子计算机的十亿分之一。由于生物芯片的原材料是蛋白质分子，所以生物计算机既有自我修复的功能，又可直接与生物活体相联。预计 10～20 年后，DNA 计算机将进入实用阶段。

（4）纳米计算机

纳米是一个计量单位，1 nm 等于 10^{-9} m，大约是氢原子直径的 10 倍。现在纳米技术正从 MEMS（微电子机械系统）起步，把传感器、电动机和各种处理器都放在一个硅芯片上而构成一个系统。应用纳米技术研制的计算机内存芯片，其体积不过数百个原子大小，相当于人的头发丝直径的 0.1%。纳米计算机不仅几乎不需要耗费任何能源，而且其性能要比今天的计算机强大许多倍。

目前，纳米计算机的成功研制已有一些鼓舞人心的消息，惠普实验室的科研人员已开始应用纳米技术研制芯片，一旦他们的研究获得成功，将为其他缩微计算机元件的研制和生产铺平道路。

1.1.5　多媒体技术

1. 多媒体计算机

多媒体计算机，是指能对多种媒体进行综合处理的计算机，它除了具有传统的计算机配置之外，还必须增加大容量存储器（例如光盘或磁盘阵列），声音、图像等媒体的输入/输出接口和设备，以及相应的多媒体处理软件。

多媒体系统强调三大特性：集成性、交互性和数字化特征。

集成性是指可对文字、图形、图像、声音、视像、动画等信息媒体进行综合处理，达到各种媒体的协调一致。

交互性是指人能方便地与系统进行交流，以便对系统的多媒体处理功能进行控制，例如能随时点播辅助教学中的音、视频片段，并立即将问题的答案输入给系统进行"批改"等。

数字化特征是指各种媒体的信息，都是以"数字"的形式（即转换为"0"和"1"的方式）进行存储和处理，而不是传统的模拟信号方式。

多媒体与纯文字的情况完全不同，它有极大的数据量和要求媒体间的高度协调（例如声、像完全同步），因此，对多媒体的处理和在网络上的传输，技术上是比较复杂的。多媒体技术就是指研究多媒体信息的输入、输出，压缩存储和各种信息处理方法，多媒体数据库管理，以及多媒体网络传输等对多媒体进行处理的技术。近年来，多媒体技术发展很快，越来越多的研究成果已达到了实用水平。

2. 多媒体应用

多媒体的应用十分广泛，以下列举其中的一部分。

①办公与协同工作。

②娱乐与家用。

③教育与培训。

④销售与市场。

⑤多媒体电子出版物。

1.1.6　计算机中信息表示

1. 字符的表示

计算机中常用的字符编码有 EBCDIC（Extended Binary Coded Decimal Interchange Code，二进制编码的十进制交换码）和 ASCII（American Standard Code for Information Interchange，

美国信息交换标准代码）。IBM 系列大型机采用 EBCDIC 码，微型机采用 ASCII 码。本节主要介绍 ASCII 码。

ASCII 码是美国标准信息交换码，被国际标准化组织（ISO）指定为国际标准。ASCII 码有 7 位码和 8 位码两种版本。国际通用的 7 位 ASCII 码称为 ISO−646 标准，用 7 位二进制数 $b_6b_5b_4b_3b_2b_1b_0$ 表示一个字符的编码，其编码范围为 0000000B ~ 1111111B，共有 $2^7 = 128$ 个不同的编码值，相应地可以表示 128 个不同字符的编码。7 位 ASCII 码表示见表 1−1。

表 1−1　标准 ASCII 码字符集

	000	001	010	011	100	101	110	111
0000	NUL	DLE	sp	0	@	P	°	p
0001	SOH	DC1	!	1	A	Q	a	q
0010	STX	DC2	"	2	B	R	b	r
0011	ETX	DC3	#	3	C	S	c	s
0100	EOT	DC4	$	4	D	T	d	t
0101	ENQ	NAK	%	5	E	U	e	u
0110	ACK	SYN	&	6	F	V	f	y
0111	BEL	ETB	'	7	G	W	g	w
1000	BS	CAN	(	8	H	X	h	x
1001	HT	EM	)	9	I	Y	i	y
1010	LF	SUB	*	:	J	Z	j	z
1011	VT	ESC	+	;	K	[	k	{
1100	FF	FS	,	《	L	、	l	|
1101	CR	GS	−	=	M	]	m	}
1110	SD	RS	°	》	N	∧	n	~
1111	SI	US	/	?	O	−	O	DEL

注：sp 代表空格字符。

从表中可以看到，128 个编码中有 34 个是控制符的编码（00H ~ 20H 和 7FH）和 94 字符编码（21H ~ 7EH）。计算机内部用一个字节（8 个二进制位）存放一个 7 位 ASCII 码，最高位 b_7 置 0。扩展的 ASCII 码使用 8 个二进制位表示一个字符的编码，可以表示 $2^8 = 256$ 个不同字符的编码。

2. 汉字的表示

ASCII 码只给出了英文字母、数字和标点符号的编码。为了用计算机处理汉字，同样也需要对汉字进行编码。从汉字编码的角度看，计算机对汉字信息的处理过程实际上是各种汉字编码间的转换过程。这些编码主要包括汉字输入码、汉字内码、汉字字形码、汉字地址码及汉字信息交换码。下面分别对这些编码进行介绍。

（1）汉字信息交换码

汉字信息交换码是用于汉字信息处理系统之间或者与通信系统进行信息交换的汉字代

码，简称交换码，也叫国标码。它是为使系统、设备之间交换信息时采用统一的形式而制定的。我国 1981 年颁布了国家标准《信息交换用汉字编码字符集——基本集》，代号为 GB 2312—80，即国标码。

①常用汉字及其分级。国标码规定了进行一般汉字信息处理时所用的 7 445 个字符编码。其中包括682 个非汉字图形字符（如序号、数字、罗马数字、英文字母、日文假名、俄文字母、汉语拼音等）和 6 763 个汉字的代码。汉字代码中，又有一级常用汉字 3 755 个，二级次常用汉字 3 008 个。一级常用汉字按汉语拼音字母顺序排列，二级次常用汉字按偏旁部首排列，部首顺序依笔画多少排序。

②两个字节存储一个国标码。由于一个字节只能表示 256 种编码，显然一个字节不可能表示汉字的国标码，所以一个国标码必须用两个字节来表示。

③国标码的编码范围。为了中英文兼容，国标 GB 2312—80 中规定，国标码中的所有汉字和字符的每个字节的编码范围与 ASCII 码表中的 94 个字符编码相一致，所以其编码范围为 2121H ~7E7EH。

④区位码。类似西文的 ASCII 码表，汉字也有一张国标码表。简单地说，把 7 445 个国标码放置在一个 94 行 ×94 列的阵列中。阵列的每一行称为一个汉字的"区"，用区号表示；每一列称为一个汉字的"位"，用位号表示。显然，区号范围是 1 ~94，位号的范围也是 1 ~94。这样，一个汉字在表中的位置可用它所在的位号与区号来确定。一个汉字的区号与位号的组合就是该汉字的"区位码"。区位码的形式是：高两位为区号，低两位为位号。如中字的区位码是5448，即 54 区 48 位。区位码与每个汉字之间具有一一对应的关系。国标码在区位码表中的安排是：1 ~15 区是非汉字图形符区；16 ~55 区是一级常用汉字区；56 ~87 区是二级次常用汉字区；88 ~94 区是保留区，可用来存储自造字代码。实际上，区位码也是一种输入法，其最大优点是一字一码，无重码，最大的缺点是难以记忆。

⑤区位码与国标码之间的关系。汉字的输入区位码和其国标码之间的转换很简单。具体方法是：将一个汉字的十进制区号和十进制位号分别转换成十六进制数；然后再分别加上 20H，就成为此汉字的国标码。例如，"中"字的输入区位码是5448，分别将其区号 54 转换为十六进制数 36H、位号 48 转换为十六进制数 30H，即 3630H，然后再把区号和位号分别加上 20H，得"中"字的国标码：3630H + 2020H = 5650H。

（2）汉字输入码

为将汉字输入计算机而编制的代码称为汉字输入码，也叫外码。汉字输入码是根据汉字的发音或字形结构等多种属性及汉语有关规则编制的。目前已有许多流行的汉字输入码的编码方案，如全拼输入法、双拼输入法、自然码输入法、五笔字型输入法等。

可以想象，对于同一个汉字，不同的输入法有不同的输入码。例如，"中"字的全拼输入码是"zhong"，其双拼输入码是"vs"，而五笔字型的输入码是"kh"。这些不同的输入码通过输入字典转换统一到标准的国标码之下。

（3）汉字内码

汉字内码是在计算机内部对汉字进行存储、处理和传输的汉字代码，它应能满足存储、处理和传输的要求。当一个汉字输入计算机后，就转换为内码，然后才能在机器中流动、处理。一个汉字的内码也用 2 个字节存储，并把每个字节的最高二进制位置"1"作为汉字内码的标识，以免与单字节的 ASCII 码产生歧义性。如果用十六进制来表述，就是把汉字国标码的每个字节上加一个80H。所以，汉字的国标码与其内码有下列关系：

$$汉字的内码 = 汉字的国标码 + 8080H$$

例如，已知"中"字的国标码为5650H，则根据上述公式得：

$$"中"字的内码 = "中"字的国标码 5650H + 8080H = D6D0H$$

（4）汉字字形码

经过计算机处理的汉字信息，如果要显示或打印出来阅读，则必须将汉字内码转换成人们可读的方块汉字。每个汉字的字形信息是预先存放在计算机内的，常称汉字库。汉字内码与汉字字形一一对应。输出时，根据内码在字库中查到其字形描述信息，然后显示或打印输出。描述汉字字形的方法主要有点阵字形和轮廓字形两种。

点阵字形方法比较简单，就是用一个排列成方阵的点的黑白来描述汉字。具体如下：

汉字是方块字，将方块等分成有 n 行 n 列的格子，简称它为点阵。凡笔画所经过的格子点为黑点，用二进制数"1"表示；否则为白点，用二进制数"0"表示。这样，一个汉字的字形就可用一串二进制数表示了。例如，16×16 汉字点阵有 256 个点，需要 256 个二进制位来表示一个汉字的字形码。这就是汉字点阵的二进制数字化。图 1 – 1 是"中"字的 16×16 点阵字形示意图。

计算机中，8 个二进制位组成一个字节，字节是度量存储空间的基本单位。可见一个 16×16 点阵的字形码需要 $16 \times 16/8 = 32$ 字节存储空间；同理，24×24 点阵的字形码需要 $24 \times 24/8 = 72$ 字节存储空间；32×32 点阵的字形码需要 $32 \times 32/8 = 128$ 字节存储空间。

图 1 – 1　16×16 点阵字形示意图

显然，点阵中行、列数划分越多，字形的质量越好，锯齿现象也就越小，但存储汉字字形码所占用的存储空间也越多。汉字的点阵字形的缺点是放大后会出现锯齿现象，很不美观。

轮廓字形方法比前者复杂，一个汉字中笔画的轮廓可用一组曲线来勾画，它采用数学方法来描述每个汉字的轮廓曲线。中文 Windows 下广泛使用的 TrueType 字形库采用的就是轮廓字形法。这种方法的优点是字形精度高，并且可以任意放大、缩小而不产生锯齿现象；缺点是输出之前必须经过复杂的数学运算处理。

（5）汉字地址码

汉字地址码是指汉字库（这里主要指整字形的点阵式字模库）中存储汉字字形信息的逻辑地址码。汉字库中，字形信息都是按一定顺序（大多数按标准汉字交换码中汉字的排列顺序）连续存放在存储介质上，所以汉字地址码也大多是连续有序的，而且与汉字内码间有着简单的对应关系，以简化汉字内码到汉字地址码的转换。

（6）各种汉字代码之间的关系

汉字的输入、处理和输出的过程，实际上是汉字的各种代码之间的转换过程，或者说汉字代码在系统有关部件之间流动的过程。图 1 – 2 表示了这些代码在汉字信息处理系统中的位置及它们之间的关系。

汉字输入码向内码的转换，是通过使用输入字典（或称索引表，即外码与内码的对照

图 1-2　汉字的各种代码之间的转换过程

表）实现的。在计算机的内部处理过程中，汉字信息的存储和各种必要的加工，都是以汉字内码形式进行的。汉字通信过程中，处理机将汉字内码转换为适合通信使用的交换码，以实现通信处理。在汉字的显示和打印输出过程中，处理机根据汉字内码计算出地址码。按地址码从数据库中取出汉字字形码，从而实现汉字的显示或打印输出。

1.1.7　计算机中常用数制简介

数制，也叫作进位计数制。日常生活中最常用的数制是十进制。1 年有 12 个月，是十二进制。在计算机中采用二进制，原因是电信号一般只有两种状态。由于二进制不便于书写，所以要将其转换为八进制或是十六进制表示。

1. 常用数制

（1）十进制数

日常生活中人们最熟悉十进制数，一个数用 10 个不同的符号表示，且采用"逢十进一"的进位计数制。十进制使用数字 1、2、3、4、5、6、7、8、9、0 符号来表示数值，因此十进制数中处于不同位置上的数字代表不同的值。例如，十进制数 1234.56 可以表示为 $1 \times 10^3 + 2 \times 10^2 + 3 \times 10^1 + 4 \times 10^0 + 5 \times 10^{-1} + 6 \times 10^{-2}$。

（2）二进制数

在计算机中使用二进制的原因是，计算机的理论基础是数理逻辑，数理逻辑中的"真"和"假"可以分别用 0 和 1 来表示，这就把非数值信息的逻辑处理与数值信息的算术处理互相联系了起来。另外，二进制中只有 0 和 1 两个符号，使用有两个稳定状态的物理器件就可以表示二进制数的每一位，而制造有两个稳定状态的物理器件要比制造有多个稳定状态的物理器件容易得多。二进制采用"逢二进一"的进位计数制，运算规则特别简单。

对二进制数有两种不同类型的基本运算处理：逻辑运算和算术运算。逻辑运算按位独立进行，位和位不发生关系逻辑运算，有三种：逻辑乘（与）、逻辑加（或）及取反（非）；而算术运算会发生进位和错位处理。

（3）八进制数

八进制是使用数字 0、1、2、3、4、5、6、7 符号来表示数值的，且采用"逢八进一"的进位计数制。八进制数中处于不同位置上的数代表不同的值，每一个数字的权由 8 的幂次决定，八进制的基数为 8。

（4）十六进制数

十六进制数使用数字 0、1、2、3、4、5、6、7、8、9 和 A、B、C、D、E、F 符号来表示数值。其中，A、B、C、D、E、F 分别表示数字 10、11、12、13、14、15。十六进制数的计数方法是逢十六进一。十六进制数中处于不同位置上的数代表不同的值，每一个数字的权由 16 的幂次决定，十六进制的基数为 16。

常用的数制的基数和数字符号见表 1 – 2。

表 1 – 2　常用的数制的基数和数字符号

类型	基数	数字符号
十进制	10	0、1、2、3、4、5、6、7、8、9
二进制	2	0、1
八进制	8	0、1、2、3、4、5、6、7
十六进制	16	0、1、2、3、4、5、6、7、8、9、A、B、C、D、E、F

一般地，对于 N 进制而言，其基数为 N，使用 N 个数字表示，其中最大的数字为 N – 1。无论是哪一种数制，其计数和运算都具有共同的规律与特点。采用位权表示法的数制具有以下三个特点：

①数字的总个数等于基数，如十进制使用 10 个数字（0 ~ 9）。

②最大的数字比基数小 1，如十进制中最大的数字为 9。

③每个数字都要乘以基数的幂次，该幂次由每个数字所在的位置决定。

2. 不同数制之间的转换

（1）非十进制数转换为十六进制数

将非十进制数转换十进制数，采用位权法，即把各非十进制数按权展开，然后求和，便可得到转换结果。

例 1 – 1：把二进制数 $(1011.01)_2$ 转换为十进制数。

$$(1011.01)_2 = 1 \times 2^3 + 0 \times 2^2 + 1 \times 2^1 + 1 \times 2^0 + 0 \times 2^{-1} + 1 \times 2^{-2}$$
$$= 8 + 0 + 2 + 1 + 0 + 0.25$$
$$= (11.25)_{10}$$

例 1 – 2：把八进制数 $(345.7)_8$ 数转换为十进制数。

$$(345.7)_8 = 3 \times 8^2 + 4 \times 8^1 + 5 \times 8^0 + 7 \times 8^{-1}$$
$$= 192 + 32 + 5 + 0.875$$
$$= (229.875)_{10}$$

例 1 – 3：把十六进制数 $(3BC.A)_{16}$ 数转换为十进制数。

$$(3BC.A)_{16} = 3 \times 16^2 + 11 \times 16^1 + 12 \times 16^0 + 10 \times 16^{-1}$$
$$= 768 + 176 + 12 + 0.625$$
$$= (9565.625)_{10}$$

（2）十进制数转换成非十进制数

将十进制数转换为非十进制整数，采用"除基取余法"，即将十进制整数逐次除以需转换为的数制的基数，直到商为"0"为止，然后将所得到的余数自下而上排列即可。简而言之，将十进制转换为非十进制的规则为：除基取余，先余为低，后余为高。

例 1-4：将十进制数 91 转换为二进制数。

将十进制整数转换为二进制整数，可采用"除 2 取余法"，具体步骤如下：

2	91	1	低位
2	45	1	↑
2	22	0	
2	11	1	
2	5	1	
2	2	0	
2	1	1	高位
	0		

经过上述运算，$(91)_{10} = (1011011)_2$。

例 1-5：将十进制整数 53 转换为八进制整数。

将十进制整数转换为八进制整数，可采用"除 8 取余法"，具体步骤如下：

8	53	5	低位 ↑
8	6	6	高位
	0		

经过上述运算，$(53)_{10} = (65)_8$。

例 1-6：将十进制数 53 转换成十六进制数。

将十进制整数转换为十六进制整数，可采用"除 16 取余法"，具体步骤如下：

16	53	5	低位 ↑
16	3	3	高位
	0		

经过上述运算，$(53)_{10} = (35)_{16}$。

将十进制小数转换为非十进制小数，采用"乘基取整数法"，即将十进制小数逐次乘以需转换为的数的基数，直到小数部分的当前值等于"0"为止，然后将所得到的整数自上而下排列即可。简而言之，将十进制小数转换为非十进制小数的规则为：乘基取整，先整为高，后整为低。

例 1-7：将十进制小数 0.625 转换为二进制小数。

$$
\begin{array}{r}
0.625 \\
\times \quad 2 \\
\hline
\text{高位} \quad 1 \quad 1.25 \\
0.25 \\
\times \quad 2 \\
\hline
0 \quad 0.5 \\
0.5 \\
\times \quad 2 \\
\hline
\text{低位} \quad 1 \quad 1.0
\end{array}
$$

经过上述运算，$(0.625)_{10} = (0.101)_2$。

【特别提示】十进制小数并不是都能用有限位的其他进制数精确地表示，这时应根据精度要求转换到一定的位数为止，然后将得到的整数自上而下排列，作为该十进制小数的二进制近似值。

（3）二进制、八进制和十六进制之间的转换

二进制数转换为八进制数，只要以小数点为界，将整数部分自右向左和小数部分自左向

右分别按每 3 位为一组，不足 3 位的，用 0 补足，然后将各个 3 位二进制数转换为对应的 1 位八进制数，即得到结果。反之，若把八进制数转换为二进制数，只要把每 1 位八进制数转换为对应的 3 位二进制数即可。

类似地，二进制数转换为十六进制数，只要以小数点为界，将整数部分自右向左和小数部分自左向右分别按每 4 位为一组，不足的用 0 补足，然后将各个 4 位二进制转换为对应的 1 位十六进制数，即得到转换的结果。反之，若把十六进制数转换为二进制数，只要把每一位十六进制数转换为对应的 4 位二进制数即可。

例 1-8：把二进制数 $(1101011.00101)_2$ 转换为八进制数。

001　101　011　.　001　010
　1　　5　　3　　.　　1　　2

结果 $(1101011.00101)_2 = (153.12)_8$。

例 1-9：把八进制数 $(726.43)_8$ 转换为二进制数。

　7　　2　　6　　.　4　　3
111　010　110　.　100　011

结果 $(726.43)_8 = (111010110.100011)_2$。

例 1-10：把二进制数 $(1101011.00101)_2$ 转换为十六进制数。

0110　1011　.　0010　1000
　6　　B　　.　　2　　8

结果 $(1101011.00101)_2 = (6B.28)_{16}$。

例 1-11：把十六进制数 $(726.43)_{16}$ 转换为二进制数。

　7　　2　　6　.　4　　3
0111　0010　0110　.　0100　0011

结果 $(726.43)_{16} = (011100100110.01000011)_2$。

二进制、八进制和十六进制之间的换算表见表 1-3。

表 1-3　二进制、八进制和十六进制之间的换算表

十进制	二进制	八进制	十六进制
0	0000	0	0
1	0001	1	1
2	0010	2	2
3	0011	3	3
4	0100	4	4
5	0101	5	5
6	0110	6	6
7	0111	7	7
8	1000	10	8
9	1001	11	9
10	1010	12	A
11	1011	13	B

续表

十进制	二进制	八进制	十六进制
12	1100	14	C
13	1101	15	D
14	1110	16	E
15	1111	17	F

3. 小数点和符号的描述

计算机的数采用二进制表示，数的符号也采用二进制描述，通常在数的最高位之前用一符号位，0 表示正数，1 表示负数；而对小数点的处理，则采用定点和浮点两种表示。

（1）比特和字节

比特（bit），是组成二进制信息的最小单位，有两个值：1 和 0。它是计算机中处理、存储、传输信息的最小单位。由于比特太小，所以在计算机中常用字节作为计量单位，一个字节由 8 比特组成，如图 1 - 3 所示。其中，b 表示一个二进制位，最低位是 b0，最高位是 b7。

b7	b6	b5	b4	b3	b2	b1	b0

图 1 - 3 字节组成

在计算机中描述二进制信息的度量单位有许多种，表 1 - 4 列出了常用的计算机信息度量单位。

表 1 - 4 常用的计算机信息度量单位

单位名称	含义	换算关系
KB	千字节	$1 \text{ KB} = 2^{10} \text{ B} = 1\ 024 \text{ B}$
MB	兆字节	$1 \text{ MB} = 2^{20} \text{ B} = 1\ 024 \text{ KB}$
GB	千兆字节	$1 \text{ GB} = 2^{30} \text{ B} = 1\ 024 \text{ MB}$
TB	兆兆字节	$1 \text{ TB} = 2^{40} \text{ B} = 1\ 024 \text{ GB}$
b/s	比特/秒（波特）	
Kb/s	千比特/秒	$1 \text{ Kb/s} = 2^{10} \text{ b/s}$
Mb/s	兆比特/秒	$1 \text{ Mb/s} = 2^{20} \text{ b/s} = 1\ 024 \text{ Kb/s}$
Gb/s	千兆比特/秒	$1 \text{ Gb/s} = 2^{30} \text{ b/s} = 1\ 024 \text{ Mb/s}$

（2）计算机数的符号

通常在计算机中用字长来确定数的表示范围，一般一个字长是字节的整数倍，用于表示多少二进制来表示一个数。计算机的字长可以是 8 位、16 位、32 位和 64 位等。计算机中的字长是固定的，因此，在表示带符号数和无符号数时是有区别的。如果表示带符号数，就需要留出机器字长的最高位做符号位，其他位表示数值；而对于无符号数，机器字长的所有位都参与表示数值。

例如，字长为 8 位的带符号数能够表示的范围是 - 127 ~ 127，如图 1 - 4 所示。

图1-4 字长为8位的带符号数

而字长为8位的无符号数能够表示的范围是1~255，如图1-5所示。

图1-5 字长为8位的无符号数

（3）定点表示法

定点表示法规定，在计算机中，所有数的小数点的位置是固定不变的，因此小数点无须使用专门的记号表示出来。通常定点表示法有两种表示方法：纯小数格式和纯整数格式。

纯小数格式把小数点固定在数值的最高位左边。字长为8位的纯小数格式如图1-6所示。

图1-6 字长为8位的纯小数格式

字长为8位的纯小数的表示范围是$\left[-\dfrac{2^7-1}{2^7},\ \dfrac{2^7-1}{2^7}\right]$。

纯整数格式把小数点固定在数值部分的最低位的右边。字长为8位的纯整数格式如图1-7所示。

图1-7 字长为8位的纯整数格式

字长为 8 位的纯整数的表示范围是 $[-(2^7-1),2^7]$。

定点表示法具有简单、直观的优点，但表示数的范围受到限制，缺乏灵活性，并且为了防止"溢出"，需要选择合适的"比例因子"，使用不便。

（4）浮点表示法

浮点表示法规定，浮点数是指小数点的位置不固定的数，一个浮点数分为阶码和尾数两部分，阶码用于表示小数点在该数中的位置，尾数表示数的有效数值。

4. 原码、反码和补码

在计算机中，任何正数的原码、反码和补码的形式完全相同，而负数则有各种不同的表示形式：原码、反码和补码。如果用 X 表示真值，而将数在计算机内的各种编码表示称为机器数，根据表示方法的不同，把原码、反码和补码分别记为 $[X]_原$、$[X]_反$ 和 $[X]_补$。

（1）原码

带"＋"号或者带"－"号的二进制数就是真值，如果将其符号"＋"用 0 表示，符号"－"用 1 表示，即为原码表示法。例如：

若 $X=-1100101$，则 $[X]_原=11100101$；

若 $X=+1011100$，则 $[X]_原=01011100$。

对于由 8 个二进制数表示的整数，它的取值范围为 $-127\sim+127$，也就是 $-2^7+1\sim+2^7-1$ 之间。对于由 16 个二进制数表示的整数，它的取值范围为 $-32\ 767\sim+32\ 767$，也就是 $-2^{15}+1\sim+2^{15}-1$。对于由 32 个二进制数表示的整数，它的取值范围为 $-2^{31}+1\sim+2^{31}-1$。

（2）反码

反码表示法规定，正数的反码与原码相同；负数的反码为将该数的原码除符号位外，各位取反。例如：

若 $X=-1100101$，则 $[X]_反=10011010$；

若 $X=+1011100$，则 $[X]_反=01011100$。

（3）补码

补码表示法规定，正数的补码与原码相同；负数的补码为将该数的原码除符号位外，各位取反。然后在最后一位加 1。

若 $X=-1100101$，则 $[X]_补=10011011$；

若 $X=+1011100$，则 $[X]_补=01011100$。

需要指出的是，数的原码表示比较简单，适合于进行乘除运算，但是用原码表示的数进行加减运算则比较复杂；引入补码之后，减法运算可以用加法来实现，且数的符号位也可以当作数值一样参加运算，因此在计算机中大都采用补码进行加减运算。

1.2　计算机系统结构

计算机系统由硬件系统和软件系统两大部分组成。

硬件是物理上存在的各种设备，软件是运行在计算机硬件上的程序、运行程序所需的数据和相关文档的总称。硬件是软件发挥作用的舞台和物质基础，软件是使计算机系统发挥强大功能的灵魂，两者相辅相成，缺一不可。计算机系统的组成示意图如图 1 - 8 所示。

图1-8 计算机系统的组成示意图

1.2.1 计算机硬件系统结构

1. 冯·诺依曼计算机结构

1945 年，美籍匈牙利数学家冯·诺依曼等人提出了"存储程序控制"的基本概念，包括以下三点主要内容：

①计算机系统由运算器、控制器、存储器、输入设备、输出设备五大部分组成。

②计算机内部采用二进制表示指令和数据。

根据冯·诺依曼的设想，程序由一连串的指令组成，每条指令包括一个操作码和一个地址码，其中操作码表示操作性质，地址码指出数在主存单元的位置。

③程序和原始数据存在主存储器中，称为"存储程序"。计算机启动后，在不需要操作人员干预的情况下，由程序控制计算机按规定的顺序逐条取出指令，自动执行指令规定的任务。

由运算器、控制器、存储器、输入设备和输出设备五大基本部件组成的计算机，按照"存储程序控制"的方式运行，这样的计算机称为冯·诺依曼计算机，其基本结构如图1-9所示。

图1-9 冯·诺依曼计算机结构

2. 中央处理器（CPU）

计算机中的中央处理器直接完成信息处理任务，其包括运算器和控制器。

运算器是对信息进行处理和运算的部件，完成数据的算术运算和逻辑运算。运算器的核心是加法器。运算器中还有若干个通用寄存器，它们的存取速度比存储器的存取速度快得多，用来暂存操作数，并存放运算结果，以便加速 CPU 存取信息。

控制器由指令指针寄存器、指令译码器和控制电路组成，它的功能是根据指令译码结果，对微处理器的各单元发出相应的控制信号，使它们协调工作，从而完成对整个微机系统的控制。

CPU 是计算机的核心，它不仅要处理大量的数据，还要管理整个计算机系统，使之协调工作。CPU 是计算机的大脑，因此它是决定计算机性能的最关键的部件。

图 1-10 计算机的三级存储系统

3. 存储器

存储器是用来存放程序和数据的部件，它是一个记忆装置，也是计算机能够实现"存储程序控制"的基础。

在计算机系统中，存储器分成若干级，称为存储系统。图 1-10 所示的是常见的三级存储系统。

主存储器（内存储器）可由 CPU 直接访问，存取速度快但容量较小，一般用来存放当前正在执行的程序和数据。主存是由若干个存储单元组成的，每个单元可存放一串若干位的二进制信息，这些信息称为存储单元的内容。全部存储单元统一编号，称为存储单元的地址。由于 CPU 的速度比主存的速度高得多，为了使访问存储器的速度能与 CPU 的速度相匹配，在主存和 CPU 间增设了一级 Cache（高速缓冲存储器）。Cache 的存取速度比主存的更快，但容量更小，用来存放当前正在执行的程序中的活跃部分，以便快速地向 CPU 提供指令和数据。

4. 输入/输出设备

输入设备的任务是把人们编好的程序和原始数据送到计算机中去，并且将它们转换成计算机内部所能识别和接受的信息。目前最常用的输入设备有键盘、鼠标、图像扫描仪、数字化仪、触摸屏等。输出设备的任务是将计算机的处理结果以人或其他设备所能接受的形式送出计算机。最常用的输出设备有显示器、打印机和绘图仪。外存储器（磁盘、磁带）也可以看作输入和输出设备。另外，自动控制和检测系统中使用的模/数（A/D）转换器是一种输入设备，数/模（D/A）转换器是一种输出设备。

5. 总线

按照总线传输的信息类型，计算机内有三种类型的总线：一种为数据总线，负责传输数据信息；一种为地址总线，负责传输地址信息；还有一种为控制总线，负责传输控制信息，用来实现 CPU 对外部部件的控制、状态等信息的传送及中断信号的传送等。

1.2.2 计算机的指令系统

1. 指令及其格式

指令是能被计算机识别并执行的二进制代码，它规定了计算机能完成的某一种操作。例如，加、减、乘、除、存数、取数等都是一个基本操作，分别可以用一条指令来实现。

一台计算机所能执行的所有指令的集合称为该台计算机的指令系统。

任何类型计算机的指令系统中的指令，都具有规定的编码格式。一般地，指令可分为操作码和地址码两部分。操作码规定了该指令进行的操作种类，如加、减、存数、取数等；地址码给出了操作数、结果及下一条指令的地址。

2. 指令的执行过程

计算机的工作过程实际上就是快速地执行指令，按照指令规定的操作对数据进行处理的过程。因此，在计算机运行时，计算机内部有两种信息在流动：一种是数据信息，另一种是指令控制信息。数据信息包括原始数据、中间结果、结果数据及源程序等。原始数据和源程序都存储在存储器中，然后分别读入运算器和指令寄存器，经过处理得到的结果数据，或者再存入存储器，或者从输出设备输出。指令控制信息是指控制器对指令进行分析解释后得出的控制命令，这些命令由控制器分别发给不同的部件，使各部件协调工作，共同完成指令规定的任务。

1.2.3 计算机软件系统

所谓软件，是指为计算机编写的程序及用于开发、使用和维护的有关文档。软件系统可分为系统软件和应用软件两大类。

1. 系统软件

系统软件一般是 Windows、Linux、UNIX、Mac、Android 等操作系统；MySQL、Foxbase 等数据库管理软件；各种语言的翻译程序，如 C 语言编译器等。

2. 应用软件

应用软件如 Microsoft Office（办公软件）、AutoCAD（绘图软件）、Photoshop（图像处理软件）等。

1.3 微型计算机的硬件构成

1.3.1 微型计算机的基本配置

所谓微机硬件系统，指的是构成一台微型计算机的所有功能部件，其基本组成如图 1 - 11 所示，图 1 - 12 所示是各个功能部件在机箱内的布局示意图。

图 1 - 11 微机硬件系统组成

图 1 - 12　微机机箱布局示意图

1. 微处理器

微处理器是集成在单个芯片上的中央处理器，内部包括运算器、控制器和寄存器组三个主要单元，如图 1 - 13 所示。

图 1 - 13　微处理器的主要部件

运算器又叫算术逻辑部件（Arithmetic Logic Unit，ALU），它完成数据的算术运算和逻辑运算。控制器由指令指针寄存器、指令译码器和控制电路组成，它的功能是根据指令译码结果，对微处理器的各单元发出相应的控制信号，使它们协调工作，从而完成对整个微机系统的控制。寄存器组存放 CPU 频繁使用的数据和地址信息及一些中间结果，以便加速 CPU 存取信息的速度。

2. 主板的整体结构

微机主板，又称为系统板或母板。它是微机硬件系统的主要部件，微机的大部分功能芯片都安装在这块印制电路板上。主板是决定微机性能的主要因素，其组成框见表 1 - 5，图 1 - 14 所示是主板的布局情况。

表 1 - 5　典型微机主板组成框

微处理器	外部高速缓存 Cache	主存 DRAM
ROM - BIOS	CMOS RAM	外围接口集成芯片组
扩展槽	硬件接口	控制电路元件

图 1 - 14　主板布局

（1）微处理器

不同类型的微处理器可构成不同性能的主板。一般来讲，采用越先进的微处理器芯片，其主板的性能就越高。

微处理器部分位于图1-14的上方，这一部分主要指CPU插槽或插座。

（2）芯片组

芯片组部分位于图1-14的中间，它负责管理协调主板上元件的运行，是主板的控制中心。芯片组被分为南桥和北桥两组。

（3）CMOS RAM

主板上的CMOS RAM是一种低功耗的半导体存储器。它由一块后备电池供电，可长时间储存信息。CMOS RAM容量一般很小，只有几十个字节，主要用来存储微机系统的各种配置信息，如时钟与日期、系统口令、主存储器容量、软硬盘类型与容量等各种硬件参数配置信息。

（4）BIOS

BIOS是基本输入/输出系统（Basic Input/Output System）的缩写。BIOS实际上是一个启动程序。计算机开机自检的过程就是由BIOS程序来控制执行的，它首先检测硬件，启动CPU，根据CMOS中的信息初始化硬件设备，然后将计算机的控制权交给操作系统。BIOS的版本越新，所能识别的器件类型就越多，功能也就越全，因此主板在使用期间可能需要更新BIOS版本。

（5）内存

微机系统的主存要求容量大、成本低、访问存取速度较高，目前主要采用DRAM（动态随机存取存储器）。在计算机系统中，内存容量和速度是影响系统运行速度的一个重要因素。

（6）硬件接口

硬件接口部分就是各种硬件与主板的连接部分，如COM1、COM2、LPT1、SATA硬盘接口、PS/2接口、USB接口等。USB（Universal Serial Bus）是通用串行总线接口，能连接各种符合其标准的外部设备。USB接口符合即插即用规范，即无须关闭和重新启动系统就能添加和配置新的设备，USB 2.0的数据传输率达到480 Mb/s，USB 3.0的数据传输率达到5 Gb/s。

（7）扩展槽

扩展槽用于扩展系统的功能。如声卡、显卡都要插在扩展槽上。扩展槽与总线相连，总线是主板技术的核心，常见总线分为PCI、PCI-E等。

1.3.2　微机常用输入/输出设备

1. 键盘

键盘按照功能，可以大致划分五个区：功能区、主键盘区、控制区、编辑区和小键盘区，如图1-15所示。

2. 鼠标

鼠标一般是光学鼠标，如图1-16所示。

图 1 - 15　键盘　　　　　　　　　　　　图 1 - 16　鼠标

3. 显示器

显示器是微型计算机不可缺少的输出设备。目前主要使用 LED 显示器。LED 显示器主要有以下技术参数：

（1）分辨率

分辨率是指屏幕上每行有多少像素点、每列有多少像素点，一般用矩阵行列式来表示，现在 LED 的分辨率一般是 1 920 点 ×1 080 行的显示模式。

（2）刷新率

LED 刷新频率是指显示帧频，也即每个像素刷新的频率，与屏幕扫描速度及避免屏幕闪烁的能力相关。

（3）可视角度

一般而言，可视角度是越大越好。

（4）亮度、对比度

目前国内能见到的液晶显示器亮度都在 200 cd/m^2 左右，亮度低一点会感觉暗。

（5）响应时间

响应时间越小，使用者在看运动画面时越不会出现尾影拖曳的感觉。

4. 打印机

打印机是最常用的输出设备之一，目前使用最多的是针式打印机、喷墨打印机和激光打印机。

（1）针式打印机

针式打印机的打印质量比不上喷墨和激光打印机，主要用于财务票据打印，还可以进行复写和打印蜡纸。

（2）喷墨打印机

喷墨打印机采用点阵印字技术，可以输出任意字符和图形，分辨率高，常用的达到 300 dpi，较高的可达 720 dpi 及以上。打印质量高的模式，打印速度相对要慢一些。

（3）激光打印机

硒鼓和墨粉是激光打印机的耗材，其打印分辨率最低为 300 dpi，有的甚至可高达 1 440 dpi，可与照相机的分辨率相比美。激光打印机几乎没有噪声，非常适合安静的办公场所使用。

1.3.3 微机常用辅助存储器

1. 硬盘

硬盘是微机中最重要的外部存储器。系统软件、应用软件及文档等信息都保存在硬盘中。

硬盘分为机械硬盘和固态硬盘，如图 1－17 所示。

图 1－17　硬盘

机械磁盘上有上千个磁道，呈同心圆排列，由外向内编号，分别为 0 磁道、1 磁道、2 磁道……每个磁道构成一个封闭圆环，并被平均分为若干扇区，每个扇区存储 512 字节数据。扇区也有编号。若干个扇区再构成簇（cluster），簇是信息的基本存储单位，上一个簇写满了才能写下一个簇。在由多个盘片组成的硬盘存储器中，所有盘片上相同磁道的组合称为柱面。所以，硬盘上的一块数据要用柱面号、扇区号和磁道号三个参数来定位。一般地，盘片组最上的一个面和最下的一个面不存储信息，所以硬盘的容量可按下式计算：

$$磁盘容量 = 磁面数 \times 磁道数 \times 扇区数 \times 512 \text{ 字节}$$

硬盘的主要技术指标如下：

①硬盘容量。容量是选择硬盘的主要因素。

②数据传输速率。一般越大越好。

③平均寻道时间。指把磁头移到数据所在磁道（柱面）所需要的平均时间，它反映硬盘的机械能力，一般在 ms 之间，占整个存取时间的 70% 左右。

④平均等待时间。指数据所在的扇区转到磁头下面的平均时间，等于盘片旋转周期的 1/2，为 3～6 ms。

⑤平均访问时间。表示磁头找到数据所在扇区所需要的时间，它是平均寻道时间和平均等待时间之和，在许多硬盘的产品广告中所说的平均访问时间往往指的是平均寻道时间。

⑥硬盘转速。指硬盘每分钟转数，用 r/min 表示。目前硬盘的转速一般为 7 200 r/min。

⑦高速缓存容量。一般越大越好。

2. 移动存储器

（1）优盘

优盘采用 Flash 存储器技术。数据安全可靠，寿命可长达 10 年之久。优盘具有即插即用的功能，兼容性好，可以制作引导操作系统的作用。

（2）移动硬盘

移动硬盘通常是将尺寸较小的硬盘装入特制的配套硬盘盒构成的，体积小巧，质量小，非常适于携带。

3. 光盘和光驱

光存储器或光盘是 20 世纪 90 年代兴起的多媒体存储器，温度和湿度也不易对光盘的表面介质产生不利影响，因此光盘比磁盘容易保存。

（1）光盘的基本类型

①CD – ROM（Compact Disk Read – Only Memory），只读型光盘，又叫固定型光盘。

②CD – R/WORM（Write Once, Read Many），一次写入型光盘，简称 WO 光盘。用户可用光盘刻录机对 WO 光盘进行一次写入操作。

③CD – RW（Compact Disc – Rewritable），可重写光盘，又称可擦写光盘，这种光盘可用光盘刻录机反复重写很多次。

（2）光驱

光盘必须插入光驱才能工作。光驱是一种高技术的机电一体化产品。不同的光盘需要对应的光盘驱动器，因此有只读型光盘、可重写光盘等对应的各种类型的光驱。多功能型光驱可以操作两种不同类型的光盘，例如 CD – RW 或 CD – R，目前市售的光盘刻录机就属于多功能型的光驱。

4. DVD 光盘存储器

DVD（Digital Video Disk，数字视频光盘或数字影碟机），它利用 MPEG 2 的压缩技术存储影像，也可以存储声音和计算机数据，所以也有人称 DVD 为 Digital Versatile Disk，即数字多用途光盘。它不但可以使用在音/视频领域，也可以在出版、广播、通信等行业得到广泛的应用。

（1）DVD 光盘的规格

从表面上看，DVD 盘和 CD/VCD 盘很相似，有五种不同的规格：

①DVD – ROM。DVD 只读光盘，用途类似于 CD – ROM。

②DVD – Video。DVD 影视光盘，用途类似于 VCD。

③DVD – Audio。DVD 音乐盘片，用途类似于 CD。

④DVD – R（DVD – Write – Once）。限写一次的 DVD，用途类似于 CD – R。

⑤DVD – RAM（DVD – Rewritable）。可多次读写 DVD，用途类似于 MO。

与现有的 CD/VCD 相比，DVD – Video 除了具有更大的存储容量外，还具有许多特性，如一张盘上放置多个节目、多音轨（可放置多种语言）、多字幕（可显示多种文字字幕）、多角度观赏选择、父母锁定控制、4:3 或 16:9 视频图像选择、版权保护、多通道伴音等。

DVD – Audio 采用未经压缩的原音重现，所以具有比 CD 更高的音质和音响功能。

（2）DVD 光盘的存储容量

各种结构的 DVD 光盘的存储容量列于表 1 – 6 中。

表 1 – 6　各种不同 DVD 光盘的存储容量

DVD 光盘类型		120 mm DVD 光盘 存储容量/GB	80 mm DVD 光盘 存储容量/GB
DVD – ROM DVD – Video	单面单层（SS/SL）	4.7（DVD – 5）	1.46（DVD – 1）
	单面双层（SS/DL）	8.5（DVD – 9）	2.66（DVD – 2）
	双面单层（DS/SL）	9.4（DVD – 10）	2.92（DVD – 3）
	双面双层（DS/DL）	17（DVD – 18）	5.32（DVD – 4）

（3）DVD 光盘驱动器

DVD 驱动器和 CD 光盘驱动器在结构上并无本质的区别，但是 DVD 光盘的信息密度比 CD 光盘高得多，所以 DVD 驱动器使用 635～650 nm 的红外激光器，而 CD 光驱使用 780～790 nm 的红外激光器。DVD – ROM 和 DVD – RAM 不仅能读大容量的 DVD 盘片，而且也能向下兼容读取 CD – ROM 盘片，DVD – ROM 和 DVD – RAM 的数据传输率大致等同于 9 倍速的 CD – ROM 光驱。为了能向下兼容 CD 或 VCD，DVD 的激光头比 CD 的激光头复杂。为了提高可靠性和其他性能，DVD 采用了更有效的纠错码技术和信号调制方式。为了防止盗版，保护知识产权，DVD 软件和硬件都采用了乱码技术，DVD 技术联合会还把全球划分为 6 个大区，按区域码分区发行软件。

1.3.4　微型计算机的主要性能指标

1. 基本字长

基本字长是指参与运算的数的基本位数，它由加法器、寄存器、数据总线的位数决定。字长越长，对硬件要求越高，因此字长对硬件的造价有极大的直接影响。字长直接关系到计算机的计算精度、功能和速度。字长越长，计算机的运算精度越高，数据处理能力就越强。通常字长总是 8 的倍数，如 8 位、16 位、32 位、64 位等。

在计算机中为了更灵活地表达和处理信息，许多计算机又以字节（byte）为基本单位，用大写字母 B 表示。一个字节等于 8 位二进制位（bit）。

2. 主存容量

一个主存储器所能存储的全部信息量称为主存容量。

3. 运算速度

对运算速度的衡量有不同的方法。现在普遍采用单位时间内执行指令的平均条数作为运算速度指标，并以 MIPS（Million Instruction Per Second，每秒百万条指令）作为计量单位。

4. 工作频率

工作频率是衡量计算机速度的重要参数。工作频率又可细分为内频和外频。

所谓内频，就是 CPU 的内部工作频率，内频也可称为内部时钟。除了内频之外，CPU 还有另一种工作频率，是跟外界交换数据的频率，称为外部工作频率，简称外频。外频也就是主板的总线速度或系统时钟。

在早期，CPU 的内频就等于外频。目前，CPU 的内频越来越高，相比之下，存储器等周边设备的速度还很慢，所以现在外频跟内频不再是 1 : 1 的同步关系，从而出现了所谓的内部倍频技术，导致了"倍频"的出现。内频、外频和倍频三者之间的关系是：

$$内频 = 外频 \times 倍频$$

除了上述这些主要性能指标外，还有其他一些指标，如存取周期、软硬件配置、性能价格比等。

【特别提示】不管是购买计算机的新手还是老手，在购买前都要了解所购买计算机的用途，一般分为三类：经济实惠型、多功能型和高性能型。了解每类的特点可以增强选择购买系统的能力，既要满足需要，又要便宜。

经济实惠型：功能一般，价格比较便宜。适合计算机初学者。

多功能性：这类计算机硬件配置较高，CPU 处理速度快，内外存容量大，并且配有多媒体功能。这使用户有足够的空间去操作和存储图像，进行更多的复杂计算和设计任务，运行三维游戏软件等。

高性能型：适合专业人员使用。

1.4　计算机病毒及防治

在 21 世纪的网络时代，计算机不连接到网络中，就无法充分利用网络资源，因此了解计算机病毒，采用主动防御的措施，才是最佳的解决办法。

1. 计算机病毒的定义及特性

计算机病毒是一段很小的计算机程序，它是一种会不断自我复制及感染的程序。在传统的操作系统环境下，通常它会寄存在可执行的文件之中，或者是软盘、硬盘的引导区部分。病毒随着被感染程序由作业系统装入内存而同时执行，因此获得系统的控制权。但在 Windows 系统出现的宏病毒则是附加在文档中，且其感染的对象一般也只限于文档。

在 1994 年我国正式颁布实施的《中华人民共和国计算机信息系统安全保护条例》中，明确给出了计算机病毒的定义：计算机病毒是指编制或者在计算机程序中插入的破坏计算机功能或者破坏数据，影响计算机使用，并能自我复制的一组计算机指令或者程序代码。随着近年来的发展，发现该定义存在不足之处：首先，引导型病毒不符合上述特征，它没有插入程序中；其次，近年来发现的后计算机病毒并不包括其中。所以目前的反病毒软件对于病毒的研究是基于很多种广义的计算机病毒来说的。

计算机病毒会使文件长度增加、减少或出现不寻常的错误信号，而且可以不断地感染其他程序的特殊的程序代码。计算机病毒一般具有以下特性：

①破坏性。

②潜伏性。

③传染性。

④寄生性。

⑤可执行性。

⑥可触发性。

⑦不可预见性。

2. 计算机病毒的传播

计算机病毒一定要在计算机系统中才能传播。病毒提供了很多的传播途径。例如，如果从别人的计算机下载或执行一个已经被感染的程序，这样自己的计算机也会被病毒所传染。

病毒程序第一件要做的事情通常是进行自我复制。病毒会把自己附在一处可以有利于自己执行的系统中。在计算机工作时，病毒可以在很短的时间内把自己复制许多次。

计算机病毒蔓延的主要方式是通过软件的共享。如果软件是通过手工传播出去的，病毒蔓延的速度会比 Internet 慢得多。

由于文字处理系统及 Internet 十分普及，所有计算机病毒（例如，宏病毒和网络蠕虫）很容易在很短的时间里传播到无数用户的计算机系统中。现在很多人都会用文字处理软件，并且通过电子邮件的附件传送给其他人。如果该文件带有病毒，收件人的计算机系统也会被感染。

现在很多电子邮件程序都会把接收到的邮件自动地放在文字处理程序中打开，所以收件人的计算机系统会在没有选择的情况下被传染病毒。

计算机病毒传播的另一途径就是光盘。现在盗版光盘会带有病毒。由于光盘只读不能写，所以光盘里的病毒也不能被清除。另外，一些软件制造商为了教训这些盗版软件的用户，故意设计一种病毒放在他们的软件中。如果用户使用的是正版软件，病毒就不会发作；相反，如果用户使用的是盗版软件，病毒程序就会被执行来破坏系统。

3. 计算机病毒的防范措施

（1）计算机病毒的检查

计算机病毒通常在发作前尽可能地广为扩散，感染病毒后的系统会表现出一些异常症状。因此，用户平时应注意和检查以下现象：

①文件大小和日期的变换。

②文件莫名其妙丢失。

③系统运行异常慢。

④有特殊文件自动生成。

⑤用 MI 检查内存时，发现不该驻留的程序。

⑥磁盘空间自动产生坏区或磁盘空间减少。

⑦系统启动时间突然变得很慢或系统异常死机次数增多。

⑧计算机屏幕出现异常提示信息、异常滚动、异常图形显示。

⑨中断向量表发生变化。

⑩硬件接口出现异常。例如，在打印时经常出现"No Paper"等提示信息。

（2）计算机病毒的防范

①安装多种防病毒软件，并经常升级。

②如果软件在其他计算机上使用过，在自己的计算机上使用前先查毒。

③不使用盗版光盘。

④从局域网其他计算机复制到本地计算机的文件，先查毒再使用。

⑤对于上网下载的文件，查毒后再使用。

⑥接收到不明来历的电子邮件，具有诱惑性标题时，不要打开，并删除邮件。

⑦对电子邮件的附件，查毒后再使用。

⑧经常备份重要的文件和数据。

⑨制作干净的系统盘、急救盘。

⑩如果发现计算机感染了病毒，杀毒后应立即重新启动计算机，并再次查毒。

4. 反病毒软件

①新毒霸。

②360 杀毒软件。

③瑞星杀毒软件。

④Norton 杀毒软件。

⑤McAfee 杀毒软件。

1.5　计算机职业道德

1. 计算机职业道德的含义

计算机职业道德的特点是：

①职业道德必须是基于对他人、对社会利益的自觉认识而表现出来的，没有这种自觉的认识，就不能构成道德。

②计算机职业道德必须是从业者根据自己的意志所做出的抉择。

③计算机职业道德是在从业者行为整体中表现的稳定特征和倾向。

2. 养成良好的计算机职业道德

①敬业与乐业意识。

②职业规范意识。

③勤业精业意识。

习　题　1

单选题：

(1) 世界上第一台计算机诞生于（　　　）。

A. 1945 年　　　　　B. 1956 年　　　　　C. 1935 年　　　　　D. 1946 年

(2) 第 4 代电子计算机使用的电子元件是（　　　）。

A. 晶体管　　　　　　　　　　　　　B. 电子管

C. 中、小规模集成电路　　　　　　　D. 大规模和超大规模集成电路

(3) CAI 表示为（　　　）。

A. 计算机辅助设计　　　　　　　　　B. 计算机辅助制造

C. 计算机辅助教学　　　　　　　　　D. 计算机辅助军事

(4) 二进制数 110000 转换成十六进制数是（　　　）。

A. 77　　　　　　　B. D7　　　　　　　C. 7　　　　　　　D. 30

(5) 下列 4 条叙述中，正确的一条是（　　　）。

A. 二进制正数原码的补码就是原码本身

B. 所有十进制小数都能准确地转换为有限位的二进制小数

C. 存储器中存储的信息即使断电也不会丢失

D. 汉字的机内码就是汉字的输入码

(6) 二进制数 110101 对应的十进制数是（　　　）。

A. 44 B. 65 C. 53 D. 74

（7）在 24×24 点阵字库中，每个汉字的字模信息存储在（   ）字节中。

A. 24 B. 48 C. 72 D. 12

（8）下列字符中，其 ASCII 码值最小的是（   ）。

A. A B. a C. k D. M

（9）在微型计算机中，普遍使用的字符编码是（   ）。

A. 补码 B. 原码 C. ASCII 码 D. 汉字编码

（10）在计算机领域通常用 MIPS 来描述（   ）。

A. 计算机的运算速度 B. 计算机的可靠性

C. 计算机的运行性 D. 计算机的可扩充性

（11）一台计算机可能有多种多样的指令，这些指令的集合就是（   ）。

A. 指令系统 B. 指令集合 C. 指令群 D. 指令包

（12）下列 4 条叙述中，正确的一条是（   ）。

A. 计算机系统是由主机、外设和系统软件组成的

B. 计算机系统是由硬件系统和应用软件组成的

C. 计算机系统是由硬件系统和软件系统组成的

D. 计算机系统是由微处理器、外设和软件系统组成的

（13）两个软件都属于系统软件的是（   ）。

A. DOS 和 Excel B. DOS 和 UNIX C. UNIX 和 WPS D. Word 和 Linux

（14）用数据传输速率的单位是（   ）。

A. 位/s B. 字长/s C. 帧/s D. m/s

（15）某汉字的区位码是 2534，它的国际码是（   ）。

A. 4563H B. 3942H C. 3345H D. 6566H

（16）在微型计算机中，最常用的输入设备是（   ）。

A. 键盘 B. 鼠标 C. 扫描仪 D. 手写设备

（17）下列叙述中，正确的是（   ）。

A. 计算机的体积越大，其功能越强

B. CD – ROM 的容量比硬盘的容量大

C. 存储器具有记忆功能，故其中的信息任何时候都不会丢失

D. CPU 是中央处理器的简称

（18）下列属于计算机病毒特征的是（   ）。

A. 模糊性 B. 高速性 C. 传染性 D. 危急性

第 2 章　Windows 7 操作系统

任何一台计算机，不论是微型机，还是高性能的计算机，都必须配置一种或多种操作系统，操作系统是现代计算机系统不可分割的重要组成部分。本章介绍典型的 Windows 7 操作系统的环境及作用方法。通过本章的学习，应掌握：

1. 计算机如何利用文件管理资源。
2. 桌面、任务栏、菜单、窗口和对话框的基本操作。
3. 使用资源管理器管理文件和文件夹。
4. 个性化工作环境的设置。
5. 基本的画图、记事本和计算器等实用程序的操作。

2.1　操作系统简介

不论是计算机的硬件还是软件，都是很复杂的系统。操作系统是对硬件系统的一次扩充。在操作系统支持下，计算机才能运行其他软件，操作系统就像计算机的神经中枢，管理、控制着计算机的运行。操作系统是人与计算机之间通信的桥梁，为用户提供一个清晰、简洁、易用的工作界面。

操作系统的种类很多，如 DOS、Windows、UNIX、Linux 等。目前在个人计算机上广泛使用的操作系统软件是 Windows 系列软件。Windows 7 是微软公司继 Windows XP 之后最重要的一次操作系统革新。Windows 7 操作系统给广大用户带来更多、更好的工具来体验和管理数字生活。

以下是 Windows 7 的几个最基本的操作，即启动、注销、关闭系统。

2.1.1　启动

如果计算机安装了多个操作系统，开机之后，计算机在启动开始阶段将提示用户选择要启动的操作系统。依据屏幕提示，即可启动 Windows 7。

如果计算机只安装了 Windows 7 操作系统，并且没有设置用户名和密码，那么在开机后，一般会自动启动 Windows 7，并自动进入 Windows 7 操作系统主界面。

如果在安装 Windows 7 的过程中添加了多个用户，那么在启动的过程中还将显示 Windows 7 的登录界面。在设置用户时，如果设置了用户密码，则在登录时系统将要求输入密码，否则不允许登录。

2.1.2　注销

注销操作是指当前操作计算机的用户退出 Windows 7 的运行，但是计算机仍然保持开机运行状态。

注销操作的步骤是：在"开始"菜单中执行"注销"命令，或在"开始"菜单中执行"关机"命令，弹出如图 2 – 1 所示的"关闭 Windows"对话框，在"关机"下拉列表中选择"注销"，再单击"确定"按钮，注销当前用户账户。

图 2 – 1 "关闭 Windows"对话框

2.1.3 关闭系统

关闭操作将关闭所有用户打开的文件和运行的程序，关闭操作的步骤为：在"开始"菜单中执行"关机"命令，在弹出的对话框中选择"关机"，如图 2 – 1 所示。

2.2 文件系统

计算机中保存、使用的各种数据、程序都是以文件的形式存在的。在 Windows 中，文件夹是组织文件的一种方式，可以把同一类型的文件保存在一个文件夹中，也可以根据用途将类似文件保存在一个文件夹中。

计算机的资源包括文件、文件夹、磁盘驱动器、外部设备等，将计算机资源统一通过文件夹来进行管理，可以规范资源的管理。

2.2.1 文件的基本概念

1. 文件名

在计算机中，任何一个文件都有文件名，文件名是存取文件的依据。一般来说，文件名由主文件名和扩展名两部分组成（注：文件夹一般没有扩展名）。主文件名和扩展名之间用一个圆点（.）隔开。

Windows 7 文件和文件夹的命名约定：

①主文件名应该有意义，即见名思议，以便用户识别，文件名中可以使用的字符包括汉字字符、26 个英文大小写字母、0 ~ 9 十个数字和一些特殊的字符，最多可以有 255 个字符。

②在文件名中不能使用的字符有 \、／ *、?、"、 <、 >、:、| 。

③文件名不区分大小写。

④不能使用系统保留的设备名，因为这些设备名有特定的含义，见表 2 – 1。

表 2 - 1　系统保留的设备文件名

设备名	代表的设备
CON	作为输入用的文件名，指键盘；作为输出用的文件名，指显示器
AUX 或 COM1	第一串行口
COM2	第二串行口
LPT1 或 PRN	第一并行口或者打印机
LPT2	第二并行口
NUL	虚拟的外部设备，用于检测运行

⑤扩展名表示文件的类型，它可根据需要而选用，可有可无，有些扩展名代表固定的含义。如：

EXE　　可执行命令或程序文件

COM　　可执行命令或程序文件

SYS　　系统文件或设备驱动程序文件

TXT　　文本文件

DOCX　Word 文档文件

HLP　　帮助文件

GIF　　图形文件

OBJ　　汇编程序或高级语言目标文件

2. 文件的属性

文件除了文件名之外，还有文件大小、占用空间等，这些信息称为文件属性。右击文件或文件夹对象，在弹出的快捷菜单中选择"属性"命令，打开如图 2 - 2 所示的文件属性对话框，其属性如下：

①只读：设置为只读属性的文件只能读，不能修改，当删除时，会给出提示信息，起保护作用。

②隐藏：具有隐藏属性的文件一般情况下是不显示的。

③存档：任何一个新创建或修改的文件都有存档属性。

【说明】如果要显示隐藏的文件，可在"资源管理器窗口"中执行"工具"→"文件夹选项"命令，在弹出的"文件夹选项"对话框

图 2 - 2　"文件属性"对话框

中选中"查看"选项卡，在其中选中"显示所有文件和文件夹"选项。如果设置了显示隐藏文件或文件夹，则隐藏的文件和文件夹是浅色的，以表明它们与普通文件不同。

3. 文件名中的通配符

系统提供了通配符，可以对一批文件进行操作。通配符有两个："?"和"*"。其中，

"?"用来表示任意的一个字符,"＊"用来表示任意的多个字符(可以是 0 个、1 个或多个)。

2.2.2 目录结构

1. 磁盘分区

一个新硬盘安装到计算机后,往往要将磁盘划分成几个分区,即把一个磁盘驱动器划分成几个逻辑上独立的磁盘驱动器,每个驱动器的编号由字母和后续的冒号来标定,如 C:、D:、E: 等。

2. 目录结构

一个磁盘上的文件成千上万,如果把所有的文件都存放在根目录下,会造成许多不便,为了有效地管理和使用文件,用户应在根目录下建立子目录,再在子目录下建立子目录,也就是将目录结构构建成树状结构,然后将文件分门别类地存放在不同的目录中。这种目录结构像一棵倒置的树,树根为根目录,树中每一个分支为子目录,树叶为文件。

在 Windows 的文件夹树状结构中,处于顶层(树根)的文件夹是桌面,计算机上所有的资源都组织在桌面上,从桌面开始可以访问任何一个文件和文件夹,如图 2-3 所示。桌面上有"计算机""网络""回收站"等,这些是系统专用的文件夹,不能改名,被称为系统文件夹。计算机中所有的磁盘及控制面板也以文件夹的形式组织在"计算机"中。

图 2-3 树状目录结构

3. 目录路径

当一个磁盘的目录结构建好后,所有的文件都分门别类地存放在所属的目录中。若用户要访问的文件在不同的目录中,就必须加上目录路经,以便文件系统可以查找到所需要的文件。

文件的路径由表示磁盘驱动器的字母开始,以文件名或文件夹名结束,中间用"\"隔开各级文件夹及文件。路径有两种:

①绝对路径:从根目录开始,依序到达该文件所必须经过的所有文件夹。

②相对路径：从当前目录开始，依序到达该文件所必须经过的所有文件夹。

2.2.3　浏览计算机中的资源

Windows 7 提供了"资源管理器"这个实用工具，它可以以分层的方式显示计算机内所有文件的详细图表，如图 2-3 所示，就是资源管理器的界面。用户使用资源管理器可以方便地实现浏览、查看、移动和复制文件或文件夹等操作。

启动"资源管理器"的方法：执行"开始"→"程序"→"附件"→"Windows 资源管理器"命令。

2.3　认识图形用户界面

2.3.1　图形用户界面技术

图形用户界面技术的特点体现在以下三个方面：

1. 多窗口技术

在 Windows 环境中，计算机屏幕显示为一个工作台，用户的主要工作区就是桌面（desktop）。工作台将用户的工作显示在称为"窗口"的矩形区域内，用户可以在窗口中对应用程序和文档进行操作。多窗口技术可以实现的功能是：

①所见即所得的操作环境。

②一屏多用。

③任务切换。

④资源共享与信息共享。

2. 菜单技术

菜单把用户当前可以使用的一切命令全部显示在屏幕上，以便用户根据需要进行选择。菜单的两大好处是：一是用户不需要记忆大量的命令；二是避免了键盘命令输入过程中的人为错误。

3. 联机帮助技术

联机帮助技术为初学者提供了学会使用新软件的捷径。借助它可以在使用过程中随时查询有关信息，从而代替了纸质用户手册。联机帮助还可以为用户操作给予步骤提示和引导。使用"联机帮助"的方法是：执行"开始"→"帮助和支持"命令，打开"Windows 帮助和支持"窗口。

2.3.2　Windows 7

1. 桌面上的图标

"桌面"就是安装 Windows 7 后，启动计算机登录到系统后看到的整个屏幕界面，它是用户和计算机进行交流的窗口，桌面上可以存放用户经常用到的应用程序和文件夹图标，并可按自己的需要在桌面上添加各种快捷图标，如图 2-4

图 2-4　桌面上的各类图标

所示。

其中，"计算机""网络""回收站""Internet Explorer"是桌面默认包含的图标。"图标"是指在桌面上排列的小图像，它包含图形和说明文字两部分。双击图标就可以打开相应的内容。

2. 窗口的基本组成及操作

当打开一个文件或应用程序时，都会出现一个窗口，窗口是用户进行操作的重要组成部分，熟练地对窗口进行操作，将提高用户的工作效率。

在中文版 Windows 7 中的许多窗口中，大部分都包含了相同的组件，图 2 - 5 所示是一个标准的窗口，它由标题栏、菜单栏、地址栏、工具栏、导航窗格、滚动条、搜索框和文件显示区等几部分组成。

图 2 - 5　资源管理器窗口

窗口操作可以通过鼠标使用窗口上的各种命令来操作，也可以通过键盘使用快捷键来操作。基本的操作包括打开、移动、缩放、最大化及最小化、切换和关闭窗口等。

（1）打开窗口

①选中要打开的窗口图标，然后双击。

②选中要打开的窗口图标，在图标上右击鼠标，在弹出的快捷菜单中选择"打开"命令。

（2）移动窗口

①把鼠标移到标题栏上，按住左键拖动，移动到合适的位置后再松开鼠标，即可完成移动的操作。

②如果需要精确地移动窗口，则在标题栏上右击鼠标，在弹出的快捷菜单中选择"移动"命令，当屏幕上出现✥标志时，通过键盘上的方向键来移动，移动到合适的位置后单击鼠标或按 Enter 键确认。

（3）缩放窗口

可以随意改变窗口大小将其调整到合适的尺寸，方法如下：

①当需要改变窗口宽度（或高度）时，可以把鼠标指针放在窗口的垂直（或水平）边框上，当鼠标指针变成双箭头时，可以任意拖动。

②当需要对窗口进行等比例缩放时，可以把鼠标指针放在窗口边框的任意角上进行拖动。

③用户也可以用鼠标和键盘的配合来完成。在标题栏上右击，在弹出的快捷菜单中选择"大小"命令，屏幕上出现✛标志时，通过键盘上的方向键来调整窗口的高度和宽度，调整到合适的位置后，单击鼠标或按 Enter 键结束。

（4）最大化、最小化

在对窗口进行操作的过程中，可以根据自己的需要，把窗口最大化、最小化等。

①"最小化"按钮▭：当暂时不需要对窗口操作时，可以直接单击此按钮，窗口会以按钮的形式缩小到任务栏。

②"最大化"按钮▢：单击此按钮即可使窗口最大化，即铺满整个桌面，这时不能再移动或缩放窗口。

③"还原"按钮▣：当窗口最大化后单击此按钮，使窗口恢复到最大化前的状态。

④在标题栏上双击可以进行最大化与还原两种状态之间的切换。

⑤可以通过快捷键 Alt + 空格键来打开控制菜单，然后根据菜单的提示，在键盘上输入相应的字母，比如最小化输入"N"，通过这种方式可以快速完成相应的操作。

（5）切换窗口

当打开了多个窗口时，需要在各个窗口之间进行切换，切换的方法有以下几种：

①当窗口处于最小化状态时，在任务栏上单击所要操作窗口的按钮，即可将该窗口恢复到最小化前的状态，同时该窗口变成当前活动窗口。

②当窗口处于非最小化状态时，在所要操作窗口的任意位置单击，标题栏颜色变深，表明该窗口变成当前活动窗口。

（6）关闭窗口

完成了对窗口的操作后，应该关闭窗口，常用的关闭窗口的方法有以下几种：

①直接在标题栏上单击"关闭"按钮▣。

②右击标题栏，在弹出的控制菜单中选择"关闭"命令。

③使用快捷键 Alt + F4。

④如果打开的窗口是应用程序，可以在文件菜单中选择"退出"命令来关闭窗口。

⑤如果所要关闭的窗口处于最小化状态，可以右击任务栏上该窗口按钮，在弹出的快捷菜单中选择"关闭窗口"命令。

在关闭应用程序窗口之前要保存所创建的文档或者所做的修改，如果忘记保存，当执行"关闭"命令时，会弹出一个保存对话框，询问是否要保存所做的修改，单击"是"按钮，则保存后关闭窗口；单击"否"按钮，则不保存即关闭窗口；单击"取消"按钮，则不关闭窗口，可以继续使用该窗口。

（7）窗口的排列

在对窗口进行操作时，若打开了多个窗口，而且需要全部处于显示状态，这就涉及窗口的排列问题，系统为用户提供了层叠窗口、并排显示窗口和堆叠显示窗口三种排列的方案。

具体操作：在任务栏的空白区右击鼠标，弹出快捷菜单，如图 2 - 6 所示。

"层叠窗口"就是把窗口按先后顺序依次排放在桌面上，其中每个窗口的标题栏和左边缘都是可见的，而排列在最前面的窗口是完全可见的，即为当前的活动窗口。

"并排显示窗口"就是把窗口一个挨一个地纵向排列起来，使它们尽可能地布满桌面空间，而不出现层叠或覆盖的情况，即每个窗口都是完全可见的。

"堆叠显示窗口"就是把窗口一个挨一个地横向排列起来，使它们尽可能地布满桌面空间，而不出现层叠或覆盖的情况，即每个窗口都是完全可见的。

在选择了某种排列方式后，在任务栏快捷菜单中会出现相应的撤销该选项的命令，如：用户选择了"堆叠显示窗口"命令后，任务栏的快捷菜单中会增加一项"撤销堆叠"命令，如图 2-7 所示。当用户选择此命令后，窗口恢复原状。

图 2-6　任务栏快捷菜单

图 2-7　选择"堆叠显示窗口"
命令后的快捷菜单

3. 对话框

对话框是人与计算机系统之间进行信息交流的窗口。在对话框中用户通过对选项的选择，实现对系统对象属性的修改或设置。

对话框的组成和窗口有相似之处，但对话框要比窗口简洁、直观，更侧重于与用户的交流。它一般包含有标题栏、选项卡（或称标签）、文本框、列表框、命令按钮、单选按钮和复选按钮等几部分组成，如图 2-8 所示。

（a）　　　　　　　　　　　　　　　（b）

图 2-8　对话框

（a）"本地硬盘（D:）属性"对话框；（b）"回收站 属性"对话框

①标题栏：位于对话框的最上方，左侧表明了对话框的名称，右侧有关闭按钮。

②选项卡：在系统中有很多对话框都是由多个选项卡构成的，选项卡上有名称，以便于区分。可以通过各个选项卡之间的切换来查看不同的内容，在选项卡中有不同的选项组，如图 2 - 8 所示。

③文本框：用于输入文本信息的一种矩形区域。例如，在桌面上执行"开始"→"运行"命令，可打开如图 2 - 9 所示的"运行"对话框，这时系统要求用户输入要运行的程序或者文件名称，一般在右侧会带有向下的箭头，可以单击箭头，在展开的下拉列表框中查看最近曾经输入过的内容；还可以通过单击"浏览"按钮，选择要运行的程序。

图 2 - 9　"运行"对话框

④列表框：是一个显示多个选项的小窗口，用户可以从中选择一项或几项。

⑤命令按钮：是指对话框中圆角矩形并带有文字的按钮，常用的有"确定""取消"等。

⑥单选按钮：它通常是一个小圆形，其后面有相关的文字说明，当选中时，在圆形中会出现一个小圆点。在对话框中，通常一个选项组中包含多个单选按钮，当选中其中一个后，其他选项就不可以选了。

⑦复选框：它通常是一个小正方形，在其后面也有相关的文字说明，当选中后，在正方形中间会出现一个"√"标志。若有多个复选框，可以任意选中几个。

对话框的操作包括对话框的移动、关闭及对话框的切换、使用对话框中的帮助信息等。

对话框不能像窗口那样可以任意改变大小，在标题栏上也没有"最小化"按钮和"最大化"按钮。

4. 菜单和任务栏

Windows 7 有三种经典的菜单形式："开始"菜单、下拉式菜单和弹出式快捷菜单。

（1）"开始"菜单

单击"任务栏"最左侧的"开始"按钮，打开"开始"菜单，如图 2 - 10 所示，便可以运行程序、打开文档及执行其他常规任务，几乎所有功能都可以由"开始"菜单提供。

执行"开始"→"程序"命令，将显示完整的程序列表，单击程序列表中的任一命令项将运行其对应的应用程序。

（2）下拉式菜单

位于应用程序窗口标题栏下方的菜单栏，单击菜单选项卡，其中的菜单会自动显示出来。菜单中通常包含若干条命令，这些命令按功能分组，分别放在不同的组里，组与组之间用一条竖线隔开。当前不能执行的菜单命令以灰色显示。

（3）弹出式快捷菜单

这是一种随时随地为用户服务的"上下文相关的弹出菜

图 2 - 10　"开始"菜单

单"。

将鼠标指向某个选中对象或屏幕的某个位置，单击鼠标右键，即可打开一个弹出式菜单。该快捷菜单中列出了与用户正在执行的操作直接相关的命令，单击鼠标时指针所指的对象和位置不同，弹出的菜单命令内容也不同。

在菜单中，常见符号的含义见表2-2。

表2-2 菜单中常见符号的含义

命令项	说明
浅色的命令	当前不可选用
命令名后带"…"	弹出一个对话框
命令名前带"√"	命令有效，再选择一次，"√"消失，命令无效
带符号（●）	被选中
带组合键	按下组合键，直接执行相应的命令，而不必通过菜单
带符号（▶）	鼠标指向它时，会弹出一个子菜单
向下箭头▼	鼠标指向它时，会显示一个完整的菜单

（4）任务栏

任务栏位于桌面的最下方，既能切换任务，又能显示状态。所有正在运行的应用程序和打开的文件夹均以任务按钮的形式显示在任务栏上，如图2-11所示。

图2-11 任务栏

要切换到某个应用程序或文件夹窗口，只需要单击任务栏上相对应的按钮即可。任务栏分为"开始"菜单按钮、快速启动区、窗口按钮栏和通知区域等几个部分。

2.4 案例——文件与文件夹的管理

【任务提出】小李今年是大三的学生，快要毕业了。毕业前，他要撰写一篇毕业论文，同时还要撰写求职简历。刚开始他把这些文件随意放在计算机中，但随着撰写论文的不断深入，用到的素材越来越多，求职简历相关的文件资料也不少，加上计算机上存放的其他文件，一大堆文件显得杂乱无章，有时想找一个文件，却不记得放在哪个目录了。因此，小李想对计算机中的这些文件进行有序管理，但是对于没有文件管理经验的他来说，又不知如何着手，于是他找到王老师，希望得到王老师的帮助。本节以管理计算机中的文件为例，介绍Windows 7中文件与文件夹管理的相关操作。

【相关知识点】

①文件、文件夹的浏览，显示、排序的方式。

②文件、文件夹的选定、新建、重命名、移动、复制、删除等。

③回收站的操作。

④快捷方式的创建。

⑤文件、文件夹的搜索。

2.4.1 文件和文件夹的基本操作

1. 文件夹的浏览

在图 2－5 所示的资源管理器窗口中，显示了所有磁盘和文件夹的列表，文件显示区用于显示选定的磁盘和文件夹的内容。

在导航窗格中，有的文件夹图标左边有标记 ◢ 或 ▷，有的则没有。有标记的表示此文件夹下包含有子文件夹，而没有标记的表示此文件夹下不再包含有子文件夹。标记 ◢ 表示此文件夹处于折叠状态，其包含的子文件夹没有显示出来；标记 ▷ 表示此文件夹处于展开状态，其包含的子文件夹已经显示出来。

单击 ◢ 标记，可以展开此文件夹，显示其子文件夹，同时，标记 ◢ 变成 ▷；反之，单击 ▷ 标记，可以折叠此文件夹，不显示其子文件夹，同时，标记 ▷ 变成 ◢。

注：展开和打开文件夹是两个不同的操作，展开文件夹操作仅仅是在导航窗格中显示它的子文件夹，该文件夹并没有因展开操作而打开。

2. 文件夹内容的显示方式、排序方式

在资源管理器中，可以用"查看"菜单中的命令，来调整文件夹内容的显示方式。如图 2－12 所示。在"查看"菜单中有 8 种查看文件和文件夹的方式："超大图标""小图标""列表""详细信息""内容"等。

在"详细信息"方式下，通常默认显示文件和文件夹的名称、大小、类型、修改日期等详细信息。也可以根据用户的需要，显示其他的信息，选择"查看"菜单中的"选择详细信息"命令，在"选择详细信息"对话框中勾选出所需项，如图 2－13 所示。

图 2－12 "查看"菜单

图 2－13 "选择详细信息"对话框

以"详细信息"方式显示文件夹内容时，单击右窗格中列的名称，就可以该列递增或递减排序，若单击第一次，以递增排序，则单击第二次，就以递减排序；也可以在空白的地方右击鼠标，在快捷菜单中选择"排序方式"命令，再在级联菜单中选择要排序的方式，如图 2 - 14 所示。

3. 选定文件和文件夹

在管理文件等资源的过程中，若要对多个文件或文件夹进行操作，必须先选定要操作的文件或文件夹；"先选定，后操作"是在 Windows 操作中必须遵守的原则。

（1）选定单个文件或文件夹

单击所要选择的文件或文件夹，此时被选定的文件或文件夹将以淡蓝色背景显示，如图 2 - 15 所示。

图 2 - 14 "排序方式"级联菜单

图 2 - 15 选定单个文件

（2）选定多个连续的文件或文件夹

选定多个文件中部分连续的文件或文件夹时，先单击选中第一个要选定的文件或文件夹，然后按住 Shift 键，单击要选定的最后一个对象，即可选定连续分布的多个文件或文件夹；也可以用鼠标圈选要选定的文件或文件夹范围。如图 2 - 16 所示。

（3）选定多个不连续的文件或文件夹

按住 Ctrl 键，用鼠标单击每一个要选定的对象，即可选定不连续分布的多个文件或文件夹，如图 2 - 17 所示。若再次单击已选定的对象，则撤销选定。

图 2 - 16 选定多个连续的文件

图 2 - 17 选定多个不连续的文件

（4）全部选定和反向选定文件或文件夹

在"资源管理器"窗口的"编辑"菜单中，系统提供了两个用于选定对象的命令："全选"和"反向选择"。"全选"用于选取当前文件夹中的所有对象；"反向选择"用于选择除个别文件或文件夹以外的大部分文件或文件夹，方法如下：

先选中不需要选定的文件或文件夹，然后单击"编辑"→"反向选择"命令，则选定了除不需要选定的其他所有文件或文件夹。

4. 新建文件夹和文件

可以在桌面上或任何一个文件夹窗口内创建新的文件夹和文件。如果在 D 盘根目录新建一个文件夹"资料"，在新文件夹"资料"中再建立两个子文件夹"article""work"，操作步骤如下：

①在资源管理器中打开 D 盘。

②执行"文件"→"新建"→"文件夹"命令，或在空白处右击鼠标，在弹出的快捷菜单中选择"新建"→"文件夹"命令，如图 2-18 所示。

③在新建的文件夹名称文本框中输入文件夹的名称"资料"，按 Enter 键或用鼠标单击新文件夹外面的其他地方。

④双击打开"资料"文件夹，重复步骤②~③，在"资料"文件夹中建立两个子文件夹"article""work"。

如果在 D 盘文件夹"资料"的子文件夹"article"中新建一个名为"论文.txt"的文本文档，在子文件夹"work"中新建一个名为"简历.docx"的 Word 文档，操作步骤如下：

①打开 D 盘中的文件夹"资料"，再打开子文件夹"article"。

②执行"文件"→"新建"→"文本文档"命令，或在空白处右击鼠标，在弹出的快捷菜单中选择"新建"→"文本文档"命令，如图 2-19 所示。

图 2-18　新建文件夹

图 2-19　创建新文件

③窗口中将出现一个新的文本文档图标，输入名称"论文.txt"。

④按 Enter 键或用鼠标单击新文档外面的其他地方。

⑤用同样的方法在子文件夹"work"中新建一个名为"简历.doc"的 Word 文档。

由图 2-18 或图 2-19 可以看出，新建的对象可以是文件夹、快捷方式及各种类型的文件。用这种方式新建的文档实际上是一个空文档，没有任何内容，但它已经是一个有确定类型的文档文件，双击该文档图标后，可以启动相关的应用程序，进行文档的有关操作。

5. 重命名文件或文件夹

重命名文件或文件夹就是给文件或文件夹重新取一个名字，使其更符合用户的要求。

如果把 D 盘"资料"文件夹中的子文件夹"article"重命名为"毕业论文"，子文件夹"work"重命名为"求职资料"，操作步骤如下：

①打开 D 盘中的文件夹"资料"，单击选中子文件夹"article"。

②执行"文件"→"重命名"命令，如图 2-20 所示，或右击选中的文件夹"article"，在弹出的快捷菜单中选择"重命名"命令，如图 2-21 所示。

图 2-20 "文件"→"重命名"命令

图 2-21 快捷菜单中的"重命名"命令

③该文件夹的名称处于编辑状态（蓝底白字，并被边框围起来），直接输入新的名称"毕业论文"。

④按 Enter 键或用鼠标单击文件夹图标外的其他任何地方。

⑤用同样的方法把子文件夹"work"重命名为"求职资料"。

如果把 D 盘文件夹"资料"的子文件夹"求职资料"中"简历.doc"重命名为"自荐信.doc"，操作步骤如下：

①打开 D 盘中的文件夹"资料"，再打开"求职资料"文件夹，单击选中文件"简历.doc"。

②执行"文件"→"重命名"命令，如图 2-20 所示，或右击选中的文件"简历.doc"，在弹出的快捷菜单中选择"重命名"命令。

③该文件的名称处于编辑状态，直接输入新的名称"自荐信.doc"。

④按 Enter 键或用鼠标单击文件夹图标外的其他任何地方。

【说明】①文件或文件夹的新名不能与同一文件夹中的文件或文件夹名称相同。

②当文件处于打开状态时，不能对该文件重命名，必须把它关闭，否则，重命名时将会弹出错误提示窗口，如图 2-22 所示。

③如果要更改文件的扩展名，系统会给出警告，出现如图 2-23 所示的提示信息，除非特殊需要，一般不要轻易改变文件的扩展名。

图 2 – 22　重命名的错误提示框

④如果设置了隐藏文件的扩展名，则不允许用户修改扩展名。如果修改扩展名，需取消扩展名的隐藏，否则修改无效。设置方法：在文件所在窗口的菜单栏中执行"工具"→"文件夹选项"命令，打开"文件夹选项"对话框，在"查看"选项卡的"高级设置"中设置是否"隐藏已知文件类型的扩展名"。

图 2 – 23　更改文件的扩展名提示框

6. 移动和复制文件或文件夹

文件管理中的一项重要工作是数据备份。数据的备份就是将文件或文件夹从一个地方复制到另一个地方（既可以是另一个文件夹，也可以是另一个存储器）。有时还需要将文件或文件夹从一个地方转移到另一个地方，这种操作则是文件或文件夹的移动。复制和移动是文件管理中最常用、最基本的操作。

把 D 盘"资料"文件夹中的所有内容复制到 U 盘的"毕业资料"文件夹中，操作步骤如下：

①打开 D 盘中的文件夹"资料"，选中其中的所有对象。

②执行"编辑"→"复制"命令；或右击所选定的对象，在弹出的快捷菜单中选择"复制"命令；或执行工具栏上"组织"→"复制"命令；或按快捷键 Ctrl + C。

③返回"我的电脑"，打开 U 盘中的"毕业资料"文件夹。

④执行"编辑"→"粘贴"命令；或在"毕业资料"文件夹的空白处右击鼠标，在弹出的快捷菜单中选择"粘贴"命令；执行工具栏上"组织"→"粘贴"命令；或按快捷键 Ctrl + V。

把 C 盘"我的文档"文件夹中的文件"论文参考 . doc"移动到 D 盘的"资料"文件夹的子文件夹"毕业论文"中，操作步骤如下：

①打开桌面"我的文档"文件夹，选中其中的文件"论文参考 . doc"。

②执行"编辑"→"剪切"命令；或右击所选定的对象，在弹出的快捷菜单中选择"剪切"命令；或执行工具栏上"组织"→"剪切"命令；或按快捷键 Ctrl + X。

③打开 D 盘的"资料"文件夹的子文件夹"毕业论文"。

④执行"编辑"→"粘贴"命令；或在"毕业论文"文件夹的空白处右击鼠标，在弹出的快捷菜单中选择"粘贴"命令；或执行工具栏上"组织"→"粘贴"命令；或按快捷键

Ctrl + V。

【说明】①复制和移动的区别仅仅是对源对象的处理不同，复制的处理是先"复制"，移动的处理是先"剪切"，其他操作完全一样。

②在上面的操作步骤中，把选定对象"复制"或"剪切"后，实际上是把选定对象放到了"剪贴板"上，复制后原位置还保留源对象，但是剪切后，原位置不再保留源对象。在目标位置"粘贴"时，实际上是把剪贴板中的内容粘贴到目标位置。复制或移动完成后，剪贴板上的内容一般不会消失，因此一次复制或剪切的内容可以多次粘贴到不同的地方。

③用鼠标"拖动"的方法也可以实现文件或文件夹的移动和复制，至于"拖动"操作到底执行的是移动还是复制，取决于文件或文件夹的源位置和目的位置的关系。

● 相同磁盘

在同一磁盘上拖放文件或文件夹默认执行移动操作；若拖放对象时按下 Ctrl 键，则执行复制操作。

● 不同磁盘

在不同磁盘上拖放文件或文件夹默认执行复制操作；若拖放对象时按下 Shift 键，则执行移动操作。

④"剪贴板"是程序和文件之间用于传递信息即进行数据交换的临时存储区，它是内存的一部分，是系统预留的一块全局共享内存，用来暂存在各进程间进行交换的数据。Windows 剪贴板是一种比较简单同时也是开销比较小的机制。当选定数据并选择"编辑"菜单中的"复制"或"剪切"命令时，所选定的数据就被存储在"剪贴板"中。

7. 删除文件或文件夹

当不需要某个文件或文件夹时，可将其删除。删除 D 盘"资料"文件夹的子文件夹"求职资料"，操作步骤如下：

①在"资源管理器"窗口中打开 D 盘的"资料"文件夹，选中"求职资料"文件夹。

②执行"文件"→"删除"命令，或按键盘上的 Del 键，或在"求职资料"文件夹上单击鼠标右键，弹出快捷菜单，选择"删除"命令，弹出如图 2-24 所示的确认删除文件夹对话框，单击"是"按钮，即可将文件或文件夹放入回收站，单击"否"按钮，则取消删除操作。

图 2-24　确认删除文件夹对话框

【说明】

①删除文件的方法和删除文件夹的方法一样。

②选定要删除的文件或文件夹，直接用鼠标拖动到回收站图标 上，也可以删除文件或文件夹。

③用上述方法删除的文件或文件夹，实际上是将它们放到了"回收站"，并没有真正从磁盘上删除。要想恢复刚刚被删除的文件或文件夹，可执行"编辑"→"撤销删除"命令或在窗口的空白地方右击，在弹出的快捷菜单中选择"撤销删除"命令。只有在"回收站"中再次执行删除操作，才能将文件或文件夹从计算机磁盘中删除。如果在执行删除命令时按住 Shift 键，则该文件或文件夹将直接从磁盘上清除，不会弹出如图 2－24 所示的确认对话框，所删对象不可恢复。需要注意的是，U 盘上被删除的文件或文件夹不会放到"回收站"，而是直接删除，所以删除 U 盘上的文件或文件夹时需要特别小心。

2.4.2　"回收站"的操作

"回收站"为用户提供了删除文件或文件夹的补救措施。用户从硬盘中删除文件或文件夹时，Windows 7 会将其自动放入"回收站"中，直到用户将其清空或还原到原位置。打开"回收站"窗口，可以查看被删除文件或文件夹的名称、原位置、删除日期、类型和大小。

1. 恢复被删除的文件或文件夹

在管理文件或文件夹时，有时会由于误操作而将有用的文件或文件夹删除。利用"回收站"的还原命令，可以将被删除的文件或文件夹恢复到原来的位置。如小李要将误删的"求职资料"文件夹恢复，操作步骤如下：

①在桌面上双击打开"回收站"，在"回收站"窗口中选择要还原的文件夹"求职资料"。

②执行"文件"→"还原"命令，或右击"求职资料"，在弹出的快捷菜单中选择"还原"命令，如图 2－25 所示，"求职资料"文件夹就会还原到删除之前的位置 D:\资料。

【说明】如果被恢复的文件所在的原文件夹已经不存在了，Windows XP 会重建该文件夹，然后将文件恢复过去。

图 2－25　还原文件夹"求职资料"

2. 在回收站中彻底删除文件或文件夹

在"回收站"中删除文件或文件夹，就是彻底清除这些文件或文件夹。假定现在回收站中有一个文件"招聘信息.docx"，已经没有任何用处，要永久删除，操作步骤如下：

①在桌面上双击打开"回收站"，在"回收站"窗口中选择要删除的文件"招聘信息.docx"。

②执行"文件"→"删除"命令，或右击选定的文件"招聘信息.docx"，在弹出的快捷菜单中选择"删除"命令，会弹出如图 2－26 所示的确认删除文件对话框，单击"是"按钮，则选定的文件"招聘信息.docx"被彻底删除。

3. 清空回收站

打开"回收站"窗口，执行"文件"→"清空回收站"命令，或在窗口中的空白地方右击鼠标，在弹出的快捷菜单中选择"清空回收站"命令，然后在弹出的警告提示框中单击"是"按钮，则"回收站"的内容就全部被删除。

图 2-26   确认删除文件对话框

4. 回收站的设置

默认情况下，每个分区的回收站是独立的，系统会自动给每个分区的回收站设置一个空间。在删除体积比较大的文件时，如果回收站的剩余空间无法容纳该文件，系统会自动删除回收站中的部分文件或文件夹，这样可能导致部分之前误删除的文件被彻底清除。为了避免这种情况发生，用户可以自己设置"回收站"的空间。右击"回收站"图标，在快捷菜单中选择"属性"命令，打开"回收站属性"对话框，如图 2-27 所示，在列表框中选择"回收站"位置（要设置的分区），选择"自定义大小"单选项，在"最大值"文本框中设置回收站的空间（单位为 MB），例如设置为 4 608 MB，然后单击"确定"按钮保存设置。

图 2-27   "回收站 属性"对话框

如果不想将删除的文件或文件夹放置到"回收站"内，可以选择"不将文件移到回收站。移除文件后立即将其删除"单选项，设置生效后，删除文件或文件夹，则直接从系统中清除文件，而不放入回收站。

通常情况下，在删除某个文件或文件夹时，会打开一个确认框，以便用户确认是否需要删除，如果不希望看到此确认框，可以取消选择"显示删除确认对话框"复选框。

2.4.3　创建快捷方式

创建快捷方式就是建立各种应用程序、文件、文件夹、打印机等的快捷方式图标，通过双击该快捷方式图标，可以快速打开该对象，从而提高操作效率。小李在撰写毕业论文时，经常要打开 D 盘"资料"文件夹下的"毕业论文"文件夹，他想在桌面上为文件夹"毕业论文"创建一个快捷方式，操作步骤如下：

①在资源管理器窗口中，打开 D 盘中的"资料"文件夹，选定要创建快捷方式的文件夹"毕业论文"。

②执行"文件"→"发送到"→"桌面快捷方式"命令，或在选定的对象上右击鼠标，在弹出的快捷菜单中选择"发送到"→"桌面快捷方式"命令，如图 2 - 28 所示，即可为文件夹"毕业论文"在桌面上创建一个快捷方式，如图 2 - 29 所示。

图 2 - 28　创建"快捷方式"菜单

图 2 - 29　快捷方式图标

【说明】①可将对象的快捷方式拖到桌面上或方便使用的文件夹中。

②若在"开始"→"程序"子菜单中，有用户要创建快捷方式的应用程序，右击该应用程序，在弹出的快捷菜单中选择"创建快捷方式"命令，系统会将创建的快捷方式添加到"程序"子菜单中。将该快捷方式拖到桌面上，即在桌面上创建了该应用程序的快捷方式。

③快捷方式并不能改变对象在计算机中的位置，它也不是副本，只是一个指针，使用它可以更快地打开对象，并且删除、移动或重命名快捷方式均不会影响原有的对象。

2.4.4　搜索文件和文件夹

有时用户需要查看某个文件或文件夹的内容，却忘记了该文件或文件夹存放的具体位置或具体名称，Windows 7 操作系统提供了智能、快捷的文件搜索功能。

假如用户只记得在计算机的 E 盘中有一个文件的文件名的一部分是"word"，但又不记得具体在哪一个文件夹中了，就可以打开计算机的 E 盘，在窗口右上角的搜索框中输入"word"，然后从搜索的结果中判断是否是要找的文件，如图 2 – 30 所示。

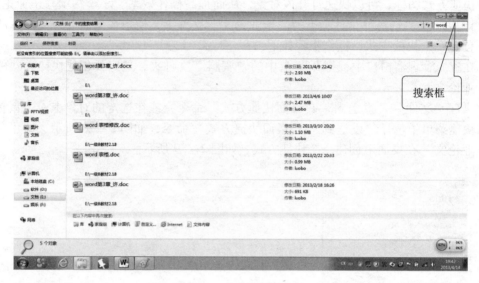

图 2 – 30　搜索文件

如果在"计算机"窗口中直接搜索的话，搜索范围就是整个计算机，为了提高搜索的准确度和搜索效率，应当尽量缩小文件的搜索范围。

为了加快文件搜索的速度，应尽量限制搜索的条件，输入完整关键字的同时，还可以设置文件创建修改的时间区域、文件的类型以及大小等条件。

在 Windows 7 操作系统的"开始"菜单中也新增了一个标有"搜索程序和文件"的搜索框，用户直接在该搜索框中输入要查找的条件即可，如图 2 – 31 所示。

2.4.5　案例总结

本节主要介绍了文件、文件夹的相关操作，以及回收站的应用。在操作过程中要遵循"先选定，后操作"的原则。一些操作可以有几种方法实现，如通过菜单命令、工具栏中的按钮、快捷菜单或者是键盘上的快捷键。读者在运用过程中，可以根据自己的习惯，选择任意一种即可。

图 2 – 31　"开始"菜单中的搜索框

2.5　Windows 7 个性化设置

2.5.1　更改主题

　　Windows 7 操作系统增加了对布景主题的支持,除了设置窗口的颜色和桌面背景,Windows 7 的布景主题还包括音效设置、屏幕保护程序,以及桌面背景支持和投影片放映自动切换。所有的设置可以"个性化",同时,也可以从微软的官方网站上下载并安装更多的布景主题。

图 2-32　选择"个性化"命令

　　设置桌面主题的步骤如下:

　　①在桌面上任意位置右击鼠标,在弹出的快捷菜单中选择"个性化"命令,如图 2-32 所示。

　　②在打开的"个性化设置窗口"的"更改计算机上的视觉效果和声音"列表框中选择系统主题(如风景),如图 2-33 所示,系统就会把桌面主题改为"风景"。

图 2-33　选择系统主题

　　③可以单击"联机获取更多主题"超链接,到微软官方网页中下载更多的主题。

2.5.2 更改显示设置

更改 Windows 7 的显示设置包括更改屏幕上的文本或其他项目的大小，以及调整屏幕分辨率等。操作步骤如下：

①执行"开始"→"入门"→"更改文字大小"菜单命令，如图 2 – 34 所示。

图 2 – 34　"更改文字大小"菜单命令

②在打开的"显示"设置窗口中，选择其中的一个选项来更改屏幕上的文本大小及其他选项，如图 2 – 35 所示。

图 2 – 35　更改屏幕上的文本大小

③如果需要调整屏幕分辨率，可以单击该窗口左侧的"调整分辨率"超链接打开"屏幕设置窗口"，在该窗口中，单击"分辨率"框后的向下按钮，拖动滑块，选择所需的分辨率，如图 2 - 36 所示。

图 2 - 36　调整屏幕分辨率

2.5.3　调整鼠标和键盘

鼠标和键盘是操作计算机过程中使用最频繁的设备之一，几乎所有的操作都要用到鼠标和键盘。用户可以根据个人的喜好和习惯对鼠标和键盘进行一些调整。

1. 调整鼠标

调整鼠标的具体操作如下：

①执行"开始"→"控制面板"命令，打开"控制面板"窗口，在该窗口中单击"硬件和声音"超链接，如图 2 - 37 所示。

②在打开的"硬件和声音"窗口中，单击"鼠标"超链接，打开"鼠标 属性"窗口，如图 2 - 38 所示。在"按钮"选项卡的"鼠标键配置"选项组中，系统默认为"习惯右手"，用户可以设置为"习惯左手"。

③在"双击速度"选项组中拖动滑块可调整鼠标的双击速度，双击旁边的文件夹可检验设置的速度。

④在"单击锁定"选项组中，若选中"启用单击锁定"复选框，则在移动对象时不用一直按着鼠标键就可实现。单击右边的"设置"按钮，在弹出的"单击锁定设置"对话框中可调整实现单击锁定需要按鼠标键或轨迹球按钮的时间，如图 2 - 39 所示。

图 2 - 37 "控制面板"窗口

图 2 - 38 "鼠标 属性"对话框

图 2 - 39 "单击锁定设置"对话框

⑤单击"指针"选项卡，可以更改鼠标方案，如图 2 - 40 所示，单击"方案"下拉列表框，在其中选择一种鼠标方案，此时在"自定义"列表框中将显示出所选方案的内容。

图 2 - 40　更改鼠标方案

⑥单击"指针选项"选项卡，可以设置鼠标的移动速度等。

2. 调整键盘

调整键盘的具体操作如下：

①执行"开始"→"控制面板"命令，打开"控制面板"窗口，在该窗口中单击"时钟、语言和区域"超链接，如图 2 - 41 所示。

图 2 - 41　"控制面板"窗口

②在弹出的"时钟、语言和区域"窗口中，单击"区域和语言"超链接。

③在弹出的"区域和语言"对话框中，选择"键盘和语言"选项卡，如图2－42所示。

④单击"更改键盘"按钮，打开"文本服务和输入语言"对话框，选择"常规"选项卡，在"默认输入语言"下拉列表框中可更改默认输入语言。另外，还可以通过单击"添加"按钮来为列表添加更多输入语言，如图2－43所示。设置完成后，依次单击"应用"和"确定"按钮。

图2－42　"区域和语言"对话框

图2－43　"文本服务和输入语言"对话框

⑤单击"高级键设置"选项卡，可以设置各个语言切换的快捷键。

2.5.4　更改日期和时间

在任务栏的右端显示有系统提供的时间，若需要更改日期和时间，可执行以下操作：

①执行"开始"→"控制面板"命令，打开"控制面板"窗口，在该窗口中单击"时钟、语言和区域"超链接，如图2－41所示。

②在弹出的"时钟、语言和区域"窗口中，单击"日期和时间"超链接。

③在打开的"日期和时间"对话框中，选择"日期和时间"选项卡，如图2－44所示。用户可以通过单击"更改日期和时间"按钮来设置系统日期和时间。

④在弹出的"日期和时间设置"对话框（图2－25）中，在"日期"组，可以分别设置年份和月份及当前的日期，在"时间"组中可以设置当前的时间。

⑤如果需要更改时区，则可在图2－44所示的对话框中，单击"更改时区"按钮，进入"时区设置"对话框。

⑥更改完毕后，单击"确定"按钮即可。

图 2 − 44　"日期和时间"对话框

图 2 − 45　设置日期和时间

2.5.5　安装和删除应用程序

1. 删除应用程序

在图 2 − 41 所示的"控制面板"窗口中，单击"程序"超链接，在弹出的程序窗口中选择"卸载程序"超链接，打开如图 2 − 46 所示的"卸载或更改程序"窗口，在列表框中会显示已安装的工具软件，选择要卸载的程序，然后单击上方的"卸载"按钮。

图 2 − 46　"卸载或更改程序"对话框

【说明】删除应用程序最好不要直接从文件夹中删除，因为一方面不可能删除干净，有些 DLL 文件安装在 Windows 目录中；另一方面，很可能会删除某些其他程序也需要的 DLL 文件，导致破坏其他依赖这些 DLL 运行的程序。

2. 添加/删除 Windows 组件

在图 2-46 所示的窗口中，单击左侧的"打开或关闭 Windows 功能"超链接，打开"Windows 功能"窗口，如图 2-47 所示。若要打开一种功能，勾选前面的复选框，若要关闭一种功能，取消勾选其复选框，再单击"确定"按钮。

【说明】对于不了解其用途的组件，不要随便删除，否则可能影响系统的正常运行。

3. 安装应用程序的方法

①许多应用程序是以光盘形式提供的，如果光盘上有 Autorun. inf 文件，则根据该文件的指示自动运行安装程序。

②直接运行安装盘（或光盘）中的安装程序（通常是 Setup. exe 或 Install. exe）。

图 2-47 "Windows 功能" 窗口

③如果应用程序是从 Internet 上下载的，通常整套软件被捆绑成一个 .exe 文件中，用户运行该文件后直接安装。

2.6 Windows 7 中文输入法

Windows 7 操作系统中自带了微软拼音输入法。用户还可以根据需要，安装或卸载输入法。

1. 安装

用户可以根据需要，从网上下载输入法，运行安装文件，并按照安装向导，把新的输入法安装到系统中。

在图 2-43 中，可以根据需要添加输入法。

【说明】要添加某种输入法，必须首先在计算机上安装了该输入法。

2. 删除输入法

在图 2-43 所示的"文本服务和输入语言"对话框中的"已安装的服务"列表框中选中要删除的输入法，单击"删除"按钮。

删除输入法并不是从磁盘中删除，而是从系统中删除，如果需要，还可以重新安装它，不必使用 Windows 7 的系统盘。

3. 选用输入法

（1）中英文输入法的切换

按 Ctrl + 空格组合键，可在中文和英文输入法间进行切换。

（2）各种输入法之间的切换

可以使用 Ctrl + Shift（或 Alt + Shift）组合键在英文及各种中文输入法之间切换；默认情况下，输入法通常为英文输入状态，此时语言栏的图标显示为 █，单击该图标，弹出"输入法"菜单，如图 2－48 所示，单击选择自己需要的输入法即可。

（3）中文输入法的屏幕提示

中文输入法选定后，屏幕上会出现一个所选输入法的状态条，它或浮动于桌面上，或显示在语言栏中，图 2－49 所示的是"搜狗拼音输入法"状态条。

图 2－48　"输入法"菜单

图 2－49　"搜狗拼音输入法"状态条

按钮**中**：表示当前输入状态为中文输入，单击该按钮，按钮图标将转换为**英**，此时为英文输入状态，可输入小写英文字母；按 Caps Lock 键，该按钮又转换为**A**，此时可输入大写的英文字母。

按钮♪：表示当前为半角字符输入状态，单击该按钮，按钮图标将转换为●，表示此时为全角字符输入状态。

按钮°,：表示当前为中文标点输入状态，单击该按钮，按钮图标将转换为·,，表示此时为英文标点输入状态。

按钮▦：软键盘切换按钮。单击此按钮，可打开或关闭软键盘，右击该按钮，可在弹出的快捷菜单中选择软键盘显示的符号类型，如图 2－50 所示。

通过软键盘可以输入键盘上没有的符号。例如，选中数学符号，就会弹出如图 2－51 所示的软键盘，单击键盘上的相关键，即可输入特殊的数学符号。特殊符号输入完成之后，应该重新选中"PC 键盘"，再次单击输入法状态上的软键盘切换按钮，关闭软键盘。

图 2－50　软键盘菜单

图 2－51　数学符号软键盘

（4）中文标点键位表

在英文输入法状态下，所有标点符号与键盘一一对应，输入的标点符号为半角标点符号。在中文输入法中，需要输入的是全角标点符号（即中文标点符号），中文标点符号的输入需切换至全角标点符号状态。中文标点符号的键位表见表 2 –3。

表 2 –3　中文标点符号的键位表

标点符号	名称	键盘键位	标点符号	名称	键盘键位
。	句号	.	……	省略号	Shift + 6
，	逗号	,	——	破折号	Shift + –
、	顿号	\	&	连接号	Shift + 7
；	分号	;	《	左书名号	Shift + ,
:	冒号	Shift + ;	》	右书名号	Shift + .
?	问号	Shift + /	" "	双引号	Shift + '
（）	括号	Shift + 9 或 0	￥	人民币符号	Shift + 4

2.7　使用 Windows 7 附件

Windows 7 的"附件"中提供了许多实用程序，包括文字处理程序（记事本、写字板）、画图、系统工具、计算器、娱乐等。本节主要介绍"记事本""计算器""画图"等几个常用的实用程序。

1. 记事本

"记事本"用于纯文本文档的编辑，适用于编写一些篇幅短小的文件，如备忘录、便条等。

打开"记事本"的方法是：执行"开始"→"所有程序"→"附件"→"记事本"命令，打开后的"记事本"窗口如图 2 –52 所示。记事本窗口分为标题栏、菜单栏、编辑区 3 个部分。

图 2 –52　记事本窗口

标题栏显示所编辑的文件名。记事本程序运行后，会自动产生一个"无标题"的新文件。

菜单栏中有"文件""编辑""格式""查看""帮助"5 个菜单，可以完成文件编辑的操作。

编辑区是编辑文本文件的区域，用户可在其中输入相应的内容。

通过双击一个文本文件的图标也可以启动"记事本"。启动记事本后，窗口出现的标题就是该文件的文件名，在编辑区则显示该文件的内容。

2. 计算器

执行"开始"→"所有程序"→"附件"→"计算器"命令，即可启动"计算器"程序，打开如图 2-53 所示的"计算器"窗口。首次启动"计算器"时，默认打开的是标准计算器，其能够提供生活常用的数学计算。单击计算器中的"查看"菜单并选择"科学型"命令，弹出"科学型计算器"窗口，如图 2-54 所示，可以进行比较复杂的函数运算、统计运算等。

图 2-53　"标准计算器"窗口　　　　　　　图 2-54　"科学型计算器"窗口

3. 画图

"画图"程序是一个位图编辑程序，可以用来编辑或绘制各类的位图文件，即 BMP 格式文件。编辑完成后，可以用 BMP、JPG、GIF 等格式存档，还可以发送到桌面和其他文档中。

（1）画图程序的启动

执行"开始"→"所有程序"→"附件"→"画图"命令，即可运行"画图"程序，打开"画图"窗口，如图 2-55 所示。

图 2-55　"画图"窗口及其组成

（2）"画图"窗口的组成

"画图"窗口主要由"标题栏""功能区""工具栏""调色板""状态栏"和"绘图区"组成，如图 2-55 所示。"功能区"是画图工具的核心部分，它包含了建立图形的多种工具；"绘图区"是画图的主要区域；"调色板"中包含了可为图形填充的各种颜色，"调色板"最左边的"颜色1"按钮表示前景色，"颜色2"按钮表示背景色。

（3）画图的一些主要操作

①直线的绘制：在功能区"主页"选项卡的"形状"组中选中直线按钮＼，选定好颜色和线型后，将鼠标移到绘图区，按下鼠标左键并拖动，此时鼠标指针呈十字形，在达到需要的长度后再释放鼠标。在画线的同时按下 Shift 键可以画出垂直线、水平线和45°的斜线。

②曲线的绘制：选中曲线按钮～，选定好颜色和线型后，将鼠标移到绘图区，按下鼠标左键并拖动，先画出一条直线，然后释放鼠标，再将十字光标移动到线条上，按住鼠标左键并拖动光标使其远离直线，直到将直线拖动成满意的曲线后释放鼠标，最后单击鼠标左键完成曲线的绘制。

③椭圆（或圆）的绘制：在工具箱中选中椭圆按钮〇，选定好颜色和线型后，将鼠标移到绘图区，按下鼠标左键从椭圆的左上角向右拖动，到达满意的位置后释放鼠标。如果要绘制圆形，则在拖动鼠标的同时按住 Shift 键。

④方框的绘制：在工具箱中选中矩形按钮□，选定好颜色和线型后，将鼠标移到绘图区，按下鼠标左键拖动鼠标，到达满意的位置后释放鼠标。如果要绘制正方形，则在拖动鼠标的同时按住 Shift 键。

⑤多边形的绘制：在工具箱中选中多边形按钮凸，选定好颜色和线型后，将鼠标移到绘图区，按住鼠标左键并拖动，画第一条边。当需要弯曲时松开鼠标，再按住鼠标左键画第二条边。如此反复，直到最后时双击鼠标。

习 题 2

1. 在 E 盘中新建一个"考生"文件夹，再在"考生"文件夹下新建文件夹 AAA 和文件夹 BBB。

2. 在 E:\考生文件夹下新建文件"Han. doc"，在 E:\考生\BBB 文件夹下新建名为 PANG 的文本文件。

3. 为 E:\考生\BBB 文件夹建立名为 TOUB 的快捷方式，存放在 E 盘根目录。

4. 将 E:\考生\BBB 文件夹中的文件 PANG 复制到 E:\考生下，并重命名为 NAME. DOC。

5. 搜索 C 盘中的 OLECLI. DLL 文件，将其复制到将 E:\考生\AAA 文件夹中。

6. 将 E:\考生为 NAME. DOC 的文件属性设为"只读"。

7. 将 E:\考生\Han. doc 文件移动到 E:\考生\BBB 文件夹中。

8. 删除 E:\考生\BBB 文件夹中的文件 PANG。

9. 搜索 C 盘中每两个字母为 T 的所有 DOC 文件，并将其文件名的第二个字母改为 P，原文件的类型不变。

第3章 Word 2016 文字处理软件

Office 2016 是 Microsoft 公司开发并推出的办公套装软件，它包括 Word、Excel、Access、PowerPoint 等应用软件。Word 2016 是一款具有丰富的文字处理功能，图、文、表格混排，所见即所得、易学易用等特点的文字处理软件。

本章主要介绍 Word 2016（以下简称为 Word）的基本概念和使用 Word 编辑文档、排版、页面设置、制作表格和绘制图形等基本操作。通过本章的学习，应掌握：

1. Word 的基本功能、运行环境，Word 的启动与退出。

2. 文档的创建、打开、输入、保存和打印等基本操作。

3. 文本的选定、插入与删除、复制与移动、查找与替换等基本编辑技术。

4. 字体格式设置、段落格式设置、文档页面设置和文档分栏等基本排版技术。

5. 表格的创建、修改，表格中数据的输入与编辑，数据的排序与计算。

6. 图形和图片的插入，图形的建立和编辑，文本框的使用。

3.1 Word 2016 简介

3.1.1 启动 Word 2016 的方法

常用的启动 Word 2016 的方法有以下两种：

1. 常规方法

单击"开始"→"程序"→"Microsoft Office"→"Microsoft Word 2016"命令即可启动 Word 2016。

2. 快捷方式

双击 Windows 任务栏或桌面上的 Word 快捷方式图标。

3.1.2 Word 2016 窗口的组成

Word 窗口由标题栏、菜单栏、功能区、快速访问工具栏、工作区和状态栏等部分组成，如图 3 - 1 所示。

1. 标题栏

标题栏是 Word 窗口中最上端的一栏，显示了当前打开的文档名称。右边是一组程序窗口控制按钮，依次为"最小化"按钮、"还原"（或"最大化"）按钮和"退出"按钮。

2. 快速访问工具栏

用户可以使用快速访问工具栏实现常用的功能，如保存、撤销、恢复等。快速访问工具

图 3-1　Word 2016 窗口的组成

栏如图 3-2 所示。单击右边的"自定义快速访问工具栏"按钮，在弹出的下拉列表（图 3-3）中可以选择快速访问工具栏中显示的工具按钮。

3."文件"选项卡

单击"文件"选项卡，弹出下拉列表，可以实现打开、保存、打印、新建和关闭等功能，如图 3-4 所示。

图 3-2　快速访问
工具栏

图 3-3　自定义快速访问
工具栏下拉列表

图 3-4　"文件"
选项卡

4. 功能区

功能区是菜单栏和工具栏的主要显示区，涵盖了所有的命令按钮和对话框。功能区首先将控件对象分为多个选项卡，然后在选项卡中将控件细化为不同的组。它们以形象化的图标表示，Word 对每个命令按钮表示的功能提供了简明的屏幕提示，只要将鼠标指针指向某一命令按钮稍停片刻，就会显示该按钮功能的简明提示。

5. 文档编辑区

占据 Word 窗口大部分的空白区是文档编辑区（或称工作区）。在这里可以打开一个文档，并对它进行文本输入、编辑或排版等操作。

6. 滚动条

滚动条分为水平滚动条和垂直滚动条。使用滚动条中的滑块或按钮可滚动工作区内的文档内容。

7. 状态栏

状态栏位于 Word 窗口的最下边，用于显示当前的一些状态，如当前光标所在的页号、文档共有多少页、多少字等信息。在状态栏右侧可以选择几种视图模式，编辑文档时，通常选择"页面视图"。

8. 插入点和文档结束标记

当 Word 启动后，就自动创建一个名为"文档1"的空文档，其工作区中只有一个闪烁着的垂直条"｜"（或称光标），称为插入点。每输入一个字符，插入点自动向右移动一格，指示下一个字符的位置。在编辑文档时，可以移动"I"状的鼠标指针并单击，来移动插入点的位置，也可以使用光标移动键将插入点移到所希望的位置。

9. 视图切换按钮

所谓视图，简单地说，就是查看文档的方式。同一个文档可以在不同的视图下查看，虽然文档的显示方式不同，但是文档的内容是不变的。Word 有五种视图：阅读视图、页面视图、Web 版式视图、大纲视图和草稿视图，可以根据对文档的操作需求来采用不同的视图。

3. 1. 3　退出 Word 2016

常用的退出 Word 2016 的方法有以下几种：

①单击窗口标题栏右边的"关闭"按钮▉。

②选择"文件"→"关闭"命令。

③按快捷键 Alt + F4。

在执行退出 Word 的操作时，如文档输入或修改后尚未保存，那么 Word 将会出现一个对话框，询问是否保存文档。这时若单击"保存"按钮，则保存当前输入或修改的文档；若单击"不保存"按钮，则放弃当前所输入或修改的内容，并退出 Word；若单击"取消"按钮，则取消"退出"操作，继续工作。

3. 2　案例1——编写"求职自荐信"

【任务提出】小李是大三的学生，他面临的最重要的任务就是找一份满意的工作，因此想精心制作一份求职简历。简历中重要一项就求职自荐信。一封好的自荐信可以给用人单位留下深刻的第一印象，可以毫不夸张地说，自荐信写得好坏，直接影响到自己的工作机会。

为此，小李找了有经验的师兄，在师兄的指点下，小李写了一封满意的自荐信。本节以编写个人求职自荐信为例，介绍 Word 的文字处理功能。

【相关知识点】

文档的创建，Word 文档的录入，文本、段落的选定，字符、段落格式的设置。

文本的查找与替换。

页眉、页脚的设置。

页面边框、打印输出的设置。

页面的保存。

3.2.1 输入文章内容

1. 创建新文档

启动 Word 后，它就自动打开一个新的空文档并暂时命名为"文档1"。如果在编辑文档的过程中还需要另外再创建一个或多个文档，则可以用以下方法之一来创建。Word 将对其依次命名为"文档2""文档3"等。

* 单击快速访问工具栏中的"新建空白文档"按钮 。

* 单击"文件"选项卡，在左侧的列表中选择"新建"选项，在右侧列表中选择"空白文档"，如图 3-5 所示。

* 直接按快捷键 Ctrl + N。

图 3-5 用"文件"选项卡创建新文档

2. 输入"自荐信"的内容

1）新建好一个文档后，插入点在工作区的左上角闪烁，表明可以输入文本了。首先选择自己熟悉的中文输入法，然后输入如图 3-6 所示的内容。具体步骤如下：

①启动自己熟悉的中文输入法。

自荐信

尊敬的领导：

您好！

首先衷心感谢您在百忙之中抽出宝贵的时间来阅读我的自荐信。

我是昆山登云科技职业学院 XX 届的一名毕业生，所学专业是 XX。在面临择业之际，我怀着一颗赤诚的心、对工作的渴望和对事业的执着追求，真诚地向您推荐自己。

我非常热爱自己所学专业，在校期间我刻苦学习专业知识，积极进取，在各方面严格要求自己，专业知识过硬，多次获得奖学金。我认识到英语的重要性，刻苦学习英语，已经通过了大学英语四级考试。今年上半年我参加了高级工培训，顺利通过了 XX 工种的高级工考试，获得了高级工证书。在下厂实习的时候，我被实习公司评为"工学专班之星"。

我性格活泼开朗、自信，踏实肯干，有很强的责任心；为人真诚，善于与人交流，具有良好的敬业精神和团队合作精神，并敢于接受具有挑战性的工作。为了提高自己的综合素质，我积极参加各种竞赛和社团活动，在大学生电子创新大赛和 Office 技能大赛中分别获得一等奖和二等奖。我担任系学生会体育部部长，积极组织各种体育活动，带领我系篮球队夺得了学院篮球联赛冠军。在节假日，我还参加各种志愿者活动和勤工俭学，我立志做一个高素质的好学生。

也许在众多的求职者中，我不是最优秀的，但我可能是最合适的。"自强不息"是我的追求，"脚踏实地"是我做人的原则，我相信我有足够的能力面对今后工作中的各种挑战，真诚希望您能够给我一个机会来证明我的实力，我将会以优秀的业绩来答谢您的选择！

此致

敬礼！

自荐人：X X X

XXXX 年 XX 月 XX 日

图 3-6　"自荐信"内容

②顶格输入文字"自荐信"，按 Enter 键结束当前段落。

③用相同的方法输入其他内容，并将文中的"XX"用具体内容代替。

④日期可以手动输入，也可以自动插入。自动插入的方法：单击"插入"选项卡的"文本"组中的"时间和日期"按钮，打开"日期和时间"对话框，如图 3-7 所示。

图 3-7　"日期和时间"对话框

Word 具有自动换行的功能，当输入到每行的末尾时，不必按 Enter 键，Word 就会自动换行，只有要结束一个段落时才按 Enter 键。按 Enter 键标识一个段落的结束，并且另起一行开始一个新的段落。

2）输入时，应注意以下问题：

①空格。空格在文档中所占的宽度不但与字体和字号大小有关，也与"半角"或"全角"空格有关。"半角"空格占一个字符位置，"全角"空格占两个字符位置。

②段落的调整。自然段落之间用"回车符"分隔。两个自然段落的合并只需删除它们之间的"回车符"即可。一个段落要分成两个段落，只需在分离处按 Enter 键即可。

③文档中红色和绿色波浪形下划线的含义。如果没有在文本中设置下划线，却在文本的下面出现了波浪形下划线，原因可能是 Word 处在检查"拼写和语法"状态。Word 用红色波浪形下划线表示可能有拼写错误，用绿色波浪形下划线表示可能有语法错误。

3.3.2 文字编辑基本技巧

1. 文本的选定

在文档中，鼠标指针显示为"I"形的区域是文档的编辑区。当鼠标指针移动到文档编辑区左侧的空白区时，鼠标指针变成向右上方指的箭头，这个空白区称为文档选定区，文档选定区可以用于快速选定文本。

Word 文本操作中，可以将文本的一部分或整个文本作为一个整体操作，这个文本整体通常称为文本的块，简称为块。在对块进行操作之前，必须先选定块。选定块一般采用鼠标和键盘两种操作方法，分别见表 3-1 和表 3-2。

表 3-1　鼠标选定操作及说明

鼠标操作	操作说明
按左键拖曳	鼠标指针所经过的区域被定义为块
在选取区单击左键	鼠标指针箭头所指向的行将被选定
双击文本选定区	选择鼠标所在段落
单击选定区并按住鼠标向下（或向上）拖曳	选定鼠标经过的若干行
三击选定区（按 Ctrl 键 + 单击文本选定区）	选定整个文档
按 Alt 键 + 鼠标拖曳	可选取一个矩形块

表 3-2　键盘选定操作及说明

按键操作	操作说明
Shift + →	扩展选定范围到右边一个字符
Shift + ←	扩展选定范围到左边一个字符
Ctrl + Shift + →	扩展选定范围到单词结尾
Ctrl + Shift + ←	扩展选定范围到单词开头
Shift + Home	扩展选定范围到行首

续表

按键操作	操作说明
Shift + End	扩展选定范围到行尾
Shift + ↓	扩展选定范围到下一行
Shift + ↑	扩展选定范围到上一行
Shift + PageUp	扩展选定范围到上一屏
Shift + PageDn	扩展选定范围到下一屏
Ctrl + Shift + Home	扩展选定范围到文档开头
Ctrl + Shift + End	扩展选定范围到文档结尾

2. 移动文本

移动文本有以下几种方法。

（1）利用剪贴板移动文本

①选定所要移动的文本。

②剪切选定块。执行"开始"选项卡的"剪贴板"组中的"剪切"命令，或按快捷键 Ctrl + X，所选定的文本被剪切掉并保存在剪贴板中。

③移动选定文本。将插入点移到文本拟要移动到的新位置。此新位置可以是在当前文档中，也可以在另一个文档上；执行"开始"选项卡的"剪贴板"组中的"粘贴"命令，或按快捷键 Ctrl + V，所选定的文本便移动指定的新位置上。

（2）使用快捷菜单移动文本

①选定所要移动的文本。

②在选定区域上单击鼠标右键，执行快捷菜单中的"剪切"命令。

③将插入点移到文本拟要移动到的新位置。在此新位置上单击鼠标右键，单击快捷菜单中的"粘贴选项"命令中的"保留原格式"按钮🖼或"合并格式"按钮🖼或"只保留文本"按钮🖼。

（3）使用鼠标拖动来移动文本

①选定所要移动的文本。

②在选定区域上单击，并拖动鼠标到文本拟要移动到的新位置。

③释放鼠标，文本即被移动到新位置。

3. 复制文本

复制文本有以下几种方法。

（1）利用剪贴板复制文本

①选定所要复制的文本。

②执行"开始"选项卡的"剪贴板"组中的"复制"命令，或按快捷键 Ctrl + C，此时所选定的文本的副本被临时保存在剪贴板中。

③将插入点移到文本拟要复制到的新位置，此新位置可以是在当前文档中，也可以在另一个文档上；执行"开始"选项卡"剪贴板"组中的"粘贴"命令，或按快捷键 Ctrl + V，所选定的文本的副本便复制到指定的新位置上。

（2）使用快捷菜单复制文本

①选定所要复制的文本。

②在选定区域上单击鼠标右键，执行快捷菜单中的"复制"命令。

③将插入点移到文本拟要移动到的新位置。在此新位置上单击鼠标右键，单击快捷菜单中的"粘贴选项"命令中的"保留原格式"按钮 或"合并格式"按钮 或"只保留文本"按钮 。

（3）使用鼠标拖动来复制文本

①选定所要复制的文本。

②在选定区域上，按下 Ctrl 键，同时单击并拖动鼠标到文本拟要复制到的新位置。

③释放鼠标，文本即被复制到新位置。

4. 查找与替换

Word 的查找功能不仅可以查找文档中的某一指定的文本，还可以查找特殊符号（如段落标记、制表符等）。替换命令既可以查找特定文本，又可以用指定的文本替代查找到的对象。

（1）查找

使用"查找"命令可以快速查找到需要的文本或其他内容。其操作步骤如下。

①单击"开始"选项卡"编辑"组中的"查找"按钮 ，单击右侧的倒三角按钮，在弹出的下拉菜单中执行"查找"命令，或按快捷键 Ctrl + F，在文档的左侧弹出"导航"任务窗格。

②在"导航"任务窗格下方的文本框中输入要查找的内容。这里输入"高级"，此时在文本框的下方提示"6 个结果"，并且在文档中查找到的内容都会被涂成黄色。界面如图 3 - 8 所示。

图 3 - 8　查找界面

③单击任务窗格中的"下一处"按钮 ，定位第一个匹配项。再次单击"下一处"按

钮，就可以快速查找到下一条符合的匹配项。

（2）高级查找

执行"高级查找"命令可以打开"查找和替换"对话框，使用该对话框也可以快速查找内容。其操作步骤如下。

①单击"开始"选项卡"编辑"组中的"查找"按钮，单击右侧的倒三角按钮，在弹出的下拉菜单中执行"高级查找"命令，打开"查找和替换"对话框，如图 3 - 9 所示。

图 3 - 9　"查找和替换"对话框

②单击"查找"选项卡，在"查找内容"列表框中键入要查找的文本，如键入"自信"一词。

③单击"查找下一处"按钮开始查找。当查找到"自信"一词后，Word 将会定位到该文本位置并将查找到的文本背景用灰色显示，如图 3 - 10 所示。

自荐信

尊敬的领导：

您好！

首先衷心感谢您在百忙之中抽出宝贵的时间来阅读我的自荐信。

我是昆山登云科技职业学院 XX 届的一名毕业生，所学专业是 XX。在面临择业之际，我怀着一颗赤诚的心、对工作的渴望和对事业的执着追求，真诚地向您推荐自己。

我非常热爱自己所学专业，在校期间我刻苦学习专业知识，积极进取，在各方面严格要求自己，专业知识过硬，多次获得奖学金。我认识到英语的重要性，刻苦学习英语，已经通过了大学英语四级考试。今年上半年我参加了高级工培训，顺利地通过了 XX 工种的高级工考试，获得了高级工证书。在下厂实习的时候，我被实习公司评为"工学专班之星"。

我性格活泼开朗、**自信**，踏实肯干，有很强的责任心；为人真诚，善于与人交流，具有良好的敬业精神和团队合作精神，并敢于接受具有挑战性的工作。为了提高自己的综合素质，我积极参加各种竞赛和社团活动，在大学生电子创新大赛和 Office 技能大赛中分别获得一等奖和二等奖。我担任系学生会体育部部长，积极组织各种体育活动，带领我系篮球队夺得了学院篮球联赛冠军。在节假日，我还参加各种志愿者活动和勤工俭学，我立志做一个高素质的好学生。

也许在众多的求职者中，我不是最优秀的，但我可能是最合适的。"自强不息"是我的追求，"脚踏实地"是我做人的原则，我相信我有足够的能力面对今后工作中的各种挑战，真诚希望您能够给我一个机会来证明我的实力，我将会以优秀的业绩来答谢您的选择！

此致

敬礼！

自荐人：X X X

XXXX 年 XX 月 XX 日

图 3 - 10　"自信"背景用灰色显示

④如果此时单击"取消"按钮,则关闭"查找和替换"对话框,插入点停留在当前查找到的文本处;如果还需要继续查找下一处,可再单击"查找下一处"按钮,直到整个文档查找完毕为止。

（3）设置各种查找条件

单击"查找和替换"对话框中的"更多"按钮可以打开一个能设置各种查找条件的详细对话框,设置好这些选项后,可以快速查找出符合条件的文本。单击"更多"按钮,打开的"查找和替换"对话框如图 3 – 11 所示。

图 3 – 11　设置各种条件的"查找和替换"对话框

几个选项的功能如下。

①搜索范围:在"搜索"列表框中有"全部""向上"和"向下"三个选项。"全部"选项表示从插入点开始向文档末尾查找,然后再从文档开头查找到插入点处;"向上"选项表示从插入点开始向文档开头处查找;"向下"选项表示从插入点向文档末尾处查找。

②"区分大小写"和"全字匹配"复选框主要用于查找英文单词。

③使用通配符:选择此复选框可在要查找的文本中键入通配符,从而实现模糊查找。例如,在"查找内容"中键入"南? 大学",那么查找时可以找到"南京大学""南开大学"等。可以单击"特殊字符"按钮,查看可用的通配符及其含义。

④区分全/半角:选择此复选项框,可区分全角或半角的英文文字和数字,否则不予区分。

⑤如要找特殊格式,可单击"特殊格式"按钮,打开"特殊格式"列表,从中选择所需要的特殊格式。

⑥单击"格式"按钮,选择"字体"项可打开"字体"对话框,使用该对话框可设置所要查找的指定的文本的格式。

⑦单击"更少"按钮可返回"常规"查找方式。

（4）替换文本

有时需要将文档中多次出现的某个字（或词语）替换为另一个字,例如将文中的"自荐信"替换为"自荐书",就可以利用"查找和替换"功能来实现。其具体步骤如下。

①单击"开始"选项卡"编辑"组中的"替换"按钮，或按快捷键 Ctrl + H,打

开"查找和替换"对话框，如图 3 – 12 所示。

图 3 – 12　"查找和替换"对话框的"替换"选项卡

②单击"替换"选项卡，在"查找内容"列表框中键入"自荐信"。

③在"替换为"列表框中键入"自荐书"。

④根据情况单击下列按钮之一：

"替换"按钮：替换找到的文本，继续查找下一处并定位。

"全部替换"按钮：替换所有找到的文本，不需要任何对话。

"查找下一处"按钮：不替换当前找到的文本，继续查找下一处并定位。

本例中，可单击"全部替换"按钮，将文中的"自荐信"全部替换为"自荐书"。

（5）替换为指定的格式

"替换"操作不但可以将查找到的内容替换成指定的内容，也可以替换为指定的格式，可打开"格式"按钮进行设置。

例如，把自荐信中的所有"专业"加着重号，其具体步骤如下。

①单击"开始"选项卡"编辑"组中的"替换"按钮，或按快捷键 Ctrl + H，打开"查找和替换"对话框的"替换"选项卡。

②在"查找内容"列表框中键入"专业"。

③在"替换为"列表框中键入"专业"。

④单击"更多"按钮，选中"替换为"列表框中的"专业"，单击"格式"按钮，打开"格式"菜单，并选中"字体"子菜单。

⑤在打开的"查找字体"对话框中，选择着重号，在预览框中，将看到预览效果，如图 3 – 13 所示。单击"确定"按钮，回到"查找和替换"对话框，此时，对话框中"替换为"列表框的下面加了格式"点"，即为着重号，如图 3 – 14 所示。

⑥单击"全部替换"按钮，则全文中所有的"专业"均加了着重号。

3.2.3　文章格式与修饰技巧

1. "自荐信"的字符格式化

字符格式化功能包括对各种字符的大小、字体、字形、颜色、字间距和各种修饰效果等进行定义。

如果要对已经输入的文字进行字符格式化设置，必须先选定要设置的文本。

图3-13　"查找字体"对话框

图3-14　"查找和替换"对话框

在图3-6所示的"自荐信"样文中，将标题"自荐信"设置为仿宋、二号、加粗，字符间距为加宽10磅；正文内容设置为宋体五号。其具体操作步骤如下。

①选定要设置的标题文本"自荐信"。

②单击"开始"选项卡"字体"组右下角的"对话框启动器"按钮，如图3-15所示。

图3-15　"开始"选项卡"字体"组右下角的"对话框启动器"按钮

③在弹出的"字体"对话框中选择"字体"选项卡，在"中文字体"下拉列表框中选择"仿宋"，在"字形"下拉列表框中选择"加粗"，在"字号"下拉列表框中选择"二号"，如图3-16所示。

图3-16　"字体"对话框的"字体"选项卡

④在"字体"对话框中，选择"高级"选项卡，在"字符间距"选项组的"间距"下

拉列表框中选择"加宽"，在对应的"磅值"数字框内输入"10磅"，如图3-17所示。单击"确定"按钮，完成对"自荐信"格式的设置。

图3-17 "字体"对话框的"高级"选项卡

⑤选中正文内容，在"字体"对话框中，分别选择"宋体""五号"，单击"确定"按钮，完成对正文格式的设置。

【说明】用户可以在选中的文本上单击鼠标右键，然后在快捷菜单中选择"字体"，打开"字体"对话框；也可以通过"开始"选项卡的"字体"组中的工具栏命令按钮，直接设置文字的格式，如图3-15所示。

单击更改字体按钮右侧的向下小箭头 宋体 ，在弹出的列表中选择所需字体；单击更改字号按钮右侧的向下小箭头 五号 ，在弹出的列表中选择所需字号；单击"加粗"按钮 **B** ，对字体进行加粗；单击"倾斜"按钮 *I* ，改变字形；单击下划线按钮右侧的向下小箭头 U · ，在弹出的列表中选择所需的下划线。

2. "自荐信"的段落格式化

Word以段落为排版的基本单位，每个段落都可以设置自己的格式。要对段落进行格式化，必须先选定段落。选定一个段落的方法可以是直接把光标定位到段落中，也可以是选定这个段落的所有文字及段落标记；要选定两个及以上的段落，应选定这些段落的文字及段落标记。

Word提供了灵活方便的段落格式化设置方法。段落格式化包括段落对齐、段落缩进、段落间距、行间距等。

1）在图3-6所示的"自荐信"样文中，将标题"自荐信"设置为"居中对齐"；将正文各段落设置为两端对齐、首行缩进2个字符、1.75倍行距。其具体操作步骤如下。

①选定标题段落，单击"开始"选项卡的"段落"组中工具栏上的"居中对齐"按钮 ≡ 。

②选定正文各段落，单击"开始"选项卡"段落"组右下角的"对话框启动器"按钮 ，如图 3 – 18 所示，打开"段落"对话框。

图 3 – 18　"开始"选项卡"段落"组右下角的"对话框启动器"按钮

③在"段落"对话框中的"缩进和间距"选项卡中，单击"对齐方式"下拉列表框，选择"两端对齐"。

④在"缩进"选项组的"特殊"格式下拉列表框中选择"首行"缩进，在"缩进值"数字框中选择或输入"2 字符"。

⑤在"间距"区域内的"行距"下拉列表框中选择"多倍行距"，在"设置值"数字框中输入"1.75"，如图 3 – 19 所示。

图 3 – 19　"段落"的"缩进和间距"选项卡

2）在图3-6所示的"自荐信"样文中，按照信件的格式，利用水平标尺将"尊敬的领导:"和"敬礼!"段落的"首行缩进"取消。其具体操作步骤如下。

①选中段落"尊敬的领导:"。

②向左拖动水平标尺上的"首行缩进"标记到与"左缩进"重叠处（拖动时，文档中显示一条虚线，表明新的位置），如图3-20所示，释放鼠标。

③用同样的方法取消段落"敬礼!"的"首行缩进"。

图3-20 利用水平标尺取消"首行缩进"

3）在图3-6所示的"自荐信"样文中，将最后两段（"自荐人:XXX"和"XXXX年XX月XX日"所在的段落）设置为右对齐，再在"自荐人:XXX"段落前面加两空白行。其具体操作步骤如下。

①选中最后两段落。

②单击"开始"选项卡的"段落"组中工具栏上的"右对齐"按钮 ≡ 。

③将光标定到"自荐人:XXX"段落中"自"的前面，按两次Enter键，即在该段落前加了两空白行。

3. 给"自荐信"添加页眉或页脚

为了使整个页面更加美观，可以给页面加上页眉。如果自荐信有多页，就应该加上页脚。添加页眉或页脚的具体操作步骤如下。

①执行"插入"选项卡中"页眉和页脚"组中的"页眉"命令，在弹出的下拉列表中选择内置的页眉"空白"型，如图3-21所示。

图3-21 页眉的下拉列表

②在光标处录入文字"昆山登云科技职业学院"作为页眉，如图3-22所示。

图3-22 设置页眉

③单击"页眉和页脚工具－设计"选项卡上"导航"组的"转至页脚"按钮，如图 3－23 所示，再进行页脚的设置；或者直接把光标定位到页脚的位置，进行页脚的设置。页脚上既可以输入文字，也可以插入页码。

图 3－23　"转至页脚"按钮

④单击"页眉和页脚工具－设计"选项卡上"页眉和页脚"组中的"页码"按钮，在下拉列表中选择"设置页码格式"选项，如图 3－24 所示。

图 3－24　"设置页码格式"选项

⑤在打开的"页码格式"对话框中，如图 3－25 所示，可以对页码的数字格式进行选择，还可以对起始页码进行设置。

⑥单击如图 3－24 所示的"页面底端"选项，在其子菜单中选择合适的位置，即可在页脚插入每页的页码。

⑦设置完成后，单击"页眉和页脚工具－设计"选项卡上"关闭"组中的"关闭"按钮。

图 3－25　"页码格式"对话框

3.2.4　保存与输出文稿

1. 保存"自荐信"

"自荐信"的内容制作好了之后，需要进行保存，其操作步骤如下。

①单击"快速访问工具栏"的"保存"按钮 ，第一次保存文档时，会弹出如图 3－26 所示的"另存为"对话框。

②在对话框的保存位置列表框中选定所要保存文档的位置（E 盘）。

③在"文件名"列表框中输入文件名"自荐信.docx"，保存类型默认为 Word 文档。

④单击"保存"按钮。文档保存后，该文档窗口并没有关闭，可以继续输入或编辑该文档。

图 3 – 26　"另存为"对话框

【说明】

①保存文件还有以下两种方法。

➤ 单击"文件"选项卡,在左侧的列表中单击"保存"按钮。

➤ 直接按快捷键 Ctrl + S。

②保存已有的文档。将已有的文件打开和修改后,同样用上述方法将修改后的文档以原来的文件名保存在原来的文件夹中,此时不再出现"另存为"对话框。

③用另一文档名(或另一个存储位置)保存文档。单击"文件"选项卡,在左侧的列表中单击"另存为"按钮,可以把一个正在编辑的文档以另一个不同的名字(或位置)保存起来,而原来的文件依然存在。

2. 打印"自荐信"

在打印"自荐信"前要先进行页面的设置,设置上、下页边距为 3 厘米,左、右页边距为 2.5 厘米,方向为纵向,打印纸张为 A4 纸;再预览一下打印效果,最后打印输出。其操作步骤如下。

①单击"布局"选项卡"页面设置"组中的"页边距"按钮。

②在弹出的下拉列表中拖动鼠标,选择需要调整的页边距的大小,如图 3 – 27 所示。

③如果在下拉列表中找不到需要调整的页边距,则单击"页边距"下拉列表中的"自定义页边距"按钮,打开"页面设置"对话框,选择"页边距"选项卡,在页边距栏中输入相应值,"纸张方向"选择为"纵向",如图 3 – 28 所示。

④单击"页面设置"对话框中的"纸张"选项卡,在"纸张大小"下拉列表框中选择"A4",如图 3 – 29 所示。

图 3 – 27　"页边距"按钮及下拉列表

图 3 – 28 "页面设置"对话框的"页边距"选项卡

图 3 – 29 "页面设置"对话框的"纸张"选项卡

⑤设置完成后，单击"确定"按钮。

⑥单击"文件"选项卡，在左侧的列表中选择"打印"选项，打开如图3-30所示的对话框。

图3-30　"打印"对话框

⑦图3-30所示的对话框的右侧为预览区，可以看到打印的效果。在该对话框中进行相应的设置后，单击"打印"按钮。

【说明】

Word提供了许多灵活的打印功能，可以打印一份或多份文档，也可以打印文档的某一页或几页。

①在图3-30所示的对话框中可以进行打印份数的设置。

②在"打印机"下拉列表中可以选择所使用的打印机。

③在"页数"框中可以指定打印的范围。

④在"设置"组中可以选择"打印当前页""打印指定页面""打印所选内容"等。

3.2.5　案例总结

本节主要介绍了对Word文档的录入、编辑、字符格式、段落格式和页面格式的设置等。如果要对已经输入的文字进行字符格式化设置，必须先选定要设置的文本；如果要对段落进行格式化，必须先选定段落。

通过"开始"选项卡中的"字体"组、"段落"组可以实现字符、段落的基本设置。字符、段落的复杂设置则应使用"字体""段落"对话框实现，"字体""段落"对话框集中了对字符、段落进行格式化的所有命令。

对字符及段落进行排版时，要根据内容多少适当调整字体、字号及行间距、段间距，使内容在页面中分布合理，既不要留太多空白，也不要太拥挤。

另外，需要补充几个常用的知识点。

1. 打开已存在的文档

当要查看、修改、编辑或打印已存在的 Word 文档时，首先应该打开它。

打开一个或多个 Word 文档的常用方法如下。

①单击快速访问工具栏中的"打开"按钮 📂 。

②执行"文件"选项卡中的"打开"命令。

③按快捷键 Ctrl + O。

执行"打开"操作时，Word 会显示一个"打开"对话框。在"打开"对话框"查找范围"列表框下方的文件名列表框中，选定要打开的文档名即可。如果选定多个文档名，则可同时打开多个文档。

2. 格式刷的使用

当需要使文档中某些字符或段落的格式相同时，可以使用格式刷来复制字符或段落的格式，这样既可以使排版风格一致，又可以提高排版效率。

在图 3 – 6 所示的"自荐信"样文中，将"尊敬的领导："""自荐人：XXX""XXXX 年 XX 月 XX 日"设置为仿宋、四号，具体操作步骤如下：

①用前面所讲方法，把"尊敬的领导："设置为仿宋、四号。

②选定"尊敬的领导："。

③单击"开始"选项卡中"剪贴板"组上的"格式刷"按钮 ✨ 格式刷 。

④当鼠标指针变成格式刷形状时，选择目标文本"自荐人：XXX""XXXX 年 XX 月 XX 日"，同时，"格式刷"按钮自动弹起，表明格式复制功能自动关闭。

3. 项目符号和段落编号的设置

编排文档时，若在某些段落前加上编号或某种特定的符号（称为项目符号），可以提高文档的可读性。手工输入段落编号或项目符号不仅效率不高，而且在增、删段落时还需要修改编号顺序，容易出错。在 Word 中，可以在键入文本时自动给段落创建编号或项目符号，也可以给已键入的各段文本添加编号或项目符号。

（1）自动创建编号或项目符号

自动创建段落编号的方法是：在键入文本时，先键入如"1.""（一）""第一、"或"A."等格式的起始编号，然后输入文本。当按 Enter 键时，在新的一段开头处就会根据上一段的编号格式自动创建编号。重复上述步骤，可以对键入的各段建立一系列的段落编号。如果要结束自动创建编号，那么按 BackSpace 键删除插入点前的编号即可（或者再按一下 Enter 键）。在这些已建立编号的段落中，删除或插入某一段落时，其余的段落编号会自动修改，不必人工干预。

在键入文本时，自动创建项目符号的方法是：键入文本前，先输入一个星号" * "，再输入一个空格，星号会自动变成黑色的项目符号"●"，然后再输入文本。当输完一段文本按 Enter 键后，将在新的一段开始处自动添加同样的项目符号。这样，以后输入的每一段前都会有一个项目符号，最后新的一段（指未曾输入文本的一段）前也有一个项目符号。如果要结束自动添加项目符号，那么按 BackSpace 键删除插入点前的项目符号即可（或者再按一下 Enter 键）。

（2）给已键入的各段落添加项目符号或编号

①首先选定要添加项目符号或编号的段落。

②单击"开始"选项卡"段落"组中的"项目符号"按钮 ≔· 或"编号"按钮 ≔· 右侧的小三角形，打开项目符号列表或编号列表，如图 3 - 31 所示。

图 3 - 31　项目符号列表和编号列表

③在列表中选择所需的项目符号或编号。

④单击"定义新项目符号"按钮或"定义新编号格式"选项，可以选择并定义新的项目符号或编号。

3.3　案例 2——使用表格制作班级成绩表

任务提出

期末考试结束后，班主任老师要统计全班同学的成绩，求出每位同学的总分，还要对全班同学按总分进行排序，作为评定奖学金的一个依据。本节以制作班级成绩表为例，介绍 Word 中表格的相关操作。

相关知识点

①表格的创建，表格的行、列、单元格的编辑。

②表格数据的排序和计算。

③表格边框和底纹的设置。

④自动套用格式的设置。

3.3.1　创建表格

1. 创建表格

方法一：利用插入表格命令创建表格，其操作步骤如下。

①打开"插入表格"对话框。单击"插入"选项卡的"表格"组中的"表格"按钮，在弹出的下拉列表中选择"插入表格"选项，打开如图 3 – 32 所示的"插入表格"对话框。

②确定表格行、列数。在"表格尺寸"选项区域中，将表格的列数设置为 5，行数设置为 6，然后单击"确定"按钮，页面中表格如图 3 – 33 所示。

图 3 – 32　"插入表格"对话框

↵	↵	↵	↵	↵
↵	↵	↵	↵	↵
↵	↵	↵	↵	↵
↵	↵	↵	↵	↵
↵	↵	↵	↵	↵
↵	↵	↵	↵	↵

图 3 – 33　插入的表格

方法二：使用内置行、列功能创建表格，其操作步骤如下。

①将光标移到要插入表格的位置。

②单击"插入"选项卡的"表格"组中的"表格"按钮，在弹出的下拉列表中选择"插入表格"选项上方的网格显示框。

③将鼠标指向网格，向右下方向拖动鼠标，选定 6 行 5 列，如图 3 – 34 所示，松开鼠标，表格会自动插入到当前光标的位置。

方法三：手动创建表格，其操作步骤如下。

单击"插入"选项卡的"表格"组中的"表格"按钮，在弹出的下拉列表中选择"绘制表格"选项，鼠标指针变为一支铅笔的形状。

移动笔形鼠标指针到文本区域，然后按住鼠标左键不放，把鼠标拖曳到适当的位置，释放鼠标左键后，即可绘制出一个矩形，即表格的外围边框。

图 3 – 34　拖动插入 6 行 5 列的表格

用"铅笔"在空表内画横线，即可添加行；画竖线即可添加列。

若想删除某一条线，则可以将光标置于表格内，在弹出的"表格工具"组中单击"布局"选项卡中的"橡皮擦"按钮，如图3-35所示，此时鼠标指针变成"橡皮"的形状，沿着要删除的线条拖动"橡皮擦"即可将其删除。

图3-35 "表格工具"组中的"布局"选项卡

注意：手动创建表格时，可以手工绘制斜线。该方法可以方便地在任意单元格中的两个对角间绘制一条斜线。

【说明】表格中单元格的命名规则：以字母命名表格的列，从左到右依次为 A，B，C，…；以数字命名表格的行，从上到下依次为1，2，3，…；单元格的名字由单元格所在的列名和所在的行序号组合而成，如第2行第3列的单元格名为C2。各单元格的名字如图3-36所示。

A1↵	B1↵	C1↵	D1↵	E1↵
A2↵	B2↵	C2↵	D2↵	E2↵
A3↵	B3↵	C3↵	D3↵	E3↵

图3-36 单元格的名字

2. 绘制斜线表头

①将光标定位到要插入斜线表头的单元格（A1），单击"设计"选项卡的"边框"组中的"边框"按钮，在弹出的下拉列表中选择"斜下框线"选项，如图3-37所示。

图3-37 选择"斜下框线"选项

②此时可以看到已向表格中插入了斜线。向表格中输入"成绩"，并连续按两次 Enter 键；再输入"姓名"，完成表头的绘制。

3.3.2 编辑与调整表格结构

表格的编辑与调整主要包括选定表格，调整行高和列宽，插入或删除行、列和单元格，合并与拆分单元格等。

1. 选定表格

为了对表格进行修改，首先必须选定表格中待修改的部分。用鼠标选定表格的单元格、行或列的操作方法如下。

①选定单元格。把鼠标指针移到要选定的单元格左边界处，当指针变为选定单元格指针时（黑色向右上角指的箭头），单击左键，就可选定所指的单元格。选定的单元格背景呈淡蓝色。

注意：单元格的选定与单元格内全部文字的选定的表现形式是不同的。

②选定表格的行。把鼠标指针移到文档窗口的选定区，当指针变成向右上角指的箭头时，单击左键就可选定所指的行。若要选定连续多行，只要从要选定的开始行拖动到要选定的最末一行，放开鼠标左键即可。

③选定表格的列。把鼠标指针移到表格的顶端，当鼠标指针变成向下的黑色箭头时，单击左键就可选定箭头所指的列。若要选定连续多列，只要从要选定的开始列拖动鼠标到要选定的最末一列，放开鼠标左键即可。

④选定全表。单击表格移动控制点，如图 3 – 38 所示，可以迅速选定全表。显然，用上述拖动鼠标的方法也可以选定全表。

图 3 – 38　表格移动控制点

2. 修改表格的结构

①合并单元格。选中 B1∶D1 单元格区域，右击，执行"合并单元格"命令，如图 3 – 39 所示，可将这三个单元格合并成一个单元格。合并后的效果如图 3 – 40 所示。

图 3 – 39　合并单元格

成绩				
姓名				

图3-40 合并单元格后的效果

②拆分单元格。选中要拆分的单元格，右击，执行"拆分单元格"命令，如图3-41所示，打开"拆分单元格"对话框，如图3-42所示，在列数和行数框中分别输入数字1和2，单击"确定"按钮，把单元格拆分成2行1列，拆分效果如图3-43所示。

图3-41 拆分单元格

**图3-42 "拆分
单元格"对话框**

成绩				
姓名				

图3-43 拆分单元格后的效果

用同样的方法，把B2单元格拆分成1行3列，效果如图3-44所示。

3. 添加表格文字

输入表格内的文字，要求将字体设置为宋体、五号，对齐方式为水平居中、垂直居中，标题行字体为加粗，设置后的效果如图3-45所示。其具体操作步骤如下。

①在各单元格内输入相应内容，并设置为"五号""宋体"，标题行字体设为加粗。

成绩	↵			↵
姓名↵	↵	↵	↵	↵
↵	↵	↵	↵	↵
↵	↵	↵	↵	↵
↵	↵	↵	↵	↵
↵	↵			

图 3 – 44　将 B2 单元格拆分后的效果

成绩	各科成绩			总分
姓名	计算机基础	大学英语	高等数学	
张文梅↵	90↵	84↵	79↵	↵
李彬彬↵	93↵	86↵	84↵	↵
许佳佳↵	92↵	93↵	85↵	↵
王巧凤↵	86↵	79↵	76↵	↵
宋逸飞↵	82↵	75↵	90↵	↵

图 3 – 45　输入表格内容

②选中表格内的所有内容，在弹出的"表格工具"组中单击"布局"选项卡"对齐方式"组中的"水平居中"按钮，如图 3 – 46 所示。

图 3 – 46　单元格对齐方式设置

如果要修改已经输入的内容，只要将光标插入单元格中，双击该单元格，新输入的内容将把原有的内容覆盖。

3.3.3　表格中数据的排序和计算

Word 提供了对表格中的数据进行简单计算和排序的功能。

1. 计算

Word 提供了一些对表格数据诸如求和、求平均值等常用的统计计算功能，利用这些计算功能可以对表格中的数据进行计算。计算如图3－45所示的学生考试成绩的总分的操作步骤如下。

①将插入点移到存放总分的单元格中，本例中是放在第三行的最后一列，即求张文梅的总分。单击"布局"选项卡"数据"组中的"公式"按钮，打开如图3－47所示的"公式"对话框。

②在"公式"列表框中显示"＝SUM(left)"，表明要计算左边各列数据的总和，公式名也可以在"粘贴函数"列表框中选定。

图3－47 "公式"对话框

【说明】常见的函数有求和 SUM( )、求平均值 AVERAGE( )、计数 COUNT( )、求最大值 MAX( )、求最小值 MIN( )。above 指对上面所有数字单元格计算；left 指对左边所有数字单元格计算；right 指对右边所有数字单元格计算。

③单击"确定"按钮，得出计算结果。使用同样的操作可以求得以下各行的总分，如图3－48所示。

成绩　姓名	各科成绩			总分
	计算机基础	大学英语	高等数学	
张文梅	90	84	79	253
李彬彬	93	86	84	263
许佳佳	92	93	85	270
王巧凤	86	79	76	241
宋逸飞	82	75	90	247

图3－48 公式计算结果

【说明】

①函数的参数可以用单元格名称表示。用逗号分隔独立的单元格；用冒号分隔某设定范围中第一个和最后一个单元格。例如，上例中，求张文梅的总分公式内容可为"＝SUM(B3：D3)"。

②如果想查看某一存放运算结果的单元格的定义公式，可选中该单元格的内容，按 Shift + F9 组合键，可显示此域的计算公式；再按一次 Shift + F9 组合键，又还原为显示运算结果。

2. 排序

在 Word 中，数据排序通常总是针对表格中的某一列数据而言的，它可以将表格中某一列的数据（可以是数值或文字）按照某一规则排序，并按排序结果重新组织各行数据在表格中的顺序。以下对图3－48所示的班级成绩表按总分对全班同学进行递减排序，当两个学生的总分成绩相同时，再按大学英语成绩递减排序。

排序的操作步骤如下。

①将插入点移到要排序的表格中，或者选中要排序的行或列。

【说明】因为图3－48所示的成绩表中有合并的单元格，所以，在排序时不要选中合并的单元格，只选中要排序的单元格，即选中第3～7行。

②单击"布局"选项卡"数据"组中的"排序"按钮，打开"排序"对话框，如图3－49所示。

图 3-49 "排序"对话框

③在"主要关键字"列表框中选定"列5"项（即总分列），在其右边的"类型"列表中选定"数字"，再单击"降序"单选框。

④在"次要关键字"列表框中选定"列3"项（即大学英语列），在其右边的"类型"列表框中选定"数字"，再单击"降序"单选框。

⑤在"列表"选项组中，单击"无标题行"单选框。

⑥设置完毕后，单击"排序"对话框中的"确定"按钮。排序后的结果如图 3-50 所示。

成绩 姓名	各科成绩			总分
	计算机基础	大学英语	高等数学	
许佳佳	92	93	85	270
李彬彬	93	86	84	263
张文梅	90	84	79	253
宋逸飞	82	75	90	247
王巧凤	86	79	76	241

图 3-50 排序后的结果

【说明】选项卡中的选项设置：

主要关键字——设置排序的主要依据，即指定根据哪一列数据排序。在"类型"框中选定按数字的大小排序或按笔画的多少排序，并设置按升序或降序排序。

次要关键字——设置排序的次要依据，即当主要关键字相同时，按次要关键字进行排序。"类型"框中选定按数字的大小排序或按笔画的多少排序，并设置按升序或降序排序。

第三关键字——当主要关键字和次要关键字都相同时，按第三关键字排序。

列表——有两个单选项，其中"有标题行"表示排序表格有标题行，"无标题行"表示排序表格无标题行。

3.3.4 表格的修饰

为了使创建的表格更加美观，通常要对表格的格式进行一定的设置，下面介绍几个常用的操作。

1. 设置表格边框

如果用户对 Word 默认的表格边框设置不满意，可以重新进行设置。

要求将如图 3-50 所示的成绩表的外边框设为 1.5 磅红色单线，内边框设为 0.5 磅红色单线，操作步骤如下。

①单击表格左上角的表格控制点，选中整个表格。右键单击表格，在快捷菜单中执行"表格属性"命令，打开"表格属性"对话框，在对话框中单击"边框和底纹"按钮（或单击"布局"选项卡的"表"组中的"属性"按钮，弹出"表格属性"对话框，在对话框中单击"边框和底纹"按钮），弹出"边框和底纹"对话框，如图 3-51 所示。

图 3-51　"边框和底纹"对话框

②选中"边框"选项卡，为了设置外边框，在"设置"组中选中"方框"，"样式"选中"单实线"，在"颜色"下拉菜单中选择"红色"，在"宽度"下拉列表中选择 1.5 磅。

③在"应用于"下拉列表中，选择"表格"选项，即可在"预览"框中看到设置效果，如图 3-51 所示。

④单击"确定"按钮，完成外边框的设置。

⑤重新打开"边框和底纹"对话框，选中"边框"选项卡。为了设置内边框，在"设置"组中选中"自定义"选项，"样式"选中"单实线"，在"颜色"下拉菜单中选择"红色"，在"宽度"下拉列表中选择 0.5 磅，单击"预览"框中的内边框按钮田 田，其设置如图 3-52 所示。

⑥单击"确定"按钮，设置好内边框。

⑦在"设计"选项卡的"边框"组中，设计"笔样式"为"单实线"，"笔画粗细"为"0.5 磅"，"笔的颜色"为"红色"，再单击"边框刷"按钮，如图 3-53 所示，此时鼠标形状会变成钢笔头，单击表头斜线，设置好表头斜线。最后的设置效果如图 3-54 所示。

2. 设置表格底纹

要求对图 3-54 所示的成绩表的三门课程名称单元格设置底纹，底纹颜色为浅蓝色，图

图 3 - 52　内边框的设置

图 3 - 53　"边框"组

成绩＼姓名	各科成绩			总分
	计算机基础	大学英语	高等数学	
许佳佳	92	93	85	270
李彬彬	93	86	84	263
张文梅	90	84	79	253
宋逸飞	82	75	90	247
王巧凤	86	79	76	241

图 3 - 54　边框设置效果

案样式为15%，黄色。其操作步骤如下。

①选中要设置底纹的单元格区域 B2:D2，在选中的区域里单击鼠标右键，在快捷菜单中执行"表格属性"命令，打开"表格属性"对话框，在对话框中单击"边框和底纹"按钮（或单击"布局"选项卡的"表"组中的"属性"按钮，弹出"表格属性"对话框，在对话框中单击"边框和底纹"按钮），弹出"边框和底纹"对话框。

②选中"底纹"选项卡，在"填充"色卡中选择"浅蓝"；在"图案"组的"样式"下拉菜单中选择"15%"，"颜色"下拉色卡中选择"黄色"。

③在"应用于"组中，选择"单元格"，在"预览"框中可以看到如图 3 - 55 所示的设置效果。

图 3-55 底纹设置

④单击"确定"按钮，回到表格属性对话框，再单击"确定"按钮，完成底纹设置。最后设置效果如图 3-56 所示。

成绩 姓名	各科成绩			总分
	计算机基础	大学英语	高等数学	
许佳佳	92	93	85	270
李彬彬	93	86	84	263
张文梅	90	84	79	253
宋逸飞	82	75	90	247
王巧凤	86	79	76	241

图 3-56 底纹设置效果

3. 自动套用格式

Word 2016 提供了多种预置的表格格式供用户选择，用户可以根据需要把创建的表格设定为其中的某种格式。

要求将如图 3-56 所示的成绩表设置为"彩色型 2"的格式，操作步骤如下。

①选中表格（或将光标定位到表格内），单击"设计"选项卡的"表格样式"组中的"彩色型 2"按钮，如图 3-57 所示。

图 3-57 "表格样式"组按钮

【说明】单击"表格样式"组中表格样式右边的按钮∨，可以向下翻页继续选择其他的表格样式，单击☑按钮，则可以弹出所有的表格样式。

②成绩表即设置为所需样式，效果如图 3 - 58 所示。

成绩 姓名	各科成绩			总分
	计算机基础	大学英语	高等数学	
许佳佳	92	93	85	270
李彬彬	93	86	84	263
张文梅	90	84	79	253
宋逸飞	82	75	90	247
王巧风	86	79	76	241

图 3 - 58 "彩色型 2" 设置效果

4. 重复表格的表头

当表格很长，需要分页输出时，通常需要在每页重复同一表头。其具体操作步骤如下。

①选中表格。

②单击"布局"选项卡的"数据"中的"重复标题行"按钮，即可在输出的各页上都加上表头。

3.3.5 案例总结

本案例通过制作班级成绩表，主要介绍了 Word 表格的操作。包括表格创建的多种方法，表格单元格、行、列及整个表格的选定，表格结构调整中的单元格合并和拆分，表格文字的对齐方式，表格中数据的排序与计算，表格边框、底纹的设置及自动套用格式等。

另外，需要补充以下几个常用的知识点。

1. 调整单元格的宽度和高度

表格中的行高和列宽通常是不用设置的，在输入文字时，会根据单元格的内容自动设定。但在实际应用中，为了表格的整体效果，往往需要对它们进行调整。

改变表格的行高和列宽的方法有以下几种。

1）将鼠标置于要改变的行或列的边框线上。当鼠标外观变为双向箭头时，按住左键拖动到目标位置即可。若要精确调节，可以按住 Alt 键后拖动。

2）调整某列的列宽时，往往会影响相邻列的宽度，只要在调整宽度的时候按下 Shift 键，然后再用鼠标进行调节即可。

3）利用"表格"菜单调整，操作步骤如下。

①选中要调整的行或列。

②单击"布局"选项卡的"表"组中的"属性"按钮，弹出"表格属性"对话框，如图 3 - 59 所示。

图 3 - 59 "表格属性" 对话框

③进行指定行高（或列宽）的设置，并输入具体值。

④单击"确定"按钮，完成设置。

【说明】在不规则的表格中，可以单独设置某个单元格的列宽。除了用鼠标拖动外，也可以在"表格属性"对话框的"单元格"选项卡中进行设置。

2. 插入或删除单元格、行、列和表格

（1）插入单元格

①将光标定位到需要插入单元格的位置。

②单击"布局"选项卡的"行和列"组右下角的按钮 ⬚，打开"插入单元格"对话框，如图3-60所示。

③在对话框中选择需要的选项，并单击"确定"按钮。

（2）插入行/列

①将光标定位到需要插入行/列的位置。

②单击"布局"选项卡的"行和列"组中相应的按钮，即可插入所需的行或列，如图3-61所示。

图3-60 "插入单元格"对话框

图3-61 "布局"选项卡的"行和列"组中相应的按钮

【说明】将光标插入点定位到表格最后一个单元格内，按Tab键，可在表尾追加一空白行；或将光标插入点定位到表格最后一个单元格外，按Enter键，在表尾追加一空白行。

（3）插入表格

①将光标定位到需要插入表格的单元格。

②单击"插入"选项卡的"表格"组中的"表格"按钮，在弹出的下拉列表中选择"插入表格"选项，打开"插入表格"对话框。

③设置好行数和列数后，单击"确定"按钮，就可以在单元格中插入一个嵌套的表格。

（4）删除单元格

①将光标定位到需要删除单元格的位置。

②单击"布局"选项卡的"行和列"组中的"删除"按钮，在弹出的下拉列表中选择"删除单元格"选项，打开"删除单元格"对话框，如图3-62所示。

③在对话框中选择需要的选项，并单击"确定"按钮。

（5）删除行、列、表格

图3-62 "删除单元格"对话框

选中要删除的行、列或整个表格，单击"布局"选项卡的"行和列"组中的"删除"按钮，在弹出的下拉列表中执行相应命令即可。

【说明】选定表格后，若按 Delete 键，则只会删除表格中的内容，不会删除表格。

3. 表格属性的设置

（1）利用表格属性，设置表格的宽度、表格的对齐方式及文字的环绕方式

①将光标移动到表格中。

②单击"布局"选项卡的"表"组中的"属性"按钮，弹出"表格属性"对话框，如图 3 – 63 所示。

图 3 – 63 "表格属性"对话框

③在"尺寸"组中，如选择"指定宽度"复选框，则可设定具体的表格宽度。

④在"对齐方式"组中，选择表格对齐方式；在"文字环绕"组中，选择"无"或"环绕"。

⑤最后，单击"确定"按钮。

（2）利用表格属性设置单元格边距

所谓边距，是指单元格内文字或数字距离某条边线的距离，设置的操作步骤如下。

①打开如图 3 – 63 所示的"表格属性"对话框。

②单击"选项"按钮，打开"表格选项"对话框，如图 3 – 64 所示。

③在"默认单元格边距"组中设置上、下、左、右边距。

④单击"确定"按钮，返回如图 3 – 63 所示的"表格属性"对话框，最后再单击"确定"按钮，完成

图 3 – 64 "表格选项"对话框

设置。

【说明】单击如图3-63所示的"表格属性"对话框中的"边框和底纹"按钮,也可以进行表格边框和底纹的设置。

4. 表格和文本之间的转换

有些用户习惯于在输入文本时将表格的内容同时输入,并利用设置制表符将各行表格内容上、下对齐,输入好后再把文字转换成表格。其操作步骤如下。

①选定用制表符分隔的表格文本。

②单击"插入"选项卡的"表格"组中的"表格"按钮,在弹出的下拉列表中选择"将文字转换成表格"选项,弹出"将文字转换成表格"对话框,如图3-65所示。

③在"列数""行数"框中键入具体的数值。

④在"文字分隔位置"组中选定"制表符"选项。

⑤单击"确定"按钮,就实现了文本到表格的转换。

图3-65 "将文字转换成表格"对话框

3.4 案例3——学院周报艺术排版

【任务提出】小钱刚刚担任工学院学生会的宣传部部长,上任后的第一项工作就是制作一期"学院周报"。

经过几天的准备,小钱终于把所有的素材收集完备,准备开始排版了。开始时他很有信心,但随着制作过程的深入,他发现问题并不是想象的那么简单,很多效果制作不出来,而且版面上的图片和文字也变得越来越不听话,尤其是图片,稍不注意就跑得无影无踪。还有很多技术问题不知该如何解决,例如,怎样给文章加上艺术边框?怎样制作艺术横线?怎样让文字竖排?小钱同学只好向王老师请教,王老师告诉他,报刊的排版关键是要先做好版面的整体设计,也就是所谓的宏观设计,然后再对每个版面进行具体的排版。在王老师的指导下,小钱同学制作出了一篇图文并茂的学院周报,如图3-66所示。本节以制作学院周报为例,主要介绍 Word 的图片处理功能。

相关知识点:

①文本框的插入及应用。

②插入图片的方法,包括艺术字、艺术横线、自选图形等。

③图文混排的方法。

④表格在图文混排中的应用。

3.4.1 制作学院周报的版面布局

与许多报刊一样,学院周报版面最大的特点是各篇文章(或图片)都是根据版面均衡协调的原则划分为若干"条块"进行合理"摆放"的,这就是版面布局,也叫版面设计。

每篇文章分到某个条块后，再根据文章自身的特色进行细节编排。

根据图3-66所示的版面的特点，可以用表格或文本框进行版面布局，即用表格或文本框对版面进行分割，给每篇文章划分一个大小合适的方格，然后把相应的文字放入对应的方格中。

图3-66　"工学院周报"效果图

1. 用"文本框"设计版面布局

用"文本框"设计版面布局的操作步骤如下。

①单击"插入"选项卡的"文本"组中的"文本框"按钮，在弹出的下拉列表中选择"绘制横排文本框"或"绘制竖排文本框"选项，在适当位置绘制出图3-67中的每个文本框，绘制出整个布局的基本轮廓。

②将各篇文章的素材复制到相应的文本框中。调整各个文本框的大小，直至每个文本框的空间都比较紧凑，不留空位，同时又刚好显示出每篇文章的所有内容。

③选中"文本框"，单击"格式"选项卡的"形状样式"组中的"形状填充"按钮，在弹出的下拉列表中选择"无填充"，如图3-68所示。

图3-67　用文本框设置版面布局

图 3 - 68 "形状填充"下拉列表

④选中"文本框",单击"格式"选项卡的"形状样式"组中的"形状轮廓"按钮,在弹出的下拉列表中选择"无轮廓",如图 3 - 69 所示。

图 3 - 69 "形状轮廓"下拉列表

2. 用"表格"设计版面布局

用"表格"设计版面布局的操作步骤如下。

①单击"插入"选项卡的"表格"组中的"表格"按钮,在弹出的下拉列表中选择"绘制表格",绘制出图 3 - 70 所示的表格,即版面的整体布局的基本轮廓。

②将各篇文章的素材复制到相应的单元格中。调整表格线的位置,直至每个单元格比较紧凑,单元格内尽量不留空位,又刚好显示出每篇文章的所有内容。

③选定整个表格,右击鼠标,在弹出的快捷菜单中选择"表格属性",在"表格属性"对话框中单击"边框和底纹"按钮,把表格边框设为"无"。

【说明】比较表格与文本框的版面布

图 3 - 70 用表格设置版面布局

局，可以发现两者各有特点。表格布局快速方便，对单元格的拆分比文本框容易，但用表格排版的主要问题是各单元格会互相影响，比如，调整其中任何一个单元格的大小，都可能会引起整个表格的变化。而文本框正好可以克服这个缺点，因为各个文本框彼此分离、互不影响，便于单独处理，而且设置文本框的艺术框线比表格更方便。

3.4.2　报头艺术设置

学院周报的标题相当于它的眼睛，因此设计时必须突出艺术性，做到美观协调。

1. 插入艺术字标题

艺术字是 Word 广泛使用的图形对象，效果美观。Word 中的艺术字是一种特殊的图形，它以图形的方式来展示文字，增强了文字的表现效果。设计"学院周报"艺术字的操作步骤如下。

①将插入点定位于"标题"文本框中。

②单击"插入"选项卡的"文本"组的"艺术字"按钮，在弹出的下拉列表中选择第三行第 3 列艺术字样式，如图 3 – 71 所示。

图 3 –71　艺术字下拉列表

③在文档中将会出现一个带有"请在此放置您的文字"字样的文本框，在文本框中输入"工学院周报"几个字，如图 3 – 72 所示。

图 3 –72　编辑"艺术字"文字的文本框

④选中刚插入的艺术字，单击"格式"选项卡的"艺术字样式"组中的"文本效果"按钮，在弹出的下拉列表中选择"阴影"选项下的"外部"组中的"偏移：右下"选项，如图 3 –73 所示。

⑤单击"格式"选项卡的"艺术字样式"组中的"文本效果"按钮，在弹出的下拉列表中选择"转换"选项下的"弯曲"组中的"正方形"，如图 3 –74 所示。

图 3-73　设置艺术字的"阴影"效果

图 3-74　设置艺术字的"转换"效果

⑥在"开始"选项卡的"字体"组中更改文字字体。设置艺术字为"方正舒体"、字号为"小初"、字形为"加粗"。

2. 利用双行合一命令设置文字

利用双行合一命令，可以把两行文字设置成在一行显示。报头部分的主办单位就采用了这种设置。操作步骤如下。

①单击"开始"选项卡的"段落"组中的"中文版式"按钮 ，在弹出的下拉列表中，选择"双行合一"选项，打开"双行合一"对话框，如图 3-75 所示。

②输入文字"学生会团委"，在预览框中可以看到预览效果，单击"确定"按钮。

图 3-75　"双行合一"对话框

3.4.3　文本框的设置

利用文本框设置"学风建设目标"的方法如下。

"学风建设目标"是一段竖排的文字，利用竖排文本框进行设置，可以达到一定的艺术效果。操作步骤如下。

①输入文字。在"学风建设目标"位置插入一竖排空文本框，拖动到合适的大小，在文本框中输入相应的文字。

②改变文本框的填充效果。选中文本框，单击"格式"选项卡中"形状样式"组中的"形状填充"按钮，在弹出的下拉菜单中选择"纹理"菜单项，再在下一级菜单中选择白色大理石，如图 3–76 所示。

图 3–76　设置文本框的形状填充

③改变文本框的形状轮廓。选中文本框，单击"格式"选项卡中"形状样式"组中的"形状轮廓"按钮，设置文本框的轮廓线为"小圆点虚线"，颜色为"蓝色"。

【说明】"毕业生感言"和"获奖喜报"两个条块文本框的线条也都设置为小圆点虚线。

3.4.4　添加图片

报纸杂志一般都会插入一些图片，一幅赏心悦目的图片在文章中可以起到画龙点睛的作用。Word 能够在文档中插入各种图片图形，实现图文混排。这些图形既可以由其他绘图软件创建后，通过剪贴画或以文件的形式插入文档中，也可以利用 Word 提供的绘图工具绘制图形或创建特殊效果的图形文字。这些功能大大丰富了文档的视觉效果，为单调的文本增添了亮色。

1. 插入图片

在"新疆棉花"文本框中插入图片文件，操作步骤如下。

①将插入点定位到要放置图片的位置。

②单击"插入"选项卡的"插图"组中的"图片"按钮，打开"插入图片"对话框，

在对话框中找到要插入的图片文件，如图 3 – 77 所示，单击"插入"按钮。

图 3 – 77 "插入图片"对话框

③选中插入的图片，单击"格式"选项卡的"大小"组的 ⌐ 按钮，打开"布局"对话框，选中"大小"选项卡，对图片进行大小调整，如图 3 – 78 所示；选中"文字环绕"选项卡，设置图片与文字的环绕方式，如图 3 – 79 所示。

图 3 – 78 "布局"对话框"大小"选项卡

2. 插入自选图形

在"获奖喜报"文本框中插入自选图形，其操作步骤如下。

①将插入点定位到要放置自选图形的位置。

②单击"插入"选项卡"插图"组中的"形状"按钮，在弹出的下拉列表中选择"星与旗帜"组中的"卷形：垂直"，如图 3 – 80 所示。

图 3-79 "布局"对话框"文字环绕"选项卡

图 3-80 插入图形

③在要插入图形的位置拖动鼠标，画出图形，可以用鼠标拖动图形周围的控制点，调整到所需的大小。

④选中图形，单击"格式"选项卡的"形状样式"组中的"形状填充"按钮，设置填充色为"黄色"。

⑤单击"格式"选项卡中"形状样式"组中的"形状轮廓"按钮，设置线条颜色为"紫色"。

⑥右击图形，在弹出的快捷菜单中选择"添加文字"，如图 3-81 所示。将插入点移到图形内部，输入文字"获奖喜报"，并调整文字之间的间距到合适的位置。

【说明】"插入"选项卡"插图"组的"形状"下拉列表中有许多按钮，它们可以满足用户的多种需要。

1）"直线""箭头""矩形"和"椭圆"按钮可以直接绘制简单的直线、箭头、矩形和椭圆等图形。如果要绘制一矩形，则只要单击"矩形"按钮，鼠标指针变成十字形，移动十字形鼠标指针到要绘制图形的位置，然后拖动鼠标拉出一个矩形，到合适的大小时放开鼠标左键。其他图形绘制的操作类似。如果要绘制正方形或圆形，则只要在单击"矩形"或"椭圆"按钮后，按住 Shift 键的同时拖动鼠标即可。

图 3-81 添加文字菜单

2）图形的叠放次序。

当两个或多个图形对象重叠在一起时，最近绘制的那一个总是覆盖其他的图形。可以调整各图形之间的叠放次序。其操作步骤如下。

①选中需要调整叠放次序的图形对象。

②单击"格式"选项卡的"排列"组中的"上移一层"按钮，即可将图形叠放次序上移一层。

③单击"格式"选项卡的"排列"组中的"上移一层"按钮右侧的倒三角按钮，在弹出的下拉列表中选择"置于顶层"选项，所选图形将被放置到最上层，如图3-82所示。

图3-82 "上移一层"按钮及其下一级菜单

从"上移一层"命令下一级菜单中可以看到利用它还可以确定图形与文字之间的叠放次序关系。图形可以浮于方字上方（即覆盖文字），也可以衬于文字下方向。图3-83展示了两个图形之间不同的叠放关系的效果。

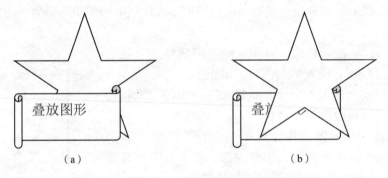

（a） （b）

图3-83 两个图形之间不同的叠放关系的效果

（a）星形在第二层；（b）星形在第一层

④单击"格式"选项卡的"排列"组中的"下移一层"按钮，即可将图形叠放次序下移一层。

⑤单击"格式"选项卡的"排列"组中的"下移一层"按钮右侧的倒三角按钮，在弹出的下拉列表中选择"置于底层"选项，所选图形将被放置到最底层。

3）多个图形的组合。任何一个复杂的图形总是由一些简单的几何图形组合而成的。当用多个简单的图形组成一个复杂的图形后，实际上每一个简单图形还是一个独立的对象。这时若要移动整个图形，就必须把每一个独立的对象都进行移动，这是非常麻烦的。利用Word提供的组合功能可以将许多简单图形组合成一个整体的图形对象，以便图形的移动和旋转。多个图形的组合操作步骤如下。

①按下Ctrl键或Shift键后，依次选中文档中的多个图形，每个图形的周围会出现8个

控制点。

②右击选中的图形，在弹出的快捷菜单中选择"组合"命令下的"组合"子命令，如图 3 - 84 所示。

③此时在选中图形的最外围出现 8 个控制点，表明这些图形已经组合成一个整体。

对于组合后的图形，如果要对其中的某一对象单独进行修改，则先要执行图 3 - 84 中的"取消组合"命令来取消组合，然后才能对该对象进行修改。修改完成后，再把它们重新组合起来。

图 3 - 84　组合图形命令

3.4.5　案例总结

本节通过对"工学院周报"的排版，综合介绍了 Word 中的各种排版技术，如文本框、表格、艺术字、图片、自选图形等。

文本框是 Word 中可以放置文本的容器，使用文本框可以将文本放置在页面的任意位置。文本框也属于一种图形对象，因此可以为文本框设置各种边框格式、选择填充色、添加阴影，也可以为放置在文本框内的文字设置字体格式和段落格式。

艺术字是一种特殊的图形，它以图形的方式来展示文字，具有美术效果，能够美化版面；艺术横线是图形化的横线，用于隔离版块，美化整体版面；图片的插入可以丰富版面形式，实现图文并茂，做到生动活泼。

图文混排是 Word 的特色功能之一。可以在文档中插入照片或由其他软件制作的图片，也可以插入由 Word 的绘图工具绘制的图形，使一篇文章达到图文并茂的效果。

下面补充几个本案例未使用到的常用排版技能。

1. 分栏

分栏是文档排版中常用的一种版式，在各种报纸和杂志中广泛运用。它使页面在水平方向分为几栏，文字逐栏排列，填满一栏后转到下一栏，文档内容分列于不同栏中。这种分栏方法使页面排版灵活，阅读方便。

设置分栏的具体操作步骤如下。

①如要对整个文档分栏，则将插入点移到文本的任意处；如要对部分段落分栏，则应先选定这些段落。

②单击"布局"选项卡的"页面设置"组中的"栏"按钮，在弹出的下拉列表中可以选择预设好的"一栏""两栏""三栏""偏左""偏右"，如图 3 - 85 所示，也可以选择"更多栏"选项，打开"栏"对话框，如图 3 - 86 所示。

③选定"预设"框中的分栏格式，或在"栏数"文本框中输入分栏数，在"宽度和间距"框中设置栏宽和间距。

④单击"栏宽相等"复选框，则各栏宽相等，否则可以逐栏设置宽度。

⑤单击"分隔线"复选框，可以在各栏之间加一分隔线。

⑥应用范围可根据具体情况，选择"整篇文档"或"所选文字"等，最后单击"确定"按钮。

图 3-85 "栏"按钮及下拉列表　　　　　　图 3-86 "栏"对话框

注：若要对整个文档（或最后一段）分栏，显示结果未达到预期的效果，改进的办法是先在文档结束处插入一分节符（或不选中文档最后的分节符），然后再分栏。

【说明】"工学院周报"案例中用文本框来分隔整个版面，文本框中的所有文字被认为是不可分割的一个栏目，因此不能把文本框中的文字再进行分栏。

2. 首字下沉的设置

首字下沉在各种报纸和杂志中广泛运用，可以改变文字排版的单一效果。其操作步骤如下。

①将插入点移到要设置或取消首字下沉的段落的任意处。

②单击"插入"选项卡的"文本"组中的"首字下沉"按钮，在弹出的下拉列表中选择下沉方式，或单击"首字下沉选项"，如图 3-87 所示，打开"首字下沉"对话框，如图 3-88 所示。

图 3-87 "首字下沉"按钮及下拉列表　　　　　图 3-88 "首字下沉"对话框

③在"位置"框的"无""下沉""悬挂"三种格式选项中选定一种。

④在"选项"组中选定首字的字体，填入下沉的行数和距其后正文的距离。

⑤单击"确定"按钮。

3. 给文字加边框和底纹

在排版过程中，有时需要对一些文字（或段落）加上边框或底纹，以达到引人注意或美化整个文章的效果。

给文字加边框和底纹的操作步骤如下。

①选中要加边框和底纹的文字（或段落）。

②单击"设计"选项卡的"页面背景"组中的"页面边框"按钮，打开"边框和底纹"对话框，选中"边框"选项，如图 3-89 所示，对边框类型及线型、颜色、宽度进行相关的设置。在"应用于"组中选择"文字"。

③选中"底纹"选项卡，如图 3-90 所示，进行相关的设置。

图 3-89 "边框"选项卡

图 3-90 "底纹"选项卡

习 题 3

1. 设计出如图 3-91 所示的宽度是 14 厘米、高度是 5 厘米的方框，输入图中文字，并将全部文字的字体、字号分别设置为宋体、五号，将"第二文化"字符串的字体格式设置为加粗、倾斜、加下划线（单线），并以 TEST. DOC 为文件名保存在考生文件夹下。

> 随着计算机技术的发展与普及，计算机已经成为各行各业最基本的工具之一，而且正迅速进入千家万户，有人还把它称为*"第二文化"*。 随着计算机技术的发展与普及，计算机已经成为各行各业最基本的工具之一，而且正迅速进入千家万户，有人还把它称为*"第二文化"*。

图 3-91 第 1 题效果图

2. 按下列文字指出的字型和字体输入下列文字，并在各段前加上相应项目符号，以 WD16A. DOC 为文件名保存在考生文件夹下。

- 五号黑体字
- 四号楷体 GB2312 字
- 20 磅宋体字
- 14 磅仿宋 GB2312 字

3. 按照图 3-92 所示的 2 行 4 列表格设计一个相同的表格，将列宽度设置为 3 厘米，行高自动设置，字体、字号分别设置为 Times New Roman、五号，字体格式设置成粗体、倾斜，并以 WD16B.DOC 为文件名保存在考生文件夹下。

11↵	12↵	13↵	14↵
21↵	22↵	23↵	24↵

图 3-92　第 3 题效果图

4. 复制 WD16B.DOC 中的表格，将复制的表格增加一行，变成 3 行 4 列、各列宽度改为 2 厘米的表格，如图 3-93 所示，并按表格内容所示输入相应的数字。将整个表格的字体设置成黑体，字号设置成四号，并以 WD16C.DOC 为文件名保存在考生文件夹下。

11↵	12↵	13↵	14↵
21↵	22↵	23↵	24↵
31↵	32↵	33↵	34↵

图 3-93　第 4 题效果图

5. 复制 WD16C.DOC 中的表格，设置表格居中，为表格第 1 行添加 "-15%" 灰色底纹，外边框为 1.5 磅绿色单实线，内边框为 0.5 磅绿色单实线，并以 WD16D.DOC 为文件名保存在考生文件夹下。

第4章　Excel 2016 电子表格软件

电子表格软件 Excel 2016 是 Microsoft Office 2016 软件中的重要成员。使用 Excel 可以制作出美观实用的电子表格，广泛应用在财务管理、统计分析、工程计算等方面。在 Excel 中，用户可以高效地输入数据，通过公式和函数计算数据，对数据进行排序、筛选、分类汇总等处理，还能轻松地将数据转化为各种图表。

本章主要介绍 Excel 2016 的数据输入、电子表格美化、公式计算、数据处理和图表汇总等基本操作。通过本章案例的学习，应掌握：

1. 数据输入和编辑。
2. 电子表格格式的设置和美化修饰。
3. 简单公式的编写，常用函数的使用。
4. 数据处理：排序、汇总、筛选和高级筛选、透视分析、合并计算。
5. 图表的制作。

4.1　案例一：制作学生信息表

通过本案例的学习，初步掌握 Excel 电子表格数据输入和编辑的功能操作。

4.1.1　案例分析

1. 任务的提出

某班级需要制作一张全班同学的信息表格，首先要在工作表中输入各种类型的数据信息，再对数据进行一系列操作，包括行、列调整，复制与移动数据以及删除数据，查找、替换数据等。

2. 相关知识点

①工作簿是处理和存储数据的 Excel 文件，扩展名为 .xlsx。

每个工作簿由多张工作表组成，最多可包含 255 个工作表。默认情况下，每个工作簿由 Sheet1、Sheet2、Sheet3 三张工作表组成。用户可以对工作表改名，也可根据需要添加或删除工作表。

②工作表是由行和列构成的电子表格。行号用数字 1～65 535（共 65 535 行）表示，列号用字母 A，B，C，…，Z，AA，AB，AC，…，AZ，BA，…，Ⅳ（共 256 列）表示。

当前被选中的工作表称为当前工作表，其标签默认显示为绿色字体。

③单元格是工作表中行和列相交处的小方格，它是 Excel 处理信息的最小单位。单元格内可存放文字、数值、日期、时间、公式和函数。

每个单元格的名称取决于它所在的行号与列号。例如，第 F 列（第 6 列）第 5 行处交叉的单元格的名称是 F5。

4.1.2 案例实现

1. Excel 制表准备

为了制作工作表,首先应该启动 Excel 2016,执行"开始"→"程序"→"Microsoft Office"→"Microsoft Excel 2016"或者双击任一工作簿文件,就可以打开图 4 – 1 所示的 Excel 工作界面。

图 4 – 1 Excel 工作界面

2. 输入数据

工作表中可以输入中文、英文和数字等内容。

(1)数据类型

①数值:数值包含 0 ~ 9 数字符号,还包括 +(正号)、–(负号)、()(括号)、.(小数点)、,(千位分隔符)、%(百分号)、$ 和 ¥(货币符号)等特殊字符。默认情况下向右对齐。若数据长度超过 11 位,系统将自动转换为科学计算法表示;若要输入分数,应先输入 0 和空格,再输入分子/分母。

②文字:文字是键盘上可输入的任何符号,默认情况下向左对齐。对于数字形式的文字数据,如身份证号、学号、电话号码等,应在数字前加上单引号(英文状态下输入)。

③日期和时间:Excel 中有多种日期格式,比较常见的有年/月/日、年 – 月 – 日。可以在单元格格式中设置不同格式。时间格式为时:分:秒,若要以 12 小时制输入时间,需在时间数字后空一格,并键入字母 a、am(上午)或 p、pm(下午);否则,Excel 以 24 小时制来处理时间。

④公式:公式格式为" =函数(参数)"。

用户直接在单元格中输入数据,按 Enter 键确认,活动单元格直接换入下一单元格。

(2)输入表格标题和列标题

单击 A1 单元格,输入"学生信息表"。在 A2:G2 单元格区域依次输入"序号""姓名"

"学号""性别""年级""专业""班级""出生年月"，结果如图 4－2 所示。

图 4－2　输入图表标题和列标题

（3）输入姓名、学号、性别

在 B3 单元格中输入"孙建东"，按↓键切换到 B4～B10，分别输入其他学生姓名。使用相同方法输入学号、性别。

（4）填充输入数据

在 Excel 中输入数据时，对于连续的重复数据，或具有一定规律的数据，可以使用填充方式快速输入。

如图 4－3 所示，在 A3 单元格中输入"1"，将指针指向单元格右下角填充柄上，按下鼠标左键拖动鼠标到 A10 单元格，松开鼠标，选择自动填充选项为"填充序列"，可以看到 A4:A10 单元格区域中输入了 1～10 的数据序列。学号的输入方法同上，年级、专业和班级列自动填充选项为"复制单元格"。

图 4－3　填充数据

3. 行、列编辑

（1）行高、列宽

在输入数据后，为了使制作出的数据表更加规范，可以对数据表的行高和列宽进行相应调整，从而使数据表的结构更加合理，也更利于数据的查看。

如图 4－4 所示，将鼠标指针移动到 C 列的列线上，按住鼠标左键不放，向右侧拖动鼠标，拖动到合适位置后松开鼠标，完成列宽的拖动调整。

对于具体数值的列宽调整：选中 F 列和 G 列，单击功能区的"单元格"组中的"格式"下拉按钮，选中下拉列表中的"列宽"选项，如图 4－5 所示。

	A	B	C	D	E	F	G	H
1	学生信息表							
2	序号	姓名	学号	民族	性别	年级	专业	班级
3	1	黄梅	2001111101	汉	女	2020	计算机网络技术	网络技术20-1班
4	2	孙建东	2001111102	汉	男	2020	计算机网络技术	网络技术20-1班
5	3	杨辉	2001111103	汉	男	2020	计算机网络技术	网络技术20-1班
6	4	夏正东	2001111104	汉	男	2020	计算机网络技术	网络技术20-1班
7	5	邱敏敏	2001111105	汉	女	2020	计算机网络技术	网络技术20-1班
8	6	魏功	2001111106	汉	男	2020	计算机网络技术	网络技术20-1班
9	7	凌敏慧	2001111107	汉	女	2020	计算机网络技术	网络技术20-1班
10	8	林海燕	2001111108	汉	女	2020	计算机网络技术	网络技术20-1班
11	9	张晓成	2001111109	汉	男	2020	计算机网络技术	网络技术20-1班

图4-4　拖动调整列宽

图4-5　调整列宽选项

输入要调整的列宽值，如图4-6所示，按 Enter 键完成调整。行高的调整与列宽的调整相同。

图4-6　"列宽"对话框

（2）行、列插入和删除

在编辑数据表的过程中，可能由于疏忽而遗漏一些数据，当数据表编辑完成后再补充遗漏的数据时，可能需要在工作表中插入相应的行、列或单元格，然后在其中输入要补充的数据。

如图 4 – 7 所示，选择 A3 单元格，单击"单元格"组中的"插入"下拉按钮，选择"插入工作表行"选项，即可在第 3 行插入一个空行，原第 3 行中的数据将向下移动到第 4 行，下方的数据依次向下移动一行。在空行中依次输入"1，李天月，2001111101，女，2020，计算机网络技术，网络技术 20 – 1 班"。选中 D2 单元格，单击"单元格"组中的"插入"下拉按钮，选择"插入工作表列"选项，即在 D 列插入一列，原数据右移。

图 4 – 7　插入列操作

行、列删除的操作与插入的相似，不再赘述。

4. 单元格合并后居中与自动换行

所谓合并后居中，就是将多个单元格合并为一个单元格，并设置对齐方式为居中，多用于表格标题的输入；自动换行是指在一个单元格中写入较多数据时，将数据分为多行显示在该单元格中。

（1）单元格合并后居中

选中连续的单元格 A1:H1，单击"对齐方式"功能组中的下拉按钮，选择"合并后居中"选项，如图 4 – 8 所示，即可实现标题行的居中显示。

图 4 – 8　合并后居中

（2）单元格自动换行

选中需要自动换行的单元格，单击"对齐方式"组中的"自动换行"按钮（在合并后居中的正上方），即可完成自动换行。

4.1.3　案例总结

在本案例的制作过程中，我们主要学习了输入数据过程中常用一些基本操作，如输入数值、文字、时间，插入工作表行、列等。通过对如图4-9所示学生信息表的制作，可以制作出员工信息表、培训课程安排表、商场进货表等类似电子表格。

	A	B	C	D	E	F	G	H
1					学生信息表			
2	序号	姓名	学号	民族	性别	年级	专业	班级
3	1	李天月	2001111101	汉	女	2020	计算机网络技术	网络技术20-1班
4	2	黄梅	2001111102	汉	女	2020	计算机网络技术	网络技术20-1班
5	3	孙建东	2001111103	汉	男	2020	计算机网络技术	网络技术20-1班
6	4	杨辉	2001111104	汉	男	2020	计算机网络技术	网络技术20-1班
7	5	夏正东	2001111105	汉	男	2020	计算机网络技术	网络技术20-1班
8	6	邱敏敏	2001111106	汉	女	2020	计算机网络技术	网络技术20-1班
9	7	魏功	2001111107	汉	男	2020	计算机网络技术	网络技术20-1班
10	8	凌敏慧	2001111108	汉	女	2020	计算机网络技术	网络技术20-1班
11	9	林海燕	2001111109	汉	女	2020	计算机网络技术	网络技术20-1班
12	10	张晓成	2001111110	汉	男	2020	计算机网络技术	网络技术20-1班

图4-9　学生信息表

4.2　案例二：新员工入职培训流程及评估表

在工作表中输入数据后，为了使制作出的表格更加规范美观，需要对数据表格的格式进行相应设置，主要包括设置数据格式、表格格式及套用表格样式和单元格样式。下面以制作"新员工入职培训流程及评估表"为例，介绍设置数据表格式和自动套用样式的操作。

4.2.1　案例分析

1. 任务的提出

新员工到来后，企业既要调动新员工情绪，又要让新员工更适应企业环境，因此新员工培训就十分重要。入职培训流程表主要是一个计划安排，为了使表格更加美观，需要做一些美化编辑，如表格标题的格式设置、表格的边框底纹编辑、套用表格样式等操作。

2. 相关知识点

①Excel提供了套用表格格式的功能，通过选择预定义样式表，快速设置一组单元格的格式，将其转换为表。

②通过选择预定义样式，快速设置单元格格式。

③对于自定义单元格样式，可以通过"开始"选项卡的"字体""对齐方式""数字""样式""单元格"对话框进行设置。

④通过"页面布局"的"页面设置"选项卡设置打印格式，完成表格的打印。

4.2.2 案例实现

1. 数据格式设置

①对输入的数据进行格式设置。选中标题"新员工入职培训流程及评估表",设置为24号字体并加粗;对表格表头进行加粗。效果如图4－10所示。

序号	培训内容	课程性质	培训人	培训日期	完成确认 （培训师签名）	培训评估
1	企业文化与行为礼仪熟悉与学习	通用必修课	张瑜	2021年3月1日		
2	员工手册、考勤制度培训	通用必修课	朱业业	2021年3月2日		
3	人力资源部制度与工作岗位内容熟悉与学习	岗位必修课	朱业业	2021年3月3日		
4	员工关系事务的熟悉	岗位必修课	徐淇	2021年3月4日		

新员工入职培训流程及评估表

部门:人力资源部　　　　　　岗位:　　　　员工关系经理

新员工姓名:

部门负责人签名:

图4－10 表格标题设置

②日期格式设置。选中培训日期列,打开"设置单元格格式"对话框,在"数字"选项卡选中数据类型为"日期",设置日期格式,如图4－11所示。

图4－11 设置日期格式

2. 表格格式设置

①套用表格格式。如图 4 – 12 所示，选中 A4：G8 单元格区域，打开"开始"功能区，单击"样式"选项卡中的"套用表格格式"按钮，选择"冰蓝，表样式浅色 2"，结果如图 4 – 13 所示。

图 4 – 12　选择格式

序号	培训内容	课程性质	培训人	培训日期	完成确认　（培训师签名）	培训评估

新员工入职培训流程及评估表

部门：人力资源部　　　　岗位：　　　员工关系经理

新员工姓名：

1	企业文化与行为礼仪熟悉与学习	通用必修课	张瑜	2021年3月1日		
2	员工手册、考勤制度培训	通用必修课	朱业业	2021年3月2日		
3	人力资源部制度与工作岗位内容熟悉与学习	岗位必修课	朱业业	2021年3月3日		
4	员工关系事实务的熟悉	岗位必修课	徐淇	2021年3月4日		

部门负责人签名：

图 4 – 13　套用"冰蓝，表样式浅色 2"效果

②设置单元格样式。如图 4 – 14 所示，选中单元格区域 A2：G2，选择单元格样式为"蓝色，着色 1"。

图 4 – 14　套用单元格格式样式

③表格边框设置。表格外边框设置为粗实线，内边框设置为细实线。选中单元格区域 A2:G8，打开"设置单元格格式"对话框，选择"边框"选项卡，如图4-15所示。

图4-15　"边框"选项卡

首先选择外边框的线条为粗实线（第2列第5行），颜色为"深蓝，文字2"，深色 25%。选择"预置"中的"外边框"，即可完成外边框的设置。

其次设置内边框，选择细实线（第1列最后一行），颜色为"深蓝，文字2"，淡色 80%，选择"预置"中的"内部"。

边框设置效果如图4-16所示。

新员工入职培训流程及评估表

部门:	人力资源部				岗位:	员工关系经理
新员工姓名:						
序号	培训内容	课程性质	培训人	培训日期	完成确认　（培训师签名）	培训评估
1	企业文化与行为礼仪熟悉与学习	通用必修课	张瑜	2011年3月1日		
2	员工手册、考勤制度培训	通用必修课	朱业业	2011年3月2日		
3	人力资源部制度与工作岗位内容熟悉与学习	岗位必修课	朱业业	2011年3月3日		
4	员工关系事实务的熟悉	岗位必修课	徐淇	2011年3月4日		
部门负责人签名:						

图4-16　表格边框设置效果

3. 表格的打印设置

打开"文件"选项卡的"打印"菜单，根据需要设置打印活动工作表等，也可以设置打印的页数、纸张和打印方向等。还可以在"页面布局"选项卡中进行相关设置，最后确定打印即可。

4.2.3 案例总结

在本案例的制作过程中，主要学习了表格样式和单元格样式设置及表格框线的设置。通过本案例的学习，可以完成日常生活或工作中一些常用表格的制作，并且可以做一些美化编辑。

另外，需要补充几个常用的知识点：

根据条件使用数据条、色阶来突出显示相关单元格、强调异常值，以及实现数据的可视化效果。

将表4-1所示的学生成绩表中，不及格成绩用红色显示，高分（>=90）显示为蓝色。

表4-1 学生成绩表

班号	学号	政治	外语	语文	物理
外（2）班	WN-0006	89	87	90	56
外（2）班	WN-0007	68	58	67	78
外（3）班	WN-0008	89	73.5	76	85
外（2）班	WN-0009	96.5	89	89	49
外（2）班	WN-0010	78	67	73.5	89
外（2）班	WN-0011	54	54	76.5	89
外（2）班	WN-0012	65	67.5	57	68
外（3）班	WN-0013	56	56	45	89
外（1）班	WN-0014	59	35	65	78
外（3）班	WN-0015	60	83.5	67	78

具体操作如图4-17所示。"条件格式"选择"突出显示单元格规则"中的"小于"，打开小于的参数设置对话框，输入参数为60，完成成绩不及格的突出显示设置。

图4-17 "条件格式"设置菜单

对于高分的设置，使用"条件格式"的"新建格式规则"设置来完成，如图 4 – 18 所示。

图 4 – 18　编辑新建格式规则

最终效果如图 4 – 19 所示，利用条件格式突出了不及格成绩和高分成绩。值得注意的是，条件格式的设置不同于单元格格式，当它的数据值发生改变时，相应的突出显示也会随之改变。

班号	学号	政治	外语	语文	物理
外(2)班	WN-0006	89	87	90	56
外(2)班	WN-0007	68	58	67	78
外(3)班	WN-0008	89	73.5	76	85
外(2)班	WN-0009	96.5	89	89	49
外(2)班	WN-0010	78	67	73.5	89
外(2)班	WN-0011	54	54	76.5	89
外(2)班	WN-0012	65	67.5	57	68
外(3)班	WN-0013	56	56	45	89
外(1)班	WN-0014	59	35	65	78
外(3)班	WN-0015	60	83.5	67	78

图 4 – 19　条件格式设置效果

4.3　案例三：学生成绩统计表

计算是 Excel 的强大功能之一。下面以制作学生成绩统计表为例，介绍 Excel 电子表格自动计算和手动编写简单公式计算的功能操作。

【任务提出】

大家对学生成绩统计表都应该很熟悉，那么表中的数据是如何计算的呢？本案例的制作可以解开这个疑问。

【相关知识点】

①引用是指在公式中使用工作表不同部分的数据，或者在多个公式中使用同一单元格的数值。

②公式就是一个运算表达式，公式中的运算符包括算术、比较和文本连接三种类型。

③如图 4-20 所示，在"编辑"功能面板上有个"自动求和"按钮，对所设定的单元格自动求和。单击其右侧的倒三角，弹出菜单，有求和、平均值、计数、最大值、最小值、其他函数几个选项，选择相应的项可以求得相应的结果。

图 4-20　"编辑"功能面板

④函数是 Excel 已经预设好的公式，用于快速对数据进行特定计算。

4.3.1　单元格引用

1. 相对引用

单元格使用列标 + 行号的引用类型表示。列标用大写字母表示，行号则用阿拉伯数字表示。例如，D20 表示引用了列 D 和行 20 交叉处的单元格；A11:F15 表示引用了从 A 列第 11 行到 F 列第 15 行的单元格区域。

在创建公式时，单元格或单元格区域的引用通常是相对于包含公式的单元格的相对位置的。相对引用单元格后，如果复制或剪切公式到其他单元格，那么公式中引用的单元格的地址会根据复制或剪切的位置而发生相应改变。比如单元格 B1 包含公式" = A2"，则 B1 单元格在 A2 单元格中查找数值，当复制公式到 B2 单元格时，B2 单元格的公式则为" = A3"。

如图 4-21 所示，单元格的引用格式为" = 单元格"。具体操作：在显示结果的单元格中输入" = "，鼠标选中引用数据的单元格，按 Enter 键完成。

	A	B	C 数学	D 语文	E 英语	F 物理	G 化学	H 政治	I 生物	J 总分
1					学生成绩统计表					
2	学号	姓名	数学	语文	英语	物理	化学	政治	生物	总分
3	20201101	李明	82	75	87	91	78	92	88	=C3
4	20201102	钱梦飞	52	75	81	64	77	69	72	
5	20201103	施俞芬	93	82	79	85	92	94	71	
6	20201104	周玉	97	91	93	89	90	87	88	
7	20201105	祁军	84	79	73	50	47	61	73	
8	20201106	张栋	92	89	97	90	89	80	89	
9	20201107	史宾	79	82	88	67	89	69	82	
10	20201108	丁晓	81	77	82	94	78	87	82	
11	20201109	郭仪	88	81	89	63	78	92	85	
12	20201110	包天亮	91	90	99	92	94	99	90	
13	20201111	陈明志	79	62	50	77	81	64	45	
14	20201112	刘晓正	71	66	48	52	72	61	70	
15	20201113	王平平	71	66	78	65	70	82	85	
16	20201114	华玲玉	89	87	93	90	82	88	73	
17	20201115	邹明	97	92	99	94	87	90	85	
18	20201116	李小菲	78	70	82	87	69	89	74	

图 4-21　相对引用

相对引用使用非常广泛，如在一行或一列的指定单元格中建立公式，然后复制到其他行或列，便无须重新输入公式。

2. 绝对引用

绝对引用是指无论引用单元格的公式位置如何改变，所引用的单元格均不会发生变化。绝对引用的形式是在单元格的行、列号前加上符号"$"。如图 4 - 22 所示，计算各地区一月份销售量占总销售量的比例。为 C2 单元格中的公式" = B2/B6"的B6 添加绝对引用符号"$"，公式变为" = B2/\$B\$6"，将公式复制到 C3 单元格后，公式所引用的分母依旧为 \$B\$6。绝对引用的快捷操作是在单元格或编辑栏上将光标移动到引用单元格地址上，按 F4 键。

图 4 - 22   绝对引用

4.3.2   Excel 公式

1. 运算表达式

单元格以"列标 + 行号"表示的公式就是一个运算表达式，公式中的运算符包括算术、比较和文本连接三种类型。

算术运算符：有" + "" - "" * ""/""%""^" 6 种。

比较运算符：有" = "" < "" > "" > = "" < = "" <> "。如 D5 > = 60 就是一个比较公式（条件），当单元格 D5 的值大于或等于 60 时，其值为真，否则为假。

文本连接符：只有一个运算符号"&"，它把前后两个文本连接成一个文本。

2. 编写公式计算成绩

根据分值权重计算总分（ = 数学 + 语文 + 英语 + (物理 + 化学) * 0.8 + (政治 + 生物) * 0.5），选中 J3 单元格，输入公式" = C3 + D3 + E3 + (F3 + G3) * 0.8 + (H3 + I3) * 0.5"，如图 4 - 23 所示，得到结果 469.2，余下计算直接填充数据完成。选中 J3 单元格，在编辑栏可以看到该结果的公式。

图 4 - 23   编写公式

3. 自动计算

可以使用自动计算求学生成绩的最高分和平均分等。选中需要返回结果的单元格，打开"公式"选项卡，可以看到"自动求和"功能按钮，如图4-24所示。

图4-24 "公式"选项卡

选中C19单元格，单击"自动计算"的"平均值"功能，按Enter键得到数学成绩平均值，如图4-25所示。在编辑栏中可以看到求平均值的公式"=AVERAGE(C3:C18)"，AVERAGE即求平均值的函数，C3:C18即数学成绩列的数据区域。

学号	姓名	数学	语文	英语	物理	化学	政治	生物	总分
20201101	李明	82	75	87	91	78	92	88	469.2
20201102	钱梦飞	52	75	81	64	77	69	72	
20201103	施俞芬	93	82	79	85	92	94	71	
20201104	周玉	97	91	93	89	90	87	88	
20201105	祁军	84	79	73	50	47	61	73	
20201106	张栋	92	89	97	90	89	80	89	
20201107	史宾	79	82	88	67	89	69	82	
20201108	丁晓	81	77	82	94	78	87	82	
20201109	郭仪	88	81	89	63	78	92	85	
20201110	包天亮	91	90	99	92	94	99	90	
20201111	陈明志	79	62	50	77	81	64	45	
20201112	刘晓正	71	66	48	52	78	61	70	
20201113	王平平	71	66	78	65	70	82	85	
20201114	华玲玉	89	87	93	90	82	88	73	
20201115	邹明	97	92	99	94	87	90	85	
20201116	李小菲	78	70	82	87	69	89	74	
	平均分	=AVERAGE(C3:C18)							
	最高分	AVERAGE(**number1**, [number2], ...)							
总分=数学+语文+英语+（物理+化学）*0.8+（政治+生物）*0.5									

学生成绩统计表

图4-25 平均分的计算

最高分的计算与平均分的计算相同，最高分的公式为"=MAX(C3:C18)"。自动计算还可以求出最小值或进行计数。

4.3.3 Excel 函数

Excel提供了300多个函数，分为财务、统计、数学、日期时间、数据库等类别。恰当地使用函数，可以完成很多专业性的工作。

1. 常用函数

SUM（求和）：返回所选单元格的和。

AVERAGE（求平均值）：返回所选单元格的平均值。

MAX（求最大值）：返回所选单元格的最大值。

MIN（求最小值）、COUNT（计数）等都是常用函数。

如图 4 - 26 和图 4 - 27 所示，常用函数的具体操作过程：首先选中需要计算结果的单元格，然后用"公式"→"插入函数"命令，选择需要使用的函数，如 SUM 函数，在"函数参数"对话框中输入单元格区域 B2:C2 或直接用鼠标拖动选择区域，按 Enter 键返回结果。

图 4 - 26　"插入函数"对话框

图 4 - 27　SUM 的"函数参数"对话框

AVERAGE、MAX、MIN、COUNT 这几个函数的操作及区域选择与 SUM 函数相同，这里不一一介绍。值得注意的是，COUNT 函数是计数函数，但只对数值型数据进行计数。

2. RANK 函数

排序函数 RANK 用于分析和比较一列数据并根据数值大小得到数值的排列名次。下面统计"学生成绩统计表"中成绩总分排名，其具体操作如下。

①选中 K3 单元格，单击"公式"选项卡中的"插入函数"按钮，弹出如图 4－28 所示对话框，在"选择函数"列表框中选择"RANK"函数，单击"确定"按钮。

图4－28　选择"RANK"函数

②打开如图 4－29 所示的参数对话框，在"Number"框中输入"J3"；在"Ref"框中输入"J3：J18"（绝对引用）；Order 参数为列表排序的方式，为零或忽略，表示使用降序排名，非零表示升序，单击"确定"按钮。

图4－29　RANK 的"函数参数"对话框

③向下拖动 J3 单元格填充柄到 J18 单元格，如图 4 – 30 所示，统计出每个学生的总分排名。

图 4 – 30 使用 RANK 函数统计出总分排名结果

3. IF 函数

条件函数 IF 用于判断数据表中的某个数据是否满足指定条件，如果满足，则返回一个特定值；如果不满足，则返回其他值。下面分析"学生成绩统计表"中学生的总分是否达到合格分数 480（>480），实现操作如下。

①如图 4 – 31 所示，选中"公式"选项卡"函数库"中的"逻辑"下拉按钮，选择"IF"。

图 4 – 31 插入 IF 函数

②打开"函数参数"对话框，如图 4 – 32 所示，在 Logical_test（条件）框中输入"J3 > 480"；在"Value_if_true"（满足条件）框中输入"合格"；在"Value_if_false"（不满足条件）框中输入"不合格"。拖动填充公式，复制到其他单元格，结果如图 4 – 33 所示。

125

图 4 – 32　IF 函数参数填写

图 4 – 33　学生成绩合格判断结果

4.3.4　案例总结

通过对学生成绩统计表的学习，可以简单了解 Excel 常用工作表函数的应用技术，同时了解到学习函数主要是要了解函数的参数意义，Excel 中可以根据"函数参数"对话框中的提示来学习更多的函数，然后完成日常生活或工作中一些常用数据的计算，并将其运用到实际工作和学习中，从而真正发挥 Excel 在数据计算上的功能。

另外，需要补充说明函数的嵌套。

沿用图 4 – 33 的案例，可以看到条件函数 IF 只是简单地判断是否满足一个条件，而在实际应用中通常需要判断多个条件或者进行多次判断。比如，在学生成绩统计表中，语文、数学、英语都大于等于 85 分时，判定该学生为优秀。优秀、良好、中等、及格、不及格等级的区分都需要用到函数嵌套。判断是否优秀的公式如下：

$$=IF(AND(C3>=85,D3>=85,E3>=85),"优秀","")$$

可以看到公式中 IF 的条件参数部分多了一个 AND 函数，这是判断多个参数是否相同的函数。这里就是多个条件"与"的关系。

同样，成绩多级制的公式如下：

$$=IF(C3>=90,"优秀",IF(C3>=80,"良好",IF(C3>=70,"中等",IF(C3>=60,"及格",不及格))))$$

这是条件多次判断，函数的嵌套可以解决更多、更复杂的问题，在实际应用中需要大家不断地发现。

4.4　案例四：制作电脑配件销售分析表

制作与编排数据表后，通常要对数据进行分析，Excel 提供了强大的数据分析功能，能够对数据进行排序、分类汇总以及通过各种类型的图表实现不同的分析目的，以便更直观地分析数据。

【任务提出】

如要从大量的统计数据得到一些特定的信息，就需要进行分析。以电脑配件销售分析表为例实现数据排序、分类汇总、数据筛选和数据透视等数据分析功能，同时，使用 Excel 图表功能更直观地展示数据。

【相关知识点】

①排序与分类汇总是最常用的数据分析功能，排序将数据按照一定规律排序；分类汇总用于对数据进行合理分类，并对数据进行汇总。

②筛选是从数据表中筛选出符合指定条件的数据。

③数据透视表与数据透视图是按照需要组合数据，能够满足不同的汇总和分类需求。

④图表主要用于将数据表中的数据以图例的方式显示出来，更加直观地查看数据的分布、趋势和各种规律。

4.4.1　数据排序和分类汇总

1. 数据排序

数据排序是选择要排序的单元格区域，通常包括标题行和其后的所有数据记录行，然后利用排序命令做相应的选择进行排序。排序主要有两种方法：升序和降序。如图 4-34 所示，对电脑配件销售统计表按销售额进行降序排序。

1）快速排序是根据数据表中的相关数据或字段名，将数据按照升序或降序的方式进行排列，是最常用的排序方式。其具体操作如下：

	A	B	C	D	E
4	主板	810	项目	58	46980
5	主板	810	市场	56	45360
6	硬盘	860	项目	38	32680
7	显示器	1560	市场	18	28080
8	CPU	268	技术	102	27336
9	硬盘	860	市场	26	22360
10	CPU	268	市场	81	21708
11	CPU	268	项目	79	21172
12	显卡	218	项目	91	19838
13	显卡	218	市场	89	19402
14	主板	810	技术	20	16200
15	硬盘	860	技术	15	12900
16	显卡	218	技术	26	5668

图 4-34　电脑配件销售统计表

选中 E 列任意单元格，打开如图 4-35 所示的"数据"选项卡，单击"排序和筛选"组中的"升序"按钮，即可将数据表按照"销售额"由低到高排序，排序结果如图 4-36 所示。

图 4-35 "数据"选项卡的"排序和筛选"组

	A	B	C	D	E
1		一季度各部门电脑配件销售表			
2		价格	部门	数量	销售额
3	显卡	218	技术	26	5668
4	硬盘	860	技术	15	12900
5	主板	810	技术	20	16200
6	显卡	218	市场	89	19402
7	显卡	218	项目	91	19838
8	CPU	268	项目	79	21172
9	CPU	268	市场	81	21708
10	硬盘	860	市场	26	22360
11	CPU	268	技术	102	27336
12	显示器	1560	市场	18	28080
13	硬盘	860	项目	38	32680
14	主板	810	市场	56	45360
15	主板	810	项目	58	46980
16	显示器	1560	技术	62	96720

图 4-36 快速排序结果

2）数据组合排序是指按照多个数据列对数据表进行排序。数据表按照一列顺序排序后，排序列中包含重复数据，为了进一步区分数据，可以组合其他列来继续对重复数据进行排序。其具体操作如下：

①选中 A2:E16 单元格区域。

②单击"排序和筛选"组中的"排序"按钮。

③打开"排序"对话框，如图 4-37 所示，在"主要关键字"下拉列表中选择"部门"，次序为"降序"。

图 4-37 设置主要关键字

④添加"次要排序条件",添加"次要关键字"。次要关键字选择"数量",降序。

此时即可对数据表先按照部门序列降序排序,对于部门序列中的重复数据,则按照数量序列进行降序排序,排序结果如图4-38所示。

	A	B	C	D	E
1			一季度各部门电脑配件销售表		
2	产品	价格	部门	数量	销售额
3	显卡	218	项目	91	19838
4	CPU	268	项目	79	21172
5	主板	810	项目	58	46980
6	硬盘	860	项目	38	32680
7	显卡	218	市场	89	19402
8	CPU	268	市场	81	21708
9	主板	810	市场	56	45360
10	硬盘	860	市场	26	22360
11	显示器	1560	市场	18	28080
12	CPU	268	技术	102	27336
13	显示器	1560	技术	62	96720
14	显卡	218	技术	26	5668
15	主板	810	技术	20	16200
16	硬盘	860	技术	15	12900

图4-38 组合排序结果

2. 分类汇总

在数据清单中快速汇总同类数据,包括分类进行求和、计数、求平均值、求最值等计算。分类汇总有个重要的前提:将数据按分类字段进行排序。

打开"数据"选项卡,选择"分级显示"组中的"分类汇总"功能按钮,打开"分类汇总"对话框,如图4-39所示。在对话框中选择分类字段为"部门";汇总方式为"求和";选定汇总项为"销售额"。汇总结果如图4-40所示。

图4-39 "分类汇总"对话框

	A	B	C	D	E
1			一季度各部门电脑配件销售表		
2	产品	价格	部门	数量	销售额
3	显卡	218	项目	91	19838
4	CPU	268	项目	79	21172
5	主板	810	项目	58	46980
6	硬盘	860	项目	38	32680
7			项目 汇总		120670
8	显卡	218	市场	89	19402
9	CPU	268	市场	81	21708
10	主板	810	市场	56	45360
11	硬盘	860	市场	26	22360
12	显示器	1560	市场	18	28080
13			市场 汇总		136910
14	CPU	268	技术	102	27336
15	显示器	1560	技术	62	96720
16	显卡	218	技术	26	5668
17	主板	810	技术	20	16200
18	硬盘	860	技术	15	12900
19			技术 汇总		158824
20			总计		416404

图4-40 分类汇总结果

4.4.2 筛选和高级筛选

数据筛选就是从数据表中筛选出符合条件的记录，把不符合条件的记录隐藏起来。Excel 有两种筛选：一种是自动筛选，另一种是高级筛选。

1. 筛选

选择数据表的任一数据单元格，单击"数据"选项卡的"排序和筛选"组中的"筛选"按钮，此时数据表中每一列的标题右边都带有一个三角按钮，单击它可以打开一个下拉菜单，如图 4－41 所示，在部门列中选择"技术"和"市场"。

图 4－41　分类汇总操作

2. 高级筛选

筛选只能筛选条件比较简单的记录，若条件比较复杂，则需要进行高级筛选。在进行高级筛选操作前，需要建立好进行高级筛选的条件区域，条件区域与数据表之间至少隔 1 列，不能直接与数据表相连。条件区域包括属性和满足该属性的条件。条件区域如果在同一行，则两者之间的关系为"与"，筛选条件为数量 >80 并且销售额 >20 000 的数据。条件区域如果不在同一行，则两者之间关系为"或"。

筛选销售表中数量 >80 并且销售额 >20 000 的数据，其参数如图 4－42 所示，列表区域选择数据表区域，条件区域选择 D1:E2，在原表格显示结果，筛选结果如图 4－43 所示。

4.4.3　数据透视表和数据透视图

数据透视表用于快速汇总大量数据的交互式表格。用户可以选择其行或列来查看对源数据的不同汇总，还可以通过显示不同的页来筛选数据，或者显示所关心区域的明细数据，同时，还可以随意显示和打印出你所感兴趣的明细数据。

图 4 - 42 "高级筛选"参数设置

图 4 - 43 高级筛选结果

数据透视表有机地综合了数据排序、筛选、分类汇总等数据分析的优点，可以方便地调整分类汇总的方式，以不同方式展示数据的特征。

其具体操作如下：

1. 选择数据源

选中 A2:E16 单元格区域，如图 4 - 44 所示。

2. 选择透视表需要透视的数据字段

打开如图 4 - 45 所示的对话框，选择要添加到报表中的字段（这里全部选择）。

3. 设置透视表的显示

可以根据需要选择个别字段；拖动"产品"字段到列标签，"部门""Σ数值"到行标签。

4. 设置数据值的显示结果

数值设置可以为求和、平均等，这里只设置求和项数量和销售额。如图 4 - 45 所示，在右侧的"数据透视表字段"列表中选择不同的字段，左边的透视表中相应数据也直接产生变化。同时，也可以在右侧的行、列标签及数值区域添加或拖动不同的字段，在左侧的透视表中也可以直接看到相应的透视结果。

图 4 – 44　数据透视表创建

图 4 – 45　数据透视表参数设置及结果显示

　　数据透视图是数据透视表的直观显示。数据透视图的操作和透视表的相同，这里不再复述。产品的销售额的求和透视结果如图 4 – 46 所示。

图 4 – 46　数据透图结果显示

4.4.4　图表

Excel 2016 提供了多种类型的图表。不同类型的图表，其表现数据的方式和使用范围也不同。下面以销售表为例来学习图表的创建。

1. 创建图表

选中 A2:A16、D2:D16 单元格区域，单击"插入"选项卡"图表"组中的"柱形图"下拉按钮，在弹出的对话框中选择"簇状柱形图"选项。如图 4 – 47 所示，此时在当前工作表中插入了柱形图，图表中显示了各配件销售数量的对比。

图 4 – 47　图表结果

2. 修改图表数据

可以直接在需要修改的地方右击，弹出快捷菜单，然后按要求修改。当然，也可以利用图表组，如图 4 – 48 和图 4 – 49 所示，可以选择数据类型、数据表、图表样式和图标位置进行直接修改。

图4-48 "图表工具"的"设计"选项卡

图4-49 表格格式

4.4.5 案例总结

通过制作电脑配件销售分析表，主要学习了数据处理和图表的功能操作。利用"排序"等工具展示数据的不同特征，方便从不同的角度查看数据，从大量看似无关的数据中寻找背后的联系，从而将数据转化为有价值的信息。数据的图表化显示更加直观、动态地显示数据，使人一目了然地看清数据的大小、差异和变化趋势。

习 题 4

制作某企业医疗费用统计表，见表4-2。

表4-2 某企业医疗费用统计表

报销人	部门	报销日期	项目	实用金额	实报金额	报销比例	工龄	职工编号
朱晓	计划处	2012-2-20	治疗费	￥89.00		95%	10	ZG034
赵哲	厂办	2012-2-3	药费	￥312.90		75%	8	ZG008
张盟	一车间	2012-2-4	化验费	￥60.00		95%	15	ZG090
马芳	二车间	2012-2-5	治疗费	￥457.00		95%	12	ZG078
金晶	宣传处	2012-2-6	化验费	￥90.00		75%	4	ZG234
龚佳	培训处	2012-2-18	治疗费	￥556.80		95%	20	ZG034
陈明	培训处	2012-2-8	化验费	￥90.60		95%	13	ZG135
郑宾	宣传处	2012-2-9	药费	￥500.89		95%	20	ZG036
王晨	劳资处	2012-2-10	化验费	￥300.00		75%	5	ZG137
陈成	计划处	2012-2-11	治疗费	￥800.00		75%	9	ZG238
李思源	厂办	2012-2-12	药费	￥56.00		95%	13	ZG339

续表

报销人	部门	报销日期	项目	实用金额	实报金额	报销比例	工龄	职工编号
戚红	一车间	2012 - 2 - 13	化验费	￥345.67		75%	4	ZG540
赵哲	厂办	2012 - 2 - 14	治疗费	￥89.00		75%	2	ZG008
朱思思	劳资处	2012 - 2 - 25	药费	￥673.00		75%	8	ZG142
上月结存医疗费	￥18 900.00		本月支出医疗费			结余医疗费用		

具体要求如下：

1. 新建工作表（表名："医疗费用统计表"）。复制"原始表"中的数据，根据报销比例计算每人实报金额、本月支出医疗费（数据居中）和结余医疗费（数据居中），全部用保留两位小数的会计专用格式。

2. 新建工作表（表名："部门医疗费用统计表"）。复制"原始表"中的数据，对"部门"和"工龄"进行降序排序，并在排序表的下面筛选出"实报金额"大于200元（含200元），且"工龄"短于10年（不含10年）的数据。

3. 新建工作表（表名："医疗费用情况分析表"）。引用"部门医疗费用统计表"中的数据，按"部门"进行分类汇总，求出各部门实报金额的和。

4. 新建工作表（表名："部门医疗费用综合分析表"）。引用"部门医疗费用统计表"中的数据，利用数据透视表的功能，按"部门"和"项目"对实报金额进行分类汇总。

5. 新建工作表（表名："医疗费用统计情况分析图"）。根据"医疗费用情况分析"中的数据生成图表。

第 5 章　PowerPoint 2016 演示软件

PowerPoint 2016 是 Office 2016 中另一个重要成员，其用于设计制作各种电子幻灯片，包括专家报告、授课讲稿、产品演示、宣传广告等，这些演示文稿可以通过计算机屏幕或者投影仪播放。本章重要的概念包括新建与修改幻灯片、通过分节对幻灯片结构进行划分、为幻灯片添加图形类对象、为幻灯片添加与编辑视频文件、为幻灯片添加音频文件等。

5.1　PowerPoint 2016 概述

1987 年，微软公司收购了 PowerPoint 软件的开发者 Forethought of Menlo Park 公司，1990年，微软将 PowerPoint 集成到办公套件 Office 中。PowerPoint 2016 作为美国微软公司办公自动化软件 Microsoft Office 2016 家族中的一员，是一个演示文稿工具软件。利用 PowerPoint 2016 可以方便、灵活地把文字、图片、图表、声音、动画和视频等多种媒体元素集成到电子演示文稿中，利用多感官进行演示，始终吸引观众的注意力，从而创造出轻松、愉快的气氛。用 PowerPoint 2016 制作幻灯片的操作简单、轻松，制作周期短，还可以创建投影机幻灯片、打印用的演示文稿、讲义、备注、大纲文档、Internet 上的 Web 页面等。

PowerPoint 2016 最重要的特点是不需要用户有很深厚的计算机知识和任何绘画基础，用户只要依据 PowerPoint 2016 提供的丰富的模板和给出的向导性提示，输入各种元素内容，增强演示效果，就可以做出令人满意的演示文稿。

5.1.1　PowerPoint 2016 的工作界面

启动 PowerPoint 2016，软件窗口与 Word 2016 的相似，如图 5-1 所示。

图 5-1　PowerPoint 2016 启动界面

①标题栏、菜单栏、常用工具栏、格式工具栏、任务窗格、绘图工具栏、大纲编辑窗口、状态栏与 Word 2016 的相似。

②工作区/编辑区：编辑幻灯片的工作区。

③备注区：用来编辑幻灯片的"备注"文本。

5.1.2　演示文稿的制作过程

制作演示文稿一般要经历下面几个步骤：

①准备素材：主要是准备演示文稿中所需的一些文字、图片、声音、动画等文件。

②确定方案：设计演示文稿的整个构架，确定幻灯片方案，如颜色、模板等。

③初步制作：将文本、图片等多媒体元素输入或插入相应的幻灯片中。

④装饰处理：设置幻灯片中相关对象的属性（包括字体颜色、图片大小、位置、动画播放等），对幻灯片进行装饰处理。

⑤预演播放：装饰处理后，播放查看相应的效果，反复测试，满意后正式输出播放。

⑥产品发布：刻盘或打包文件，正式发布产品。

5.1.3　演示文稿的制作原则

1. 整体性原则

幻灯片文字、图片、动画的艺术效果处理，以及幻灯片色彩的配置要合理。幻灯片文件一般是以提纲的形式出现的，最忌讳将所有内容全部写在几张幻灯片上，而要将文字做提炼处理，起到简练文字、强化要点、重点突出的效果。减少视屏信息量的措施有"浓缩"和"细分"两种。

①浓缩。对于文字，尽量使用简短精练的句子，结构简单，使受众一看就懂。一张幻灯片上的文字，行数不多于 7 行，每行不多于 20 个字。对于图表和表格，也要精简，通过合并一些相关行列使图形和表格的行列数为 4~5 个，否则就显得过于繁杂。

②细分。对于文字，把原先置于一张幻灯片上的较多内容加以分解，分别放到几张幻灯片上，每张幻灯片上的内容具有相对的独立性。对于图表和表格，基本原则是一张幻灯片只放一幅图表或一个表格，但那些必须放在一起进行比较的例外。

2. 主题性原则

在设计幻灯片时，要注意突出主题，通过合理的布局有效地表现展示内容。在每张幻灯片内都应注意构图的合理性，使幻灯画面尽量地做到均衡与对称。从可视性方面考虑，还应当做到视点明确（视点即是每张幻灯片的主题所在）。

在颜色搭配方面，用色多则乱，用色繁则花，"用色不过三"就是一条常用的法则。如果用色太多和过繁，极易喧宾夺主，干扰画面主题，导致幻灯片的主题不突出，整体效果不佳，因此，切记用色不要滥。

3. 规范性原则

幻灯片的制作要规范，特别是在文字的处理上，力求使字数、字体、字号的搭配做到合理、美观。主要应注意以下几点：

①字体的选择。各种字体具有各自的风格色彩，根据文稿的不同需求，选择不同风格的字体。正文用字多以庄重为宜，通常多选用宋体，如果选用仿宋体、楷体或其他一些美术字

体为正文用字，易给人以轻散的感觉。

②画面的稳定与留白的关系。留白不但有助于阅读，而且还利于稳定视线。画面与留白的关系如同呼吸，画面大小就如同呼吸深浅，过大过小都会有窒息感。在标题、文、图和四周应留有适当的空白，便于主题的突出，使版面清爽，疏密相间。

4. 易读性原则

易读性是指要使坐在最后一排的受众都能看清楚视屏上的信息。通常，计算机屏幕上可以看得很清楚的文字和图表，一旦放映到演示屏幕上，常常会不清楚，在制作演示文稿时对这一点要有明确的认识。

5. 醒目原则

一般可以通过加强色彩的对比度来达到使视屏信息醒目和悦目的目的。例如，蓝底白字的对比度强，其效果也好；蓝底红字的对比度要弱一些，效果也要差一些；而如果采用红色作为白字的阴影色放在蓝色背景上，那么就会更加醒目和美观。

6. 完整性原则

完整性是指力求把一个完整的概念放在一张幻灯片上，而不要跨越几张幻灯片。这是因为，当幻灯片由一张切换到另一张时，会导致受众原先的思绪被打断。此外，习惯上总是认为，在切换以后，上一张幻灯片中的概念已经结束，下面所等待的是另外一个新的概念。

7. 一致性原则

所谓一致性，就要求演示文稿的所有幻灯片上的背景、标题大小、颜色、幻灯片布局等，尽量保持一致。实践表明，与内容无关的任何变化，都会分散受众对演示内容的注意力，削弱演示的效果。

5.2　案例1——演示文稿的创建

【任务提出】本案例的主要任务是创作出一个普通的演示文稿，方便我们今后进一步学习 PowerPoint 2016。

【相关知识点】

①PPT 演示文稿的创建、复制、移动和修饰。

②PPT 演示文稿的保存。

5.2.1　创建演示文稿

要灵活运用 PowerPoint 2016 制作幻灯片，首先要学会 PowerPoint 的基础操作，一份演示文稿通常由一张"标题"幻灯片和若干张"普通"幻灯片组成。

1. 启动 PowerPoint 2016

在 Windows 系统中安装 Microsoft Office 20160 软件包后，默认情况下，PowerPoint 2016已经包含在其中一起安装了，安装方法请参照 Microsoft Office 2016 安装办法。

安装完成后，在"开始"菜单的"程序"子菜单中就会生成一个 Microsoft Office Power-Point 2016 菜单项。单击该选项后，即可启动 Microsoft Office PowerPoint 2016。启动后，软件显示界面如图 5 - 1 所示。

2. 新建幻灯片

默认情况下，在新打开的 PowerPoint 2016 中，会显示一个空白演示文稿，如果用户要添加幻灯片，可以在"幻灯片"组中进行设置，如图 5-2 所示。

在新打开的演示文稿中切换至"开始"选项卡，在"幻灯片"组中单击"新建幻灯片"下三角按钮，在展开的"库"中选择"标题和内容"样式，如图 5-3 所示，经过操作后，在演示文稿中显示新建的第 2 张幻灯片，如图 5-4 所示。

图 5-2　设置幻灯片

图 5-3　选择新建幻灯片版式

图 5-4　显示"标题和内容"新建幻灯片

5.2.2　编辑及修饰演示文稿

1. 更改幻灯片版式

PowerPoint 2016 为广大用户提供了内置的幻灯片版式，用户可以对其进行选择和更改。

在演示文稿"幻灯片窗格"中，单击要更改版式的幻灯片，切换至"开始"选项卡，在"幻灯片"组中单击"版式"按钮，在展开的"库"中选择"比较"样式，如图 5-5

所示，经过操作后，该张幻灯片的版式就应用了选择的"比较"样式，如图5-6所示。

图5-5　选择更改版式

图5-6　更改后的"比较"版式

2. 移动与复制幻灯片

在使用 PowerPoint 2016 制作幻灯片时，经常需要更改幻灯片的位置，此时可以使用移动幻灯片功能。如果需要制作相同的幻灯片，可以通过复制实现。

（1）移动幻灯片

打开幻灯片，如图5-7所示，在左侧"幻灯片窗格"中，选择要移动的幻灯片，按住左键不放移动，此时鼠标指针呈 状，拖动鼠标至需要的位置，经过操作后，所选的幻灯片即被移动到指定的位置，如图5-8所示。

（2）复制幻灯片

在左侧"幻灯片窗格"中，右击需要复制的幻灯片，在弹出的快捷菜单中单击"复制幻灯片"命令，如图5-9所示，或者左击选中需要复制的幻灯片，按住 Ctrl 键进行拖动，也可以复制该幻灯片，复制后效果如图5-10所示。

图 5-7　移动前的幻灯片位置

图 5-8　移动后效果

图 5-9　复制幻灯片

图 5-10　复制后效果

5.2.3　保存、打开、打印演示文稿

1. 保存幻灯片

第一次保存文件时，执行"文件"→"保存"命令，打开"另存为"对话框（图 5-11），选定"保存位置"，为演示文稿取一个便于理解的名称，然后单击"保存"按钮，将文档保存。

图5-11 "另存为"对话框

在编辑过程中，通过按 Ctrl + S 组合键或执行"文件"→"保存"命令，随时保存编辑成果。在"另存为"对话框中，单击"工具"下拉按钮，在随后弹出的下拉列表中，选择"常规选项"，打开"常规选项"对话框（图5-12），在"打开权限密码"或"修改权限密码"中输入密码，单击"确定"按钮返回，再保存文档，即可对演示文稿进行加密。

图5-12 "常规选项"对话框

注意：设置了"打开权限密码"，以后要打开相应的演示文稿时，需要输入正确的密码；设置好"修改权限密码"后，相应的演示文稿可以打开进行浏览或演示，但是不能对其进行修改，如果要进行修改，必须输入正确的密码。两种密码可以设置为相同，也可以设置为不相同。

2. 打开演示文稿

PowerPoint 2016 打开演示文稿的方法多种多样，下面简单介绍：

①在安装了 PowerPoint 2016 软件的计算机上，直接双击演示文稿。

②打开 PowerPoint 2016，然后单击"文件"菜单，在下拉菜单中单击"打开"按钮，根据路径找到相应的 PPT 文件。

3. 打印演示文稿

演示文稿可以多种形式打印，例如"幻灯片""讲义""备注页""大纲视图"等。其中"讲义"就是将演示文稿中的若干幻灯片按照一定的组合方式打印出来，以便发给大家参考，这种形式可以节约纸张。下面以"讲义"形式打印"登云二级学院介绍.pptx"，如图 5 – 13 所示。操作步骤如下：

①在"文件"菜单中选择"打印"命令，弹出如图 5 – 14 所示对话框。

图 5 – 13 讲义版式   图 5 – 14 "打印"对话框

②选择使用的打印机，并根据需要选择排序方式、打印份数、灰度等。

③单击"确定"按钮就可以打印了。

5.2.4 案例总结

本案例主要介绍了演示文稿的创建、修改、打开、保存及打印等基本操作，要求读者能掌握基本的制作幻灯片的方法，在今后的学习中不断提高制作技巧。

5.3 案例2——幻灯片的修饰，制作毕业答辩演讲稿

本案例将以"毕业答辩演讲稿"为例，向读者介绍 PowerPoint 2016 的特有功能和使用方法。其中包括：幻灯片的制作、文字编排、图片的插入、幻灯片版式的应用、设计模板的选用、页眉/页脚的设置、背景的设置、配色方案和母版的使用、幻灯片动画效果的设置、幻灯片放映效果的设置及放映方式、交互式演示文稿的创建等。

5.3.1 案例的提出：毕业答辩演讲稿

学生陈彬通过几个月的努力，终于完成了毕业设计。接下来就要进行答辩了。采取什么样的方式，才能使答辩生动活泼、引人入胜呢？

经过老师的引导和分析，陈彬觉得，在 Office 组件中，Word 适用于文字处理，Excel 适用于数据处理，只有 PowerPoint 适用于材料展示，如学术演讲、论文答辩、项目论证、产品展示、会议议程、个人或公司介绍等。这是因为 PowerPoint 所创建的演示文稿具有生动活泼、形象逼真的动画效果，能像幻灯片一样进行放映，具有很强的感染力。为此，陈彬决定使用 PowerPoint 2016 制作答辩演讲稿，以期获得最佳效果。下面是他的设计方案。

首先对毕业设计内容进行筛选和提炼，以准备好答辩演讲稿的内容并对整个演讲稿的构架做一个总体设计；然后通过新建演示文稿、添加新幻灯片、美化幻灯片、添加动画效果等方法，逐步完善"毕业答辩演讲稿"。完成后的效果如图 5-15 所示。

图 5-15　毕业答辩稿效果图

5.3.2 案例使用的相关知识点

1. 演示文稿与幻灯片

所谓演示文稿，是指由 PowerPoint 制作的 .ppt 文件，用来在自我介绍或组织情况、阐述计划、实施方案时向大家展示的一系列材料。这些材料集文字、表格、图形、图像、动画及声音于一体，并以幻灯片的形式组织起来，能够极富感染力地表达出演讲者所要介绍的内容。

在 PowerPoint 2016 中，演示文稿和幻灯片这两个概念是有差别的。演示文稿是一个 .pptx 文件，而幻灯片是演示文稿中的一个页面。一份完整的演示文稿由若干张相互联系，并按一定顺序排列的幻灯片组成。

2．占位符

占位符是指幻灯片上一种带有虚线的边框，大多数幻灯片包含一个或多个占位符，用于放置标题、正文、图片、图表和表格等对象。

3．幻灯片版式

"版式"用于确定幻灯片所包含的对象及各对象之间的位置关系。版式由占位符组成，而不同的占位符中可以放置不同的对象。例如，标题和文本占位符可以放置文字，内容占位符可以放置表格、图表、图片、形状和剪贴画等。

4．设计模板

设计模板为演示文稿提供设计完整、专业的外观。设计模板是包含演示文稿样式的文件，包括项目符号、字体的类型和大小、占位符大小和位置、背景设计和填充、配色方案、幻灯片母版及可选的标题母版等。读者可以将模板应用于所有的或选定的幻灯片，而且可以在单个演示文稿中应用多种类型的设计模板。

5．配色方案

配色方案由幻灯片设计中使用的 8 种颜色（用于背景、文本、线条、阴影、标题文本、填充、强调和超链接等）组成，可以应用于幻灯片、备注页或听众讲义。通过这些颜色的设置，可以使幻灯片更加鲜明易读。

6．母版

母版分为幻灯片母版和标题母版。

①幻灯片母版是一张特殊的幻灯片，包括：

- 标题、正文和页脚文本的字形。
- 文本和对象的占位符大小和位置。
- 项目符号样式。
- 背景设计和配色方案。

利用幻灯片母版可以对演示文稿进行全局更改，并使该更改应用到基于母版的所有幻灯片。

②标题母版专用于存储属于"标题幻灯片"样式信息的幻灯片，其更改只能影响演示文稿中使用"标题幻灯片"版式的幻灯片。

7．动画效果

动画效果是指给文本或对象添加特殊视觉或声音效果。为演示文稿添加动画效果的目的是突出重点，控制信息流，并增加演示文稿的趣味性。

8．超级链接

在 PowerPoint 2016 中，超链接可以链接到幻灯片、文件、网页或电子邮件地址等。超链接本身可能是文本或对象（例如图片、图形或艺术字）。如果链接指向另一张幻灯片，目标幻灯片将显示在 PowerPoint 2016 演示文稿中，如果它指向某个网页、网络位置或不同类型的文件，则会在 Web 浏览器中显示目标页或在相应的应用程序中显示目标文件。

5.3.3　演示文稿制作的实现方法

在本节中，将依次按照以下步骤完成"毕业答辩演讲稿"的制作过程：

①对设计内容进行精心筛选和提炼。

②设计答辩演讲稿的构架。

③将准备好的内容添加到演示文稿中。

④通过使用幻灯片版式、设计模板、背景、配色方案和母版等美化幻灯片。

⑤设置幻灯片上对象的动画效果、切换效果及放映方式。

⑥创建交互式演示文稿。

⑦根据需要打印演示文稿。

创建演示文稿有多种方法，常用的方法有"可用的模板和主题""设计模板"和"空演示文稿"。其中，"可用的模板和主题"是创建新演示文稿最迅速的方法，它提供了建议内容和设计方案，是初学者常用的方式；使用"设计模板"创建的演示文稿具有统一的外观风格；而空"演示文稿"不带任何模板设计，只具有布局格式的白底幻灯片。本节将采用"空演示文稿"的方法从无到有创建"毕业答辩.ppt"演示文稿。

1. 制作演示文稿中的第一张幻灯片

操作步骤如下：

①启动 PowerPoint 2016，左侧区域为"幻灯片"选项卡，是当前幻灯片的缩略图版本，可用于在幻灯片之间导航；下方区域为备注窗格，用于在需要时输入演讲者备注；中间区域为幻灯片窗格，是添加幻灯片内容的主要区域，如图 5-16 所示。

单击此处添加标题

单击此处添加副标题

图 5-16　添加幻灯片内容区域

②在"标题占位符"内输入毕业设计标题"数据仓库技术在供电企业的应用"，在"副标题占位符"内输入姓名、指导老师、时间等内容。

③单击"副标题占位符"边框，选中该占位符；在"格式"工具栏上单击"右对齐"按钮，将"副标题占位符"中的 3 行文本进行右对齐。

④单击"常用"工具栏上的"保存"按钮，在打开的"另存为"对话框中，将文件名改为"毕业答辩.pptx"，单击对话框中的"保存"按钮，将文件保存到个人文件夹中。

【说明】可以利用 Word 大纲创建 PowerPoint 2016 演示文稿，PowerPoint 2016 将使用 Word 文档中的标题样式。例如，格式设置为"标题 1"的段落将成为新幻灯片的标题，格式为"标题 2"的段落将成为新幻灯片的第一级文本，依此类推。

⑤PowerPoint 2016 有三种常用视图：普通视图、幻灯片浏览视图和阅读视图。每种视图各有所长，适用于不同的应用场合。单击"视图"菜单中相应的命令，或单击 PowerPoint 2016 窗口左下角的"视图切换"按钮 ，可以将演示文稿切换到不同视图下。请

读者自行练习，以比较各种视图的特点。

注意：在设计演示文稿时，应尽量注意遵循"主题突出、层次分明；文字精练、简单明了；形象直观、生动活泼"等原则，以便突出重点，给观众留下深刻的印象。为此，在创建演示文稿之前，千万不要操之过急，一定要对演讲的内容精心筛选和提炼，切忌把Word 文档的内容大段大段地复制粘贴。

2. 添加新幻灯片

打开 PowerPoint 2016 时，演示文稿中只有一张幻灯片，其他幻灯片要由读者自己添加。读者可以逐步添加幻灯片，也可以一次添加多张幻灯片。

在当前演示文稿中添加第二张幻灯片，效果如图 5 – 17 所示，操作步骤如下：

①在窗口左侧的"幻灯片"选项卡上，单击第一张幻灯片的缩略图，按 Enter 键或者在空白处右键单击，在快捷菜单上选择"新幻灯片"。

②在上面的"标题占位符"中输入"摘要"，在下方的正文"文本占位符"中输入其他 5 行内容（每输入一行文本，按一次 Enter 键）。

③保存演示文稿。

3. 制作"目录"幻灯片

在 Word 中，可以自动生成毕业设计文档的目录，在 PowerPoint 中同样也可以方便地制作演示文稿的目录幻灯片。

为"毕业答辩.pptx"演示文稿添加目录幻灯片，效果如图 5 – 18 所示，操作步骤如下：

①在菜单栏中选择"视图"→"幻灯片浏览"命令，切换到"幻灯片浏览视图"。

②在"幻灯片浏览"工具栏上单击"摘要幻灯片"按钮，则在选中的第一张幻灯片之前插入了一张标题为"摘要幻灯片"的新幻灯片，其内容由所选幻灯片的标题组成。

③将标题"摘要幻灯片"更改为"目录"。

图 5 – 17　第二张幻灯片效果

图 5 – 18　目录幻灯片效果

5.3.4　设置幻灯片的页眉和页脚

使用页眉和页脚为幻灯片添加日期、时间和编号等，操作步骤如下：

①打开"毕业答辩.pptx"演示文稿。

②在菜单栏中选择"插入"→"页眉和页脚"命令，打开"页眉和页脚"对话框，设置

结果如图 5 - 19 所示，要求在页脚处将内容改为自己所在的班级与姓名。

图 5 - 19　页眉和页脚

③单击"全部应用"按钮，关闭"页眉和页脚"对话框。

④保存演示文稿。

【说明】

"页眉和页脚"对话框中各项的含义如下：

①如果选择"自动更新"单选按钮，则日期与系统时钟的日期一致；如果选择"固定"单选按钮，并输入日期，则演示文稿显示的是用户输入的固定日期。

②如果选中"幻灯片编号"复选框，可以对演示文稿进行编号，编号会自动更新。

③如果选中"标题幻灯片中不显示"复选框，则版式为"标题幻灯片"的幻灯片不添加页眉和页脚。例如，在上述操作后，在"幻灯片浏览视图"下可以清楚地看到除第一张标题幻灯片外，其他所有幻灯片的底部均添加了页脚信息。

注意，版式为"标题幻灯片"的幻灯片，不一定就是第一张幻灯片。

5.3.5　美化幻灯片外观

本节将以"毕业答辩.ppt"为例，介绍美化演示文稿的方法，内容包括幻灯片版式设计模板的选用、背景的设置、配色方案和母版的使用等。

1. 应用幻灯片版式

到目前为止，所添加的幻灯片均为文字幻灯片，若要在幻灯片上插入图片、表格等对象，可以使用"插入"菜单中的相应命令（其插入方法类似于 Word）。此外，还可以利用

"幻灯片版式"插入各种对象。

幻灯片版式是 PowerPoint 2016 中的一种常规排版格式，应用幻灯片版式可以对文字、图片等对象进行合理的布局。刚启动 PowerPoint 2016 时，第一张幻灯片的默认版式为"标题幻灯片"，而随后添加的幻灯片的默认版式为"标题和文本"，读者可以根据需要重新应用幻灯片版式。

将第 2 张幻灯片的版式改为"标题，文本与内容幻灯片"，并在其中插入相应的图片，效果如图 5－20 所示，操作步骤如下：

① 打开"毕业答辩. pptx"演示文稿。

② 选择标题为"摘要"的第 2 张幻灯片。

③ 在第 2 张幻灯片上右击，在快捷菜单中选择"版式"→"标题和内容"。

> **摘 要**
>
> 数据仓库技术是从数据的角度，通过对现有应用系统集成，来消灭"信息孤岛"、为企业经营决策提供支持的一项有效的计算机应用技术。

图 5－20　插入图片的效果图

如图 5－21 所示，当前幻灯片版式为"标题和文本"，该版式由标题占位符和项目符号列表占位符组成。

④ 在"幻灯片版式"任务窗格中，向下拖动右侧的垂直滚动条，单击"文字和内容版式"中的"标题，文本与内容"幻灯片版式，该版式由标题占位符、项目符号列表占位符和内容占位符组成。

⑤ 单击插入图片图标，打开"插入图片"对话框，选择所要插入的图片，单击"插入"按钮，"摘要"幻灯片上便插入了相应的图片，读者可以对其大小和位置进行适当调整。

【说明】

① PowerPoint 2016 的幻灯片版式分为文字版式、内容版式、文字和内容版式及其他版式4 种类型，如图 5－21 所示，利用这四类版式可以轻松完成幻灯片制作。

图 5－21　版式选择

②标题幻灯片版式包含标题、副标题及页眉和页脚的占位符。可以在一篇演示文稿中多次使用标题版式以引导新的部分；也可以通过添加艺术图形、更改字形、更改背景色等方法，使这些幻灯片区别于其他幻灯片。

2. 应用设计模板

"设计模板"是由 PowerPoint 2016 提供的由专家制作完成并存储在系统中的文件。它包含了预定义的幻灯片背景、图案、色彩搭配、字体样式、文本编排等，是统一修饰演示文稿外观最快捷、最有力的一种方法。

应用模板于幻灯片的操作步骤如下：

①在菜单栏中选择"文件"→"新建"命令，打开"可用的模板和主题"任务窗格，如图 5 - 22 所示。

图 5 - 22　样本模板的使用

②在"可用的模板和主题"列表框中，找到"样本模板"，选择需要的模板，则所有的幻灯片均应用了该模板。

3. 应用背景样式

如果对所应用模板的色彩搭配不满意，利用背景样式可以方便、快捷地解决这个问题。操作步骤如下：

①选择标题为"目录"的幻灯片。

②在"设计"工具栏中单击"设计"按钮，在任务窗格中单击"背景样式"，如图 5 - 23 所示。在"背景样式"任务窗格中，显示出当前设计模板所包含的默认配色方案及可选的其他配色方案。

③任选一种背景样式，则"目录"幻灯片的背景、标题、文本等颜色均发生了改变。

图 5 - 23　"背景样式"选项

4. 应用幻灯片母版

幻灯片母版是一张特殊的幻灯片，可以将它看作是一个用于构建幻灯片的框架。在演示文稿中，所有幻灯片都基于该幻灯片母版创建。如果更改了幻灯片母版，则会影响所有基于母版创建的演示文稿幻灯片。如果读者想按自己的意愿统一改变整个演示文稿的外观风格，则需要使用母版。使用母版幻灯片不仅可以统一设置幻灯片的背景、文本样式等，还可以使校徽、公司徽标及各类名称等对象应用到基于母版的所有幻灯片中。

图 5 - 24　母版视图

使用幻灯片母版的操作步骤如下：

①在菜单栏中选择"视图"→"幻灯片母版"命令，如图 5 - 24 所示，进入幻灯片母版的编辑状态，如图 5 - 25 所示。

图 5 - 25　母版编辑状态

②选中"母版标题样式"占位符，设置母版标题样式为"黑体、阴影、32 磅"。

③选中"母版文本样式"占位符，设置第一级文本样式为"楷体_GB2312"。

④插入校徽图片"logo. gif"，并将图片拖动到幻灯片母版的左上角。

⑤返回"普通视图"，可以看到，应用母版的所有幻灯片中均出现了校徽图片，其相应

的标题样式和文本样式也发生了改变。

提示：如果文本格式没有改变，可选中所在的占位符，再按 Ctrl + Shift + Z 组合键即可删除原来设置的格式。

但是应用了其他模板的幻灯片是不会改变的。读者可根据需要用相同的方法对其他幻灯片做统一的修改。

⑥在普通视图下，读者可以根据需要对个别幻灯片进行修改，直到满意为止。

⑦保存演示文稿并观看其放映效果。

【说明】

1）更改幻灯片母版时，已对单张幻灯片进行的更改将被保留。

2）如果将多个设计模板应用于演示文稿，则将拥有多个幻灯片母版，每个已应用的设计模板对应一个幻灯片母版。所以，如果要更改整个演示文稿，就需要更改每个幻灯片母版。

3）读者可以根据需要删除指定母版，方法为：

①在菜单栏中选择"视图"→"母版"→"幻灯片母版"命令。

②在左边的缩略图上单击要删除的母版。

③在"幻灯片母版视图"工具栏上单击"删除母版"。

一旦删除幻灯片母版，标题母版也将自动随其一起被删除。

5. 设置幻灯片背景

用具有个性色彩的图片作为幻灯片的背景，可以创建风格独特的幻灯片。

将第一张幻灯片的背景设置为校园图片，效果如图 5 - 26 所示，操作步骤如下：

图 5 - 26　添加图片背景效果

①选择第一张幻灯片。

②右击菜单栏，选择"设置背景格式"命令，打开"设置背景格式"对话框，如图 5 - 27 所示。

③单击"背景填充"下拉按钮，在弹出的菜单中选择"填充效果"命令，打开"填充效果"对话框，可以看到填充效果有 4 种类型：渐变、纹理、图案、图片。

④单击"图片"选项卡中的"选择图片"按钮，从对话框中选择合适的图片，单击"确定"按钮。在"背景"对话框中，单击"应用"按钮，选择的图片就成为标题幻灯片的背景了。

图 5-27 设置背景格式

6. 设置项目符号

从前面的幻灯片来看,其默认的项目符号并不美观,现在以标题为"目录"的幻灯片为例来更换项目符号,操作步骤如下:

①选定"目录"幻灯片中的"文本"占位符,或选定"文本"占位符中的相应文本。

②在菜单栏中选择"开始"→"项目符号"命令,右击下拉箭头 ，打开"项目符号和编号"对话框,如图 5-28 所示,选择需要的项目符号。

③可以单击"项目符号和编号"→"自定义"按钮,设置和选择更多种类的项目符号,如图 5-29 所示。

图 5-28 项目符号和编号

图 5-29 自定义项目符号

④保存演示文稿。

7. 简单放映幻灯片

使用下列方法之一观看演示文稿的放映效果。

- 单击 PowerPoint 2016 窗口右下角的"幻灯片放映"按钮 🖵 。
- 在菜单栏中选择"幻灯片放映"→"从头开始"或者"从当前幻灯片开始"命令。
- 按 F5 键。

使用下列方法之一结束放映过程：

- 在幻灯片的任意位置单击右键，在弹出的快捷菜单中选择"结束放映"命令。
- 按 Esc 键。

小技巧：

①在放映过程中，利用如图 5 – 30 所示的"放映控制"菜单中的"定位至幻灯片"命令，可以随时定位到所放映的幻灯片；利用"指针选项"命令，可以将鼠标指针变成各种笔，在所放映的幻灯片上即时书写，以便突出显示并圈出关键点；写完后，还可以利用"橡皮擦"或"擦除幻灯片上的所有墨迹"命令，擦除所写内容。这些操作大家可以试一试。

②对于经常用到的演示文稿，可以用扩展名为"∗.pps"类型的文件存放在桌面上，便于以放映方式直接打开演示文稿，而不用事先启动 Power-Point 2016。

图 5 – 30　放映控制

5.3.6　设置幻灯片放映效果与切换方式

前面只介绍了制作演示文稿的静态效果，包括幻灯片的基本操作、插入各种版式的幻灯片、编辑幻灯片中的各种对象、对演示文稿进行美化设置等内容。但是要想真正体现 Power-Point 2016 的特点和优势，还在于演示文稿的动态效果。本小节将介绍幻灯片动态效果的设置，如幻灯片的切换、动画方案、自定义动画、放映方式等。

1. 利用"动画"方案快速创建动画效果

①打开"毕业答辩.pptx"演示文稿。

②同时选中标题为"第 1 章……"的两张幻灯片。

③在菜单栏中选择"动画"菜单命令，打开动画方案任务窗格，如图 5 – 31 所示。

④为第二张幻灯片的"摘要"主体部分使用"旋转"动画。对于其他幻灯片的效果，读者可以自行设定。

⑤删除动画效果。

删除自定义动画效果的方法很简单，可以在选定要删除动画的对象后，切换到"动画"选项卡，通过下列两种方式来完成。

- 在"动画"选项组的"动画样式"列表框中选择"无"选项。

图 5 – 31　动画方案

● 在"高级动画"选项组中单击"删除"命令，如图 5 – 32 所示。

图 5 – 32　删除动画效果

动画的开始方式一般有 3 种：单击开始、从上一项开始、从上一项之后开始。在为动画设置开始方式时，要在动画窗格的列表框中单击动画右侧的箭头按钮，从下拉菜单中选择上述 3 个命令之一。

读者可以单击"动画"选项卡中的"预览"按钮，预览当前幻灯片中设置动画的播放效果。如果对动画的播放速度不满意，在动画窗格中选定要调整播放速度的动画效果，在"计时"选项组的"持续时间"微调框中输入动画的播放时间，如图 5 – 33 所示。

如果要将声音与动画联系起来，可以采取以下方法：在动画窗格中选定要添加声音的动画，单击其右侧的箭头按钮，从下拉菜单中选择"效果选项"命令，打开"飞入"对话框（对话框的名称与选择的动画名称对应）。然后切换到"效果"选项卡，在"声音"下拉列表框中选择要增强的声音，如图 5 – 34 所示。

图5-33 设置动画播放时间　　　　图5-34 为动画添加声音

如果要使文本按照字母或者逐字进行动画，在上述对话框的"效果"选项卡中，将"动画文本"下拉列表框设置为"按字母"或"按字/词"选项。

如果加入了太多的动画效果，播放完毕后停留在幻灯片上的众多对象将使画面拥挤不堪。此时最好将仅播放一次的动画对象设置成随播放的结束自动隐藏，即在上述对话框的"效果"选项卡中，将"动画播放后"下拉列表框设置为"播放动画后隐藏"选项。

在使用动画计时功能时，在动画窗格中单击要设置计时功能的动画的右侧的箭头按钮，从下拉菜单中选择"效果选项"命令，在出现的对话框中切换到"计时"选项卡。然后在"延迟"微调框中输入该动画与上一动画之间的延迟时间；在"期间"下拉列表框中选择动画的速度；在"重复"下拉列表框中设置动画的重复次数。设置完毕后，单击"确定"按钮。

2. 设置幻灯片的切换效果

所谓幻灯片切换效果，就是指两张连续幻灯片之间的过渡效果。PowerPoint 2016 允许用户设置幻灯片的切换效果，使它们以多种不同的方式出现在屏幕上，并且可以在切换时添加声音。

设置幻灯片切换效果的操作步骤如下：

①在普通视图的"幻灯片"选项卡中单击某个幻灯片缩略图，然后单击"切换"选项卡，在"切换到此幻灯片"选项组中的"切换方案"列表框中选择一种幻灯片切换效果，如图5-35所示。

②如果要设置幻灯片切换效果的速度，在"计时"选项组的"持续时间"微调框中输入幻灯片切换的速度值。

③如有必要，在"声音"下拉列表框中选择幻灯片换页时的声音。

④单击"全部应用"按钮，则会将切换效果应用于整个演示文稿。

3. 设置交互动作

通过使用绘图工具在幻灯片中绘制图形按钮，然后为其设置动作，能够在幻灯片中起到指示、引导或控制播放的作用。

图 5-35　设置幻灯片切换效果

（1）在幻灯片中放置动作按钮

在普通视图中创建动作按钮时，先切换到"插入"选项卡，然后在"插图"选项组中单击"形状"按钮，从下拉列表中选择"动作按钮"组中的一个按钮，如果要插入一个预定义大小的动作按钮，只要单击幻灯片即可；如果要插入一个自定义大小的动作按钮，按住鼠标左键在幻灯片中拖动，将动作按钮插入幻灯片中后，会打开"动作设置"对话框，如图 5-36 所示，在其中选择该按钮将要执行的动作，然后单击"确定"按钮。

在"动作设置"对话框中选中"超链接到"单选按钮，然后在下面的下拉列表框中选择要链接的目标选项。如果选择"幻灯片"选项，会打开"超链接到幻灯片"对话框，如图 5-37 所示，在其中选定要链接的幻灯片后单击"确定"按钮；如果选择"URL"选项，将打开"超链接到 URL"对话框，在"URL"文本框中输入要链接到的 URL 地址后单击"确定"按钮。

图 5-36　"动作设置"对话框

图 5-37　"超链接到幻灯片"对话框

如果在"动作设置"对话框中选中"运行程序"单选按钮，再单击"浏览"按钮，在打开的"选择一个要运行的程序"对话框中选择一个程序后，单击"确定"按钮，将建立运行外部程序的动作按钮。

在"动作设置"对话框中选中"播放声音"复选框，并在下方的下拉列表框中选择一种音效，可以在单击动作按钮时增加更炫的效果。

用户也可以选中幻灯片中已有的文本等对象，切换到"插入"选项卡，单击"链接"选项组中的"动作"按钮，在打开的"动作设置"对话框中进行适当的设置。

（2）为空白动作按钮添加文本

插入幻灯片的动作按钮中默认没有文字。右击插入幻灯片中的空动作按钮，从快捷菜单中选择"编辑文本"命令，然后在插入点处输入文本，即可向空白动作按钮中添加文字。

（3）格式化动作按钮的形状

选定要格式化的动作按钮，切换到"格式"选项卡，从"形状样式"选项组中选择一种形状，即可对动作按钮的形状进行格式化。用户还可以进一步利用"形状样式"选项组中的"形状填充""形状轮廓"和"形状效果"按钮，对动作按钮进行美化。

4. 使用超链接

通过在幻灯片中插入超链接，可以直接跳转到其他幻灯片、文档或 Internet 的网页中。

（1）创建超链接

在普通视图中选定幻灯片中的文本或图形对象，切换到"插入"选项卡。在"链接"选项组中单击"超链接"按钮，打开"插入超链接"按钮，在"链接到"列表框中选择超链接的类型。

选择"现有文件或网页"选项，在右侧选择要链接到的文件或 Web 页面的地址，可以通过"当前文件夹""浏览过的网页"和"最近使用过的文件"按钮，从文件列表中选择所需链接的文件名。

选择"本文档中的位置"选项，可以选择跳转到某张幻灯片上，如图 5 - 38 所示。

图 5 - 38　超链接到本文档中的位置

选择"新建文档"选项，可以在"新建文档名称"文本框中输入新建文档的名称。单击"更改"按钮，可以设置新文档所处的文件夹名称。在"何时编辑"组中可以设置是否立即开始编辑新文档。

选择"电子邮件地址"选项，可以在"电子邮件地址"文本框中输入要链接的邮件地址，如输入"mailto:chenbin@sina.com"，然后在"主题"文本框中输入邮件的主题，即可创建一个电子邮件地址的超链接。

单击"屏幕提示"按钮，打开"设置超链接屏幕提示"对话框，设置当鼠标指针位于超链接上时出现的提示内容，如图 5 – 39 所示。最后单击"确定"按钮，超链接创建就完成了。

图 5 – 39　"设置超链接屏幕提示"对话框

在放映幻灯片时，将鼠标指针移到超链接上，鼠标指针将变成手形，单击即可跳转到相应的链接位置。

（2）编辑超链接

在更改超链接目标时，先选定包含超链接的文本或图形，然后切换到"插入"选项卡，单击"链接"选项组中的"超链接"按钮，在打开的"编辑超链接"对话框中输入新的目标地址或者重新指定跳转位置即可。

（3）删除超链接

如果仅删除超链接关系，只要右击要删除超链接的对象，从快捷菜单中选择"删除超链接"命令即可。

选定包含超链接的文本或图形，然后按 Delete 键，超链接及代表该超链接的对象将全部被删除。

5. 放映幻灯片

制作幻灯片的最终目标是为观众进行放映。幻灯片的放映设置包括控制幻灯片的放映方式、设置放映时间等。

（1）幻灯片的放映控制

考虑到演示文稿中可能包含不适合播放的半成品幻灯片，但将其删除又会影响以后再次修订，此时需要切换到普通视图，在幻灯片窗格中选择不进行演示的幻灯片，然后右击，从快捷菜单中选择"隐藏幻灯片"命令，将它们进行隐藏，接下来就可以播放幻灯片了。

①启动幻灯片。在 PowerPoint 2016 中，按 F5 键或者单击"幻灯片放映"选项卡中的"从头开始"按钮，即可开始放映幻灯片。

如果不是从头放映幻灯片，单击工作界面右下角的"幻灯片放映"按钮，或者按 Shift + F5 组合键。

在幻灯片放映过程中，按 Ctrl + H 和 Ctrl + A 组合键能够分别实现隐藏、显示鼠标指针的操作。

当演示者在特定场合下需要使用黑屏效果时，直接按 B 键或 .（句号）键即可。按键盘上的任意键或者单击鼠标左键，可以继续放映幻灯片。如果用户觉得插入黑屏会使演示气氛变暗，可以按 N 键或,（逗号）键，插入一张纯白图像。

另外，切换到"文件"选项卡，选择"另存为"命令，在"另存为"对话框的"保存类型"下拉列表框中选择"PowerPoint 放映"选项，在"文件名"文本框中输入新名称，然后单击"确定"按钮，将其保存为扩展名为 .ppsx 的文件，之后从"计算机"窗口中打开该文件，即可自动放映幻灯片。

②控制幻灯片的放映。查看整个演示文稿最简单的方式是移动到下一张幻灯片，方法如下：

- 单击。
- 按 Space Bar 键。
- 按 Enter 键。
- 按 N 键。
- 按 PageDown 键。
- 按 ↓ 键。
- 按 → 键。
- 右击，从快捷菜单中选择"下一张"命令。
- 将鼠标指针移到屏幕的左下角，单击 按钮。

演示者在播放幻灯片时，往往会因为不小心单击到指定对象以外的空白区域而直接跳到下一张幻灯片，导致错过了一些需要通过单击触发的动画。此时，切换到"切换"选项卡，取消选中"换片方式"选项组中的"单击鼠标时"复选框，即可禁止单击换片功能。这样一来，右击幻灯片，从快捷菜单中选择"下一张"命令，才能实现幻灯片的切换。如果要回到上一张幻灯片，可以使用以下任意方法：

- 按 Backspace 键。
- 按 P 键。
- 按 PageUp 键。
- 按 ↑ 键。
- 按 ← 键。
- 右击，从快捷菜单中选择"上一张"命令。
- 将鼠标指针移到屏幕的左下角，单击 按钮。

在幻灯片放映时，如果要切换到指定的某一张幻灯片，首先右击，从快捷菜单中选择"定位至幻灯片"菜单项，然后在级联菜单中选择目标幻灯片的标题。另外，如果要快速回转到第一张幻灯片，按 Home 键。

如果幻灯片是根据排练时间自动放映的，在遇到观众提问、需要暂停放映等情况时，要从快捷菜单中选择"暂停"命令。如果要继续放映，则从快捷菜单中选择"继续执行"命令。

在上述快捷菜单中，使用"指针选项"级联菜单中的"笔"或"荧光笔"命令，可以实现画笔功能，在屏幕上"勾画"重点，以达到突出和强调的作用。如果要使鼠标指针恢复箭头形状，选择"指针选项"级联菜单中的"箭头"命令。

如果要清除涂写的墨迹，在"指针选项"级联菜单中选择"橡皮擦"命令。按 E 键可以清除当前幻灯片上的所有墨迹。

另外，如果演示现场没有提供激光笔，而演示者又需要提醒观众留意幻灯片中的某些地方，按住 Ctrl 键，再按住鼠标左键不放，即可将鼠标指针临时变成红色圆圈，"客串"激光笔的功能。

③退出幻灯片放映。如果用户想退出幻灯片的放映，可以选择下列方法：

- 右击，从快捷菜单中选择"结束放映"命令。
- 按 Esc 键。
- 单击屏幕左下角的▤按钮，从弹出的菜单中选择"结束放映"命令。

（2）设置放映时间

利用幻灯片可以设置自动切换的特性，能够使幻灯片在无人操作的展台前通过大型投影仪进行自动放映。

用户可以通过两种方法设置幻灯片放映时间（即幻灯片在屏幕上显示时间的长短）：第一种方法是人工为每张幻灯片设置时间，再放映幻灯片，查看设置的时间是否恰到好处；另一种方法是使用排练计时功能，在排练时自动记录时间。

①人工设置放映时间。人工设置幻灯片的放映时间（例如，每隔 10 秒自动切换到下一张幻灯片），可以参照以下方法进行操作：

首先，切换到幻灯片浏览视图中，选定要设置放映时间的幻灯片，单击"切换"选项卡，在"计时"选项组中选中"设置自动换片时间"复选框，然后在右侧的微调框中输入希望幻灯片在屏幕上显示的秒数。

单击"全部应用"按钮，所有幻灯片的换片时间间隔将相同；否则，设置的是选定幻灯片切换到下一张幻灯片的时间。

接着，设置其他幻灯片的换片时间。此时，在幻灯片浏览视图中，会在幻灯片缩略图的左下角显示每张幻灯片的放映时间，如图 5-40 所示。

②使用排练计时。使用排练计时可以为每张幻灯片设置放映时间，使幻灯片能够按照设置的排练计时时间自动放映，操作步骤如下：

首先，切换到"幻灯片放映"选项卡，在"设置"选项组中单击"排练计时"按钮，系统将切换到幻灯片放映视图，如图 5-41 所示。

在放映过程中，屏幕上会出现"录制"工具栏，如图 5-42 所示。单击该工具栏中的"下一页"按钮，即可播放下一张幻灯片，并在"幻灯片放映时间"文本框中开始记录新幻灯片的时间。

图 5-40 设置幻灯片的放映时间

图 5-41 幻灯片放映视图

图 5-42 "录制"工具栏

排练放映结束后，在出现的对话框中单击"是"按钮，即可接受排练的时间；如果要取消本次排练，单击"否"按钮即可。

当不需要按照用户设置的排练计时进行放映时，切换到"幻灯片放映"选项卡，取消选中的"设置"选项组中的"使用计时"复选框。此时，再次放映幻灯片，将不会按照用户设置的排练计时进行放映，但所排练的计时设置仍然存在。

另外，PowerPoint 2016 还提供了自定义放映功能，用于在演示文稿中创建子演示文稿。

（3）设置放映方式

默认情况下，演示者需要手动放映演示文稿。用户也可以创建自动播放演示文稿，在商贸展示或展台中播放。设置幻灯片放映方式的操作步骤如下：

①切换到"幻灯片放映"选项卡，在"设置"选项组中单击"设置幻灯片放映"按钮，打开"设置放映方式"对话框，如图 5 - 43 所示。

图 5 - 43 "设置放映方式"对话框

②在"放映类型"栏中选择适当的放映类型。其中，"演讲者放映（全屏幕）"选项可以运行全屏显示的演示文稿；"在展台浏览（全屏幕）"选项可使演示文稿循环播放，并防止读者更改演示文稿。

③在"放映幻灯片"栏中可以设置要放映的幻灯片，即全部放映或部分放映；在"放映选项"栏中可以根据需要选择放映方式：是否循环放映、放映时是否加旁白、是否加动画等；在"换片方式"栏中可以指定幻灯片是按手动方式切换还是按排练时间切换。

④设置完成后，单击"确定"按钮。

（4）使用演示者视图

连接投影仪后，演示者的笔记本电脑拥有两个屏幕，Windows 系统默认二者处于复制状态，即显示相同的内容。如果演示者播放幻灯片时，需要查看屏幕中的备注信息、使用控制演示的各种按钮，也就是使两个屏幕显示为不同的内容，则使用演示者视图。

在使用演示者视图时，按 Win + P 组合键，显示投影仪及屏幕的设置画面，单击其中的"扩展"按钮，将当前屏幕扩展至投影仪。然后切换到"幻灯片放映"选项卡，选中"监视器"选项组中的"使用演示者视图"复选框即可。

5.3.7　打包与打印演示文稿

如果需要将演示文稿内容输出到纸张上或在其他计算机中放映，在进行演示文稿的打印和打包操作时，可以设置幻灯片的页眉和页脚，并进行页面设置。

1. 设置页眉和页脚

如果要将幻灯片编号、时间和日期、公司的徽标等信息添加到演示文稿的顶部或底部，需要使用设置页眉和页脚功能，操作步骤如下：

①切换到"插入"选项卡，在"文本"选项组中单击"页眉和页脚"按钮，打开"页眉和页脚"对话框。

②如果要添加日期和时间，选中"日期和时间"复选框，然后选中"自动更新"或"固定"单选按钮。选中"固定"单选按钮后，可以在下方的文本框中输入要在幻灯片中插入的日期和时间。

③选中"幻灯片编号"复选框，可以为幻灯片添加编号。如果要为幻灯片添加一些附注性的文字，可以选中"页脚"复选框，然后在下方的文本框中输入内容。

④要使页眉和页脚的内容不显示在标题幻灯片上，选中"标题幻灯片中不显示"复选框。

⑤单击"全部应用"按钮，可以将页眉和页脚的设置应用于所有幻灯片上。如果要将页眉和页脚的设置应用于当前幻灯片中，单击"应用"按钮。返回到编辑窗口后，用户可以看到在幻灯片中添加了设置的内容。

2. 页面设置

幻灯片的页面设置决定了幻灯片、备注页、讲义及大纲在显示屏幕和打印纸上的尺寸和放置方向，操作步骤如下：

①切换到"设计"选项卡，在"页面设置"选项组中单击"页面设置"按钮，打开"页面设置"对话框，如图 5 – 44 所示。

图 5 – 44　"页面设置"对话框

②在"幻灯片大小"下拉列表框中选择幻灯片的大小。如果用户要建立自定义的尺寸，可在"宽度"和"高度"微调框中输入需要的数值。

③在"幻灯片编号起始值"微调框中输入幻灯片的起始号码。

④在"方向"栏中指明幻灯片及备注、讲义和大纲的打印方向。

⑤单击"确定"按钮，完成设置。

3. 打包演示文稿

当用户将制作好的演示文稿复制到 U 盘中，然后到别的计算机中放映时，别人的计算机有可能并没有安装 PowerPoint 2016 程序。为了避免出现这样的尴尬场面，保证演示文稿可以到别的计算机中放映，打包演示文稿功能非常有用。所谓打包，是指将演示文稿与有关的各种文件都整合到同一个文件夹中，只要将这个文件夹复制到其他计算机中，然后启动其中的播放程序，即可正常播放演示文稿。

如果要对演示文稿进行打包，可以参照下列步骤进行操作：

①切换到"文件"选项卡，选择"保存并发送"→"将演示文稿打包成CD"命令，然后单击"打包成CD"按钮，打开"打包成CD"对话框，如图5-45所示，在"将CD命名为"文本框中输入打包后演示文稿的名称。

图5-45　"打包成CD"对话框

②单击"选项"按钮，可以在打开的"选项"对话框中设置是否包含链接的文件，是否包含嵌入的 TrueType 字体，还可以设置打开文件的密码等，如图5-46所示。单击"确定"按钮，保存设置并返回"打包成CD"对话框。

图5-46　"选项"对话框

③单击"复制到文件夹"按钮，打开"复制到文件夹"对话框，可以将当前文件复制到指定的位置。

④单击"复制到 CD"按钮，将打开一个对话框，提示程序会将链接的媒体文件复制到计算机中，单击"是"按钮，将打开"正在将文件复制到文件夹"对话框并复制文件。

⑤复制完成后，用户可以关闭"打包成 CD"对话框，完成打包操作。

⑥在"计算机"窗口中打开光盘文件，可以看到打包的文件夹和文件。

此外，用户还可以将演示文稿创建为视频文件，以便于通过光盘、Web 或电子邮件进行分发。创建的视频中包含所有录制的计时、旁白等，并且保留动画、转换和媒体等。

PowerPoint 2016 新增了广播幻灯片的功能，向远程用户通过 Web 浏览器广播幻灯片。远程用户不用安装程序，只需在浏览器中跟随浏览即可。

4. 打印演示文稿

同 Word 和 Excel 一样，用户可以在打印之前预览演示文稿，满意后将其打印，操作步骤如下：

①切换到"文件"选项卡，单击"打印"命令，在右侧窗格中可以预览幻灯片打印的效果。如果要预览其他幻灯片，单击下方的"下一页"按钮。

②在中间窗格的"份数"微调框中指定打印的份数。

③在"打印机"下拉列表框中选择所需的打印机。

④在"设置"选项组中指定演示文稿的打印范围。

⑤在"打印内容"列表框中确定打印的内容，如幻灯片、讲义、注释等，如图 5–47 所示。

图5–47　"打印内容"下拉菜单

⑥单击"打印"按钮，即可开始打印演示文稿。

补充：

1. 如何在 PowerPoint 2016 中使用声音

这项操作适用于图片欣赏等，不需要演示者的讲解，往往是伴随着声音出现一幅幅图片。插入声音的操作步骤如下（假如共有 5 张幻灯片）：

①在要出现声音的第一张幻灯片中单击选项卡"插入"→"音频"，选择一个声音文件，

在弹出的对话框"是否需要在幻灯片放映时自动播放声音"中选择"是",在幻灯片上显示一喇叭图标。

②单击该喇叭图标,选择"音频工具"项,可以根据自己的需要进行一系列设置,如图5-48所示。

图5-48 "音频工具"选项

2. 使用视频文件

视频是解说产品的最佳方式,可以为演示文稿增添活力。视频文件包括最常见的 Windows 视频文件(.avi)、影片文件(.mpeg)、Windows Media Video(.wmv)及其他类型的视频文件。

(1)添加视频文件

插入视频文件的方法与插入声音文件的方法类似,即首先显示需要插入视频的幻灯片,然后切换到"插入"选项卡,在"媒体"选项组中单击"视频"按钮下方的箭头按钮,从下拉菜单中选择一种插入影片的方法。例如,选择"文件中的视频"命令,打开"插入视频文件"对话框,在其中定位到已经保存到计算机的影片文件,单击"插入"按钮,幻灯片中会显示视频画面的第一帧。

(2)调整视频文件画面效果

在 PowerPoint 2016 中,可以调整视频文件画面的色彩、标牌框架及视频样式、形状与边框等。方法为:选中幻灯片中的视频文件,单击"大小"选项组中的"对话框启动器"按钮,打开"设置视频格式"对话框进行设置,如图5-49所示。

图5-49 "设置视频格式"对话框

5.3.8　案例总结

本章通过毕业答辩演示文稿的制作介绍了演示文稿静态、动态效果的制作方法。

静态效果的制作，包括幻灯片的基本操作、插入各种版式的幻灯片、编辑幻灯片上的各种对象、对演示文稿进行美化等内容。在幻灯片上插入和编辑各种对象（文本、图片、图表等）的操作类似于 Word 中的操作，读者可以将前面所学的方法应用到 PowerPoint 中。控制幻灯片外观的方法有 3 种：母版、配色方案、设计模板。另外，通过设置背景，也可以起到美化幻灯片的作用。

但是要想真正体现出 PowerPoint 的特点和优势，还在于演示文稿的动态效果制作，包括在幻灯片中设置动画效果（动画方案和自定义动画）、在幻灯片之间设置切换效果及设置演示文稿的放映方式等。这些功能使幻灯片充满了生机和活力。另外，为了增加幻灯片放映的灵活性，还介绍了通过"动作设置"和"超链接"创建交互式演示文稿的方法。

习　题　5

一、选择题

1. PowerPoint 2016 演示文稿的默认扩展名是（　　　）。

A．.ptt　　　　　　　　B．.xlsx　　　　　　　　C．.pptx　　　　　　　　D．.docx

2. 如果要修改幻灯片中文本框内的内容，应该（　　　）。

A. 首先删除文本框，然后重新插入一个文本框

B. 选择该文本框中所要修改的内容，然后重新输入文字

C. 重新选择带有文本框的版式，然后向文本框内输入文字

D. 用新插入的文本框覆盖原文本框

3. 下列（　　　）操作，不能退出 PowerPoint 2016 工作界面。

A. 在"文件"选项卡中选择"退出"命令　　B. 单击窗口右上角的"关闭"按钮

C. 按 Alt + F4 组合键　　　　　　　　　　D. 按 Esc 键

4. 在幻灯片的"动作设置"对话框中设置的超级链接对象不允许是（　　　）。

A. 下一张幻灯片　　　　　　　　　　　B. 一个应用程序

C. 其他演示文稿　　　　　　　　　　　D. "幻灯片"中的一个对象

5. 关于幻灯片动画效果，下列说法不正确的是（　　　）。

A. 可以为动画效果添加声音

B. 可以进行动画效果预览

C. 对于同一个对象，不可以添加多个动画效果

D. 可以调整动画效果顺序

二、操作题

1. 收集有关资料，结合故乡特色，制作一个以"可爱的故乡"为主题的演示文稿，要求适当运用动画和幻灯片切换效果，淋漓尽致地描述故乡的优势及特点。

2. 收集有关资料，并结合自身感悟，制作以"岳母刺字"为主题的演示文稿。要求：图文并茂，适当运用动画和幻灯片切换效果。

第 6 章　网络基础与 Internet 的应用

近年来，计算机网络得到了飞速的发展，特别是有十几亿用户的遍布全球的因特网（又称互联网），其正在改变我们的工作、学习和生活。本章先介绍计算机网络的基础知识，然后重点介绍因特网的组成、应用及其基本原理。

6.1　计算机网络基础知识

计算机网络是计算机技术和通信技术相结合的产物。一方面，通信网络为计算机之间的数据传递和信息交换提供了必要的手段；另一方面，计算机的发展渗透到通信技术中，提高了通信网络的性能。

6.1.1　计算机网络的发展历程

任何一种新技术的出现都必须具备两个条件：一是强烈的社会需求，二是前期技术的成熟。随着计算机应用规模及用户需求的不断增大，单机处理已经很难胜任，于是出现了计算机网络。它是计算机技术与通信技术相结合的产物，其发展经历了从简单应用到复杂应用的 4 个阶段。

1. 第一阶段：以一台主机为中心的远程联机系统

这是最早的计算机网络系统，只有一台主机，其余终端都不具备自主处理功能，所以这个阶段的计算机网络又称为"面向终端的计算机网络"。例如，20 世纪 60 年代初美国航空公司与 IBM 联合开发的飞机订票系统，就是由一台主机和全美范围内 2 000 多个终端组成的，它的终端只包括 CRT 监视器和键盘，没有 CPU 和内存等。

2. 第二阶段：多台主机互连的通信系统

它兴起于 20 世纪 60 年代后期，利用网络将分散在各地的主机经通信线路连接起来，形成一个由众多主机组成的资源子网，网上用户可以共享资源子网内的所有软硬件资源，故又称为"面向资源子网的计算机网络"。这个时期的典型代表是 1969 年美国国防部高级研究计划署（ARPA）开发的 ARPANET。ARPANET 的成功，标志着计算机网络的发展进入了一个新纪元，使计算机网络的概念发生了根本性的变化，ARPANET 被认为是 Internet 的前身。20 世纪 70 至 80 年代，这类网络得到较快的发展。

3. 第三阶段：国际标准化的计算机网络

这个阶段解决了计算机网络间互联标准化的问题，要求各个网络具有统一的网络体系结构并遵循国际开放式标准，以实现"网与网相连，异型网相连"。国际标准化组织 ISO 在 1981 年颁布了"开放式系统互连参考模型（OSI/RM）"，成为全球网络体系的工业标准，极大地促进了计算机网络技术的发展。20 世纪 80 年代后，局域网技术十分成熟，随着计算机技术、网络互联技术和通信技术的高速发展，出现了 TCP/IP 协议支持的全球互联网（Internet），在世界范围内获得广泛应用，并朝着更高速、更智能的方向发展。

4. 第四阶段：以下一代互联网络为中心的新一代网络

计算机网络经过三个阶段的发展，给人类社会带来巨大进步的同时，也暴露了一些先天缺陷，下一代以互联网络为中心的新一代网络成为新的技术热点。规划中的下一代网络是全球信息基础设施的具体实现。它规范了网络的部署，通过采用分层、分面和开放接口的方式，为网络运营商和业务提供商提供一个平台。借助这一逐步演进的平台，新的业务可以不断生成、部署和管理。目前基于 IP 的 IPv6（Internet Protocol version 6）技术的发展，使人们坚信发展 IPv6 技术将成为构建高性能、可扩展、可运营、可管理、更安全的下一代网络的基础性工作。

6.1.2　计算机网络的功能

那么为什么要建立计算机网络呢？换句话说，网络能够给我们提供什么样的功能呢？可以概括地把网络功能分为以下几个方面：

①数据通信。

②资源共享。

③提高计算机系统可靠性和可用性。

④实现分布式信息处理。

6.1.3　计算机网络的组成与分类

一个计算机网络包含三个主要组成部分：

1. 主机

计算机网络中包含若干个具有独立功能的计算机及其他智能设备，称之为主机。

2. 通信子网

通信子网由通信线路和通信设备组成，用来进行数据通信。

3. 通信协议

通信协议是整个网络都一致遵守的一组规则或标准。实现通信协议的软件（及硬件）是计算机网络不可缺少的组成部分。

计算机网络分类方法很多。例如，从使用的协议来分，可分为 TCP/IP 网、SNA 网和 IPX 网等；从使用的传输介质来分，可分为有线网和无线网；从网络的拓扑结构来分，可分为总线网、星形网、环形网等，如图 6 - 1 所示；从网络所覆盖的地域范围来分，把计算机网络分为局域网（Local Area Network，LAN）和广域网（Wide Area Network，WAN）。

总线结构　　　　　　　星形结构　　　　　　　环形结构

图 6 - 1　典型网络拓扑结构

其中，局域网和广域网是计算机网络的两种基本分类。下面讨论局域网与广域网的区别。

（1）局域网

一般来说，局域网都是用于一些局部的、地理位置相近的场合，范围局限在几千米内，如一个部门、一个单位、一座大楼内，所接入的计算机数量有限。

（2）广域网

广域网不受地理位置的限制，范围可达到几十千米到几千千米，如城市之间、国家之间，所接入的计算机数量几乎不受限制。实际上，广域网是把相距遥远的许多局域网和计算机互相连接起来构成的。

还有一种网络叫城域网（Metropolitan Area Network，MAN），它覆盖的地理范围在局域网与广域网之间，如一个城市。

6.1.4　计算机网络的拓扑结构

网络中各台计算机连接的形式和方法称为网络的拓扑结构，主要有如下几种。

1. 总线型拓扑结构

总线型拓扑通过一根传输线路将网络中所有结点连接起来，这根线路称为总线，如图6-2所示。网络中各结点都通过总线进行通信，在同一时刻只能允许一对结点占用总线通信。总线型拓扑结构简单，易实现，易维护，易扩充，但故障检测比较困难。

图6-2　总线型拓扑结构

2. 星形拓扑结构

星形拓扑中各结点都与中心结点连接，呈辐射状排列在中心结点周围，如图6-3所示。网络中任意两个结点的通信都要通过中心结点转接。单个结点的故障不会影响到网络的其他部分，但中心结点的故障会导致整个网络瘫痪。

3. 环形拓扑结构

环形拓扑中各结点首尾相连，形成一个闭合的环，环中的数据沿着一个方向绕环逐站传输。环形拓扑具有较强的自愈能力，网络中的任意一个结点或一条传输介质出现故障，网络能自动隔离故障点并继续工作，如图6-4所示。

4. 树形拓扑结构

树形拓扑由总线型拓扑演变而来，其结构图看上去像一棵倒挂的树，如图6-5所示。

树最上端的结点叫根结点，一个结点发送信息时，根结点接收该信息并向全树广播。树型拓扑易于扩展与故障隔离，但对根结点依赖性太大。

图 6-3　星形拓扑结构

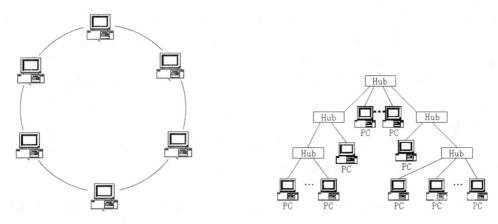

图 6-4　环形拓扑结构　　　　　　图 6-5　树形拓扑结构

5. 网状拓扑结构

网状拓扑结构又称为无规则型。在网状拓扑结构中，结点之间的连接是任意的，没有规律，如图 6-6 所示。网状拓扑的主要优点是系统可靠性高，但是结构复杂。目前实际存在和使用的广域网基本上都采用网状拓扑结构。

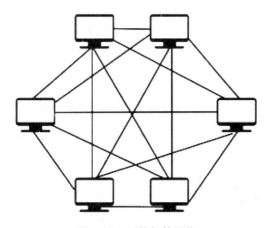

图 6-6　网状拓扑结构

6.1.5 数据通信基础

1. 数据通信有关概念

从广义上讲，用任何方法通过任何媒体将信息从一个地方传输到另一个地方均称为通信。本节介绍的通信特指利用电波或光波传递信息的技术，实现计算机与计算机之间或数据终端之间的数据通信。

带宽（Bandwidth）最早出现在模拟通信时代，指的是信号频率的变化范围，通常是最高频率与最低频率的差。如电话线上的信号频率变化范围是 200～3 200 Hz，则它的带宽是 3 000 Hz。带宽越大，传输信号的能力越强。

2. 数据通信基本原理

通信的基本任务是传递信息，因而通信至少需由三个要素组成，即信息的发送者（称为信源）、信息的接收者（称为信宿）和信息的传输媒介（称为信道）。鉴于此，一个典型的数据通信系统还应包括信号的发送器和接收器，如图 6－7 所示。通过发送器将电平信号转换成适合在长距离数据传输系统中传输的信号，到了接收方再由接收器还原为原来的电平信号。调制解调器（Modem）即是这种设备，它既具有发送器功能，又有接收器功能。

（1）调制与解调

研究发现，正弦波之类的持续振荡信号能够在长距离通信中比其他信号传送得更远，因此可以把这种正弦波信号作为携带信息的"载波"。

- 调制（Modulation）

传送数据时，发送方利用"0"和"1"的区别略微调整一下载波正弦信号的幅度（或频率或相位），这个过程称为调制，然后就可以进行长距离传输。这实际上是将基带数字信号的波形变换为适合模拟信道传输的模拟信号波形（将数字信号转换成模拟信号，即 D/A 转换）。基本调制方法有调幅、调频和调相。

图 6－7 典型的数据通信系统模型

- 解调（Demodulation）

经调制的信号到达目的地时，接收方再把其中携带的信息检测出来，并转换成适合计算机接收的高、低电平形式，称为解调。这实际上是将由调制器变换过的模拟信号波形恢复成原来的基带数字信号波形（将模拟信号转换成数字信号，即 A/D 转换）。

由于计算机网络中的数据通信一般都是双向进行的，所以调制与解调总是成对使用，调制解调器就是用来实现信号调制和解调功能的专用设备。

（2）多路复用

在数据传输系统中，传输线路的成本较高，而且资源有限（如无线电频带范围），为了节约成本或充分利用资源，人们希望在同一传输线路中同时有多个用户进行数据通信，这就是多路复用技术。多路复用主要有两种方法：时分多路复用（TDM）和频分多路复用（FDM）。

6.1.6 网络传输介质

传输介质也称传输媒体，是传输信息的载体，即通信线路。传输介质分为有线传输介质和无线传输介质。有线传输介质包括双绞线、同轴电缆和光纤等，无线传输介质包括微波、红外线、激光等。

1. 双绞线

在局域网中，双绞线是最常见的一种传输介质。其主要原因是双绞线成本低、速度高和可靠性好。目前组建局域网所用的双绞线由 4 对相互绞合的铜质线（即 8 根线）组成，如图 6 - 8（a）所示，绞合的目的是减少相邻线的电磁干扰。双绞线分为屏蔽双绞线（STP）和非屏蔽双绞线（UTP）。5 类线最高传输速度为 100 Mb/s、最大传输距离为 100 m。超 5 类线的衰减和串扰比 5 类双绞线更小，因而传输速度及传输距离均比 5 类线优越，特别是它支持千兆位以太网（1000BASE - T）的布线，所以在实际布线时应尽可能使用超 5 类线，以便将来局域网升级。

在局域网中，双绞线用来连接网卡与集线器或两集线器之间的级联，每条双绞线两端安装的接头称为 RJ - 45 连接器，俗称水晶头。安装时需要专用工具并按照规范连接。

2. 同轴电缆

同轴电缆结构如图 6 - 8（b）所示，它的中央是铜质的芯线，铜质芯线外包着一层绝缘层，绝缘层外是一层金属丝网状编织的屏蔽层，其外面是保护塑料外层。

图 6 - 8 双绞线与同轴电缆

（a）双绞线；（b）同轴电缆

同轴电缆对外界具有很强的抗干扰能力，它不仅可以传输多频道电视节目，并且可以同时传输数据信号。

3. 光纤

光纤通信就是利用光导纤维（简称光纤）传送光脉冲来进行的通信。光纤是一种细小、柔韧并能传输光信号的介质，如图 6 - 9 所示。不像双绞线和同轴电缆，光纤利用有光脉冲信号表示"1"、无光脉冲表示"0"。光纤通信系统由光端机、光纤（光缆）和光纤中继器组成。光端机又分为光发送器（将电信号调制成光信号）和光接收器（将光信号解调成电信号），而光纤中继器是将光还原为电信号进行放大，然后再转换成光信号继续传输。

光纤分为单模光纤和多模光纤两类。多模光纤是指有许多条不同角度入射的光线在一条光纤中传输，采用发光二极管 LED 为光源，较单模光纤芯线粗（约 50 μm）、速度低、距离

图 6-9　光纤

短（几千米），但成本低，一般用于建筑物内或地理位置相邻的环境中。单模光纤直径减小到只有一个光的波长（8~10 μm），光线在光纤中直线传播，采用昂贵的半导体激光器作为光源，传输速率高（目前已达到 1 Gb/s）、容量大、距离长（上百千米），但成本高，通常用于建筑物之间或地域分散的环境中。

光纤不仅通信容量大，而且还有其他一些特点：

- 抗电磁干扰；
- 保密性好；
- 信号衰减小，传输距离长；
- 抗化学腐蚀能力强。

但是光纤也存在一些缺点：光纤的切断和将两根光纤精确地连接所需要的技术要求较高。另外，目前光纤网络中信息在传输时每隔 200~500 km 需加入光中继器，将光信号还原成电信号进行放大，然后再转换成光信号继续传输。

4. 微波

微波是一种具有极高频率（通常为 300 MHz~300 GHz）的电磁波，波长很短，通常为 1 m~1 mm。微波通信是众多无线通信形式中的一种，具有类似光波的特性，在空间主要是直线传播，也可以从物体上得到反射。它不能像中波那样沿地球表面传播，因为地面会很快把它吸收掉。它也不像短波那样，可以经电离层反射传播到地面上很远的地方，因为它会穿透电离层，进入宇宙空间，而不再返回地面。微波主要通过以下三种方式进行远距离传输，如图 6-10 所示。

①地面微波接力通信。一般为 50 km 左右。

②卫星通信。它是微波接力通信向太空的延伸。

③对流层散射通信。终端站 X 发出的微

图 6-10　微波远距离通信

波信号经对流层散射传到另一终端站 Y 进行通信。

　　微波通信具有容量大、可靠性高、建设费用低和抗灾能力强等优点，所以广泛用于模拟、数字通信，如移动通信、全数字高清晰度电视的传输等。

6.1.7　数据交换

　　已讨论了数据在传输介质中是如何传输的，但是通信系统中大量终端之间是如何进行数据通信的呢？数据交换技术就是要解决这一问题。把进行数据通信的用户之间都用直达线路来连接必然会对通信线路的资源造成极大的浪费，所以通常采用的方式是通过有中间结点的网络把数据从源发送到目的地，如图 6-11 所示。这些中间结点并不关心数据的内容，它仅是一个数据交换设备，用这个交换设备把数据从一个结点传到另一个结点直至到达目的地。目前，通信系统中使用的数据交换技术主要有下面两类：

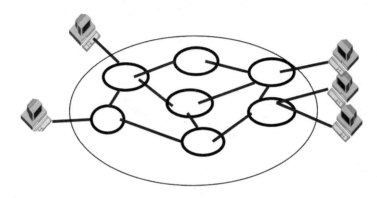

图 6-11　通信子网示意图

　　1．电路交换

　　电路交换又叫线路交换，就是利用网络中的结点在两个站之间建立一条专用的通信线路。最普通的电路交换例子是电话系统，在通话之前，用户进行呼叫（即拨号），如果呼叫成功，则从主叫端到被叫端建立一条物理通路，当通话结束挂机后，所建立的物理通路将自动拆除。这种交换方式比较简单，特别适合远距离成批数据传输，建立一次连接就可以传输大量数据。缺点是线路的利用率低，通信成本高。

　　2．分组交换

　　分组交换又称报文分组交换，它是把一个要传送的报文分成若干段，形成报文分组，由于分组交换允许每个报文分组走不同的路径，所以一个完整的报文分组还得附加包括发送端地址、接收端地址、分组编号、校验码等传输控制信息，然后以报文分组为单位进行传输。

　　分组交换与电路交换相比，有以下几个优点：线路利用率高；收发双方不需同时工作，当接收方忙碌时，整个网络都可以作为它的缓冲；可以建立报文优先权，使得一些重要的报文分组优先传递。分组交换的缺点是延时较长，不适宜作实时性要求较高的应用，如声音和视频信号的传输。

6.2　计算机局域网

6.2.1　局域网组成

　　局域网一般建立在一些局部的、地理位置相近的场合，为一个部门、一个单位、一个学校、一个政府机构所拥有，实现小范围内的资源共享，如共享打印机、共享文档资料及运行多用户的信息管理系统。计算机局域网一般由网络服务器（Server）、网络工作站（Workstation）、网络打印机、网络通信设备、传输介质等组成，如图6–12所示。服务器、工作站、打印机都是通过网络接口卡与传输介质相连，从而构成局域网。

图6–12　局域网组成

　　1．网络服务器
　　网络上为网络用户提供软件、数据、外设及存储空间的计算机，称为网络服务器。
　　2．工作站
　　工作站又称为客户机，一台计算机通过网络接口卡连接到局域网上，便称为工作站。
　　3．网络打印机
　　网络打印机是为所有网络用户提供打印服务的一台带有网络接口卡的打印机。
　　4．网络接口卡
　　网络接口卡（NIC，简称为网卡），又称为网络适配器，现在一般是 USB 接口和 PCI 接口，速度有百兆和千兆，如图6–13所示。

图6–13　网络接口卡

5. 集线器

集线器的功能是把一个端口接收到的信息向所有端口分发出去，同时还起到信号放大的作用，以扩大网络的传输距离。

6.2.2 常用局域网

在局域网中，不论其拓扑结构采用何种形式，各个工作站都利用同一传输介质进行通信，并且对传输介质的使用都是平等的。这样就存在一个问题：在某一时刻很可能有多个站点同时发送数据包，导致信道中信号叠加，使得目标站点无法正确接收数据包。为了避免这种"冲突"，必须设计一种算法，对传输介质的访问进行控制，做到既能充分利用信道传递信息，又能避免冲突或解决冲突。目前有多种传输访问控制方式，如载波侦听多路访问/冲突检测（CSMA/CD）、令牌环（Token Ring）等。

根据传输介质所使用的访问控制方式，局域网分为以太网、交换式局域网、FDDI 网、无线局域网等。

1. 以太网

以太网使用总线型拓扑结构，如图 6 - 14 所示，采用载波侦听多路访问/冲突检测（CSMA/CD）媒体访问控制方式。总线上各站点随机地以广播方式向公共总线发送信息帧，而在总线上的每一个站点都可以收到这些信息帧，但只有与数据帧的目的地址相同的工作站才接收这些信息。由于各站点信息帧的发送是随机的，所有极有可能发生冲突。那么以太网是如何利用 CSMA/CD 解决由于竞争总线而带来的冲突呢？

图 6 - 14 总线型以太网

在以太网中，信息是以数据帧为单位进行传输的，每次只能发送一个信息帧。站点在发送信息帧前（以下简称发送站），首先检测总线是否有载波信号，若总线正在为其他站点所用，处于"忙"状态，则发送站随机等待一段时间，再检测总线状态；若总线处于"空闲"状态，该站就可以发送数据了。在发送数据的过程中，发送站还要检测是否有冲突发生（即是否有其他站点也并发发送数据），若有冲突，则停止发送信息，然后随机等待一段时间后再重发。

总线型以太网以同轴电缆作为传输介质，总线上任何一点故障都会导致整个网络的瘫痪。所以，目前实际的以太网大多以五类双绞线作为传输介质，通过集线器连接所有工作站，如图 6 - 15，这种结构不会因为某条线路故障而影响整个网络工作。由集线器的功能可知，一个站点发送

图 6 - 15 集线器以太网

信息将通过集线器向所有工作站发送，因此，也要利用 CSMA/CD 解决线路竞争问题。

以太网维护非常方便，增、删结点容易，结点较少或数据传输量不大时，具有较高的性能。重负载时，网络性能将急剧下降。为了解决这一问题，稍大规模的局域网都采用交换式局域网。

2. 交换式局域网

最常用的交换式局域网是使用交换式集线器（Switch HUB）构成的交换式以太网，它可以是由单个交换式集线器组成的星形结构的网络，也可以是由多个交换式集线器级联的层次结构的网络，如图 6 - 16 所示。与总线以太网不同的是，交换式集线器从发送节点接收数据后，直接传送给目标结点，不向任何其他结点传送数据，避免了不必要的全网广播，允许同时多路通信（只要不使用相同的交换机端口），并减少了冲突的机会。因此，网络整体带宽明显提高。可以看出交换式局域网中，每个结点各自独享一定的带宽（10 Mb/s 或 100 Mb/s，即该结点的网卡带宽），而总线式局域网却是网上所有结点共享一定的带宽（总线的带宽）。

图 6 - 16　交换式以太网

交换式以太网各站点信息帧的发送也是随机的，所以仍有"冲突"发生。交换式以太网也是利用 CSMA/CD 解决共享媒体问题，所以交换式以太网使用的网卡与普通以太网使用的网卡完全兼容。

另外一种交换式局域网是使用 ATM 交换机构建的 ATM 局域网。ATM 交换机采用信元交换技术，每个信元长度均为 53 字节且格式固定，便于硬件识别，提高交换速度。ATM 交换机既提供分组交换方式的常规数据传输服务，又能提供电路交换方式的实时数据传输服务（如音频、视频等应用），使用光纤作为传输介质，最高传输速率可达到 622 Mb/s。ATM 局域网一般用作校园网或企业级骨干网。

3. FDDI 网

FDDI 网即光纤分布式数字接口网，采用环形拓扑结构，所有结点通过光纤连接构成一个环路（图 6 - 17）。为了提高可靠性，FDDI 采用双环结构（分别称为主环、副环），在主环故障时，副环可替代工作。为了正确传输信息，在任何时候，FDDI 都不允许有多个站点同时发送信息。为此，FDDI 网采用环形网络的介质访问控制方式——令牌环技术，任何时候网上只有一个令牌，只有获得令牌的站点才可发送信息，发送完毕后，将令牌传递给下一个站点，依次轮转，这样每个站点都可获得均等的发送信息机会。网络中每个站点都可以收到信息包，但只有与信息包目的地址相同的站点才能接收。

图 6 - 17　FDDI 网

FDDI 网由于使用光纤作为传输介质，所以保密性好，速率高（达到 100 Mb/s），覆盖的地域大（采用单模光纤可覆盖上百千米），常用于构造局域网的主干部分，把许多部门的局域网连接起来（通常要使用网桥或路由器网络连接设备）。

4. 无线局域网

无线局域网（WLAN）是局域网与无线通信技术相结合的产物。它利用红外线或无线电波进行通信，无线局域网能够实现局域网的所有功能，最大传输距离达到几十千米。

无线局域网使用无线网卡、无线集线器和无线网桥等设备，这些设备都要采用统一的无线通信协议标准来解决媒体共享、数据安全等问题。目前常用的协议有 IEEE 802.11 和 IEEE 802.15（即蓝牙）等标准。采用 IEEE 802.11 标准的局域网，数据最高传输速率为 2 Mb/s，若采用 IEEE 802.11a 标准，数据最高传输速率可达到 25 Mb/s，能满足声频、视频的传输需求。采用 IEEE 802.15 标准的局域网，最大传输距离在 10 cm ~ 10 m（通过增加发射功率可达到 100 m），蓝牙技术适用于家庭、办公室等环境使用。局域网常用的协议有 NetBEUI（用户扩展接口）、IPX/SPX（网际交换/顺序包交换）、TCP/IP（传输控制协议/网际协议）等，为局域网提供不同的应用。

6.3　计算机广域网

广域网范围可达到几十千米到几千千米，如城市之间、国家之间，所接入的计算机数量几乎不受限制。实际上，广域网是把相距遥远的许多局域网和计算机互相连接起来构成的。全球最大的广域网 Internet 就是由千千万万个局域网、广域网互连而成。

6.3.1　广域网通信基本原理

现代计算机网络是开放式的以数据通信为中心的网络，网络在物理上分为通信子网和资源子网两部分，如图 6 - 18 所示。通信子网由前端处理机（结点交换机）和高速通信线路组成独立的数据通信系统，承担全网的数据传输、交换、加工和变换等通信处理工作，即能将一个主计算机的输出信息传送给另一个主计算机。资源子网包括主计算机、终端、通信子网接口设备等，它负责全网的数据处理和向网络用户提供网络资源及网络服务。在 Internet 网中，通信子网通常是由专门的机构、公司负责建设、维护和管理，为政府部门、企业、家庭等提供网络接入服务。下面以 Internet 网为例，简单介绍广域网的通信原理。

1. 广域网通信技术

通信子网是由一些结点交换机及连接这些交换机的链路组成。这些链路一般采用光纤线

图 6 - 18　广域网组成

路或卫星链路等高速链路，可覆盖整个地球。结点交换机的交换方式采用报文分组交换，每个分组经过多个结点交换机存储转发，最终到达目的地。由于通信子网中结点交换机呈网状结构，所以分组到达目的地可能有多条经过不同结点交换机序列的候选路径来传送，实际传送时，根据当时的网络流量及线路完好情况等因素自动选择一条最佳路径，这就是所谓路由功能。广域网提供了面向连接的网络服务（虚电路）和无连接的网络服务（数据报）。

2. 通信协议

实现网络通信是一项复杂的任务，尤其是在广域网范围内的各种类型网络之间进行通信。网络互连需要解决主机的编址、数据包格式转换、路由选择、超时控制和差错恢复等一系列问题，这些工作都是由网络协议软件来完成的。网络中所有计算机及交换机必须认同一套通信协议，才能保证网络中任意两台计算机的通信。目前应用最广泛的网络互连协议是TCP/IP 协议，TCP/IP 协议可以在各种硬件和操作系统上实现，广泛用于计算机局域网和广域网。可以说，TCP/IP 协议已成为事实上的工业标准和国际标准。

6.3.2　TCP/IP 协议

TCP/IP 协议是一个协议系列，它包含了 100 多个协议，TCP 协议（传输控制协议）和IP 协议（网际协议）是其中两个最基本、最重要的协议，因此通常用 TCP/IP 来代表整个协议系列。TCP/IP 协议标准将网络通信问题划分为 4 层，如图 6 - 19 所示。

图 6 - 19　TCP/IP 协议

TCP/IP 通信体系中，当客户机应用程序（信息发送方）向服务器（信息接收方）发送信息时，客户机应用层将用户数据按照一定的格式转化，并将其传给传输层，传输层将接收到的高层数据分解打包，使这些信息包能在网间传输。然后，传输层将这些打包好的包传给下一层网络互连层（IP）。在 IP 层，将收到的上层数据报封装成 IP 数据报，通过 IP 协议、IP 地址、IP 路由将信息传送到服务器。服务器的信息发送给客户机也是一样的，这样就实现了双方通信。

1. IP 地址

在 TCP/IP 网络中，每个主机都有唯一的地址。IP 地址为 32 位，一般以 4 个字节表示，每个字节的数字又用十进制表示，即每个字节的数的范围是 0～255，且每个数字之间用点隔开，例如 202.29.141.5。IP 地址结构如图 6-20 所示。

网络类型	网络号	主机号

图 6-20　IP 地址结构

IP 地址的 32 位被分成 3 段：网络类型用于标识网络的类型；网络号标识该主机所在地网络，由网络类型和网络号两段构成；主机号是该主机在网络中的标识。

根据 IP 地址的结构和分配原则，可以在 Internet 上很方便地寻址：先按 IP 地址中的网络标识号找到相应的网络，再在这个网络中利用主机号找到相应的主机。所以 IP 地址不仅唯一地标识一个主机，同时还指出了网际的路径信息。在组网时，为避免该网络所分配的 IP 地址与其他网络上的 IP 地址发生冲突，必须为该网络向 InterNIC（Internet 网络信息中心）组织申请一个网络标识号，然后再给该网络上的每个主机设置唯一的主机号码，这样网络上的每个主机都拥有唯一的 IP 地址（如果是国内用户，可以向中国互联网络信息中心 CNNIC 申请 IP 地址和域名）。

2. IP 地址的分类

由于网络中既包含了一些规模很大的物理网络，同时也有许多小型网络，因此网络号与主机号的划分采用了一种能兼顾大网和小网的折中方案。这个方案将 IP 地址空间划分为三个基本类，每类有不同长度的网络号和主机号，另有两类分别作为组播地址和备用，如图 6-21 所示。

图 6-21　IP 地址类型

不难算出各类型 IP 地址的使用范围，见表 6-1。

表 6-1　IP 地址的使用范围

网络类型	最大网络数	第一个可以网络号	最后一个可以网络号	每个网络中最大主机数
A	126	1	126	16 777 214
B	16 382	128.1	191.254	65 534
C	2 097 150	192.0.1	223.225.254	254

其中，A 类地址最大网络数是 126，每个网络中最大主机数为 16 777 214。

【说明】

①如果网络号是 127，主机地址任意，这种地址用于循环测试，不可用于其他用途。例如，127.0.0.1 是用来将信息传给本机的。

②在 IP 地址中，如果某一类网络的主机地址为全 1，则该地址表示一个网络或子网的广播地址。例如 192.168.1.255，分析可知它是 C 类地址，其主机地址为最后一个字节，即 255（11111111B），表示将信息发送给该网络上的每个主机。

③在 IP 地址中，如果某一类网络的主机地址为全 0，则该地址表示网络地址或子网地址。例如 192.168.1.0，分析可知它是 C 类地址，其主机地址为最后一个字节，为 0（00000000B），所以是一个网络地址。

④如果组建的网络直接接入 Internet，应申请合法的 IP 地址。如果通过代理服务器接入 Internet，也不应随便选择 IP 地址，应使用由 IANA（因特网地址分配管理局）保留的私有 IP 地址，以避免与 Internet 上合法的 IP 地址冲突。如 C 类地址的私有地址范围是 192.168.0.1 ~ 192.168.255.254。

3. 子网及子网掩码

子网是指把一个物理网络通过子网掩码分割成多个逻辑网段。实际上，是把原来的主机号分成两部分：一部分用于标识网络的子网，另一部分用于标识子网中的主机。于是原来的 IP 地址结构变成了如图 6 - 22 所示结构。

网络类型	网络号	子网地址部分	子网主机号

图 6 - 22 改变后的 IP 地址结构

这样做的好处是节省了有限的 IP 地址空间。例如，某单位有 4 个独立部门，每个部门有 30 台左右电脑，如果每个部门申请一个 C 类地址，这显然非常浪费，而且还会增加路由器的负担，这时就可借助子网掩码将网络进一步划分成若干个子网，形成不同的网段，它们之间需要用路由器来连接，这样便于本单位的网络隔离和管理。对于外网而言，这些子网同属一个网络，只有一个网络号，当外网的一个分组进入本单位时，本单位路由器根据子网号选择子网段，最后找到目的主机。

子网掩码是一个 32 位编码，它用于屏蔽 IP 地址的一部分，以区别网络号和主机号，用于分割子网时，以区别子网网络号和子网主机号。例如，某台主机 IP 地址为 202.29.140.65，是一个 C 类地址，在无子网分割时，其默认子网掩码应为 255.255.255.0，将这两个数据做逻辑与运算后，得到其网络号为 202.29.140.0，主机号为 65。若子网掩码为 255.255.255.224，则运算后得到的子网网络号为 202.29.140.64，主机号为 1。

子网掩码与数据报目标地址运算得到目标地址的网络号，若目标地址的网络号就是本网段，则直接将数据报发送给本网段主机，否则，将通过路由发送到外网。

4. IP 路由

路由是数据从一个结点传输到另一个结点的过程。在 TCP/IP 网络中，同一网段中的计算机可以直接通信，不同网段中的计算机要互相通信，就必须借助于 IP 路由。在网络中要实现 IP 路由，必须使用路由器，而路由器可以是专门的硬件设备（其中也运行软件），如 Cisco 公司的路由器等；也可以将某台计算机设置为路由器。广域网中结点交换机都具有路由功能。不论用何种方式实现，路由器都是靠路由表来确定数据报的流向的。所谓路由表，是指相互邻接的网络 IP 地址列表。当一个结点接收到一个数据报时，便查询路由表，判断目的地址是否在路由表中，如果在，则直接送给该网络，否则转发给其他网络，直到最后到达目的地。

如图 6 - 23 所示，两个网段 202.104.1 与 202.105.2 通过路由器 R 互联，可以相互通信。

图 6 - 23　利用 IP 路由器连接 TCP/IP 网络

路由器是连接两个物理网段的桥梁，占用两个 IP 地址，分别属于两个不同网段。IP 路由器也称为网关。

当 A 计算机要发送信息给 B 计算机时，由于 A 计算机和 B 计算机同属一个网络号 202.104.1，即 A 和 B 在一个网段内，因此它们之间的通信不需要通过路由器，A 计算机直接将信息发送给 B 计算机。

当 A 计算机要发送信息给 C 计算机时，由于 A 计算机与 C 计算机不属于同一个网段，因此 A 计算机必须通过路由器 R 才能将信息发送给 C 计算机。

此例只是一个简单的网络互联，若要实现多个网段互联，则需要设置多个路由器。

6.3.3　广域网接入技术

Internet 是最大的广域网，那么个人或单位的计算机是如何接入 Internet 的呢？下面介绍几种方法。

1. 电话拨号接入

家庭用户接入 Internet 最简便的方法是利用现有的本地电话网，本地电信部门一般都提供了电话拨号上网的数据服务。由于电话线路是传输模拟信号的，所以需要一台电话调制解调设备来实现数字、模拟信号的转换。其工作原理如图 6 - 24 所示。

图 6 - 24　利用 IP 路由器连接 TCP/IP 网络

2. ISDN

ISDN（Integrated Services Digital Network）是综合业务数字网，它也是通过本地电话网络传输数据，但是它传输的是数字信号（包括数字语音和数据），而非模拟信号。

一个典型的 ISDN 通接线如图 6 – 25 所示。

图 6 – 25　PC 机接入 ISDN

3. ADSL

ADSL 即不对称数字用户线，是一种下行流（接收信息）传输速率比上行流（发送信息）传输速率要高得多的技术，特别适用于接收信息远多于发送信息的用户如家庭用户使用。ADSL 也是利用普通电话线路通过两端加装 ADSL 设备（专用的 ADSL 调制解调器）实现数据的高速传输的。

ADSL 安装也很简单，可以专门为 ADSL 申请一条单独的线路，也可以使用已有的电话线。需配置一个 ADSL 调制解调器，计算机中需安装 10M/100M 的以太网网卡，网卡与 ADSL 调制解调器之间用双绞线连接。设置有关参数后，便完成安装，如图 6 – 26 所示。

图 6 – 26　ADSL 安装示意图

ADSL 优点：像 ISDN 一样，可以与普通电话共存于一条电话线上，可同时接听、拨打电话并进行数据传输，两者互不影响；ADSL 传输的数据并不通过电话交换机，所以 ADSL 上网不需要缴付额外的电话费；ADSL 的数据传输速率是根据线路的情况自动调整的，以尽力而为的方式进行数据传输。

4. 有线电视网

前面 3 种广域网接入方式都是通过电话线路连接的，电话线路电气特性使数据传输速度受到较大的限制，而且缺少屏蔽，易受干扰，从而降低了数据通信的性能。近年来利用有线电视网高速传送数字信息的技术得到了很大的发展。

有线电视系统采用同轴电缆，抗电子干扰能力强，具有很高的容量，使用频分多路复用技术来同时传送多个电视频道。由于有线电视系统的设计容量远高于现在使用的电视频道数目，未使用的带宽（即频道）可以用来传输数据。

5. 光纤接入

目前，我国采用"光纤到楼、以太网入户（FTTX + ETTH）"的宽带接入方法，即采用 10 000 Mb/s 光纤以太网作为城域网的干线，实现 1 000M/100M 以太网到大楼和小区，再通过 1 000M 以太网到楼层或小型楼宇，然后以 100M 以太网入户或者到办公室和桌面，满足了多数情况下用户对接入速度的需求。

6.4　Internet 基础应用

6.4.1　Internet 简介

Internet 网（因特网）是 20 世纪末期发展最快、规模最大、涉及面最广的科技成果之一。Internet 起源于美国国防部 ARPANET 计划，后来与美国国家科学基金会的科学教育网合并。20 世纪 90 年代起，美国政府机构和公司的计算机也纷纷入网，并迅速扩大到全球 100 多个国家和地区。据估计，目前 Internet 网已经连接数百万个网络，上亿台计算机，用户数目超过 6.5 亿。

中国的 Internet 从 20 世纪 80 年代末开始，已经建成了 4 个骨干网，即中国公共计算机互联网（CHINANET，信息产业部主管）、中国科技技术计算机网（CSTNET，中国科学院主管）、中国教育科研计算机网（CERNET，教育部主管）和中国金桥互联网（CHINAGBN，信息产业部主管）。每个骨干网都接入了数以千计的接入网，并且骨干网之间既相互连接，又各自具有独立的国际出口，分别与美、英、德、日等国家以及港、澳地区互联，形成了真正的国际互联网络。

6.4.2　网络参数的设置

对于连接 Internet 的每一台主机，都需要有确定的网络参数，包括 IP 地址、子网掩码、网关地址、域名系统（Domain Name System，DNS）和服务器地址。这些参数的设定有手动设置和自动设置两种方式。手动设置适用于计算机数量比较少、TCP/IP 参数基本不变的情况，比如只有几台到十几台计算机。因为这种方法需要在联入网络的每台计算机上设置上述网络参数，一旦因为迁移等原因导致必须修改网络参数，就会给网管和用户带来很大的麻烦。

自动设置就是利用 DHCP 服务器来自动给网络中的计算机分配 IP 地址、子网掩码和默认网关。这样做的好处是一旦网络参数发生变化，只要更改 DHCP 服务器中相关的设置，那么网络中所有的计算机均将获得新的网络参数。这种方法适用于网络规模较大、TCP/IP 参数有可能变动的网络。

另外一种自动获得网址的办法是通过安装代理服务器软件（如 MS Proxy）的客户端程序来自动获得，其原理和方法与 DHCP 的有相似之处。

6.4.3　主机域名系统

Internet 的每一台主机都有一个 IP 地址，IP 地址用 4 个十进制数字来表示，它不便于人们记忆和使用。因此，希望使用具有特定含义的符号来表示因特网中的每一台主机。如www.bju.edu.cn 是北京大学的 WWW 服务器主机名，当用户访问北京大学主页时，只需输入这个域名或网址，而无须关心它的 IP 地址。

为了便于主机域名的管理和使用，因特网将整个网络的名字空间划分为许多不同的域，每个域又划分为若干子域，子域又分成许多子域（图 6 - 27）。域名采用层次结构，入网的每台主机都可以有一个类似下面的域名：lib.bju.edu.cn，其表示中国（cn）教育科研网（edu）中的北京大学校园网（bju）内的一台计算机。从左到右级别逐级升高，一般为计算机名、网络名、机构名、最高域名。

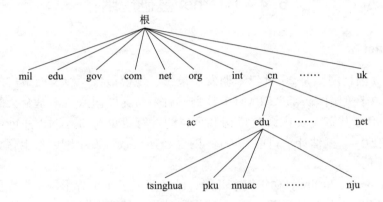

图 6 - 27　因特网主机名字的命名树

除美国以外，其他国家一般采用国家代码作为第一级域名，美国通常以机构或行业名作为第一级域名。如一级域名中 mil 表示美国军队部门，edu 表示美国教育部门，gov 表示美国政府部门，com 表示商业部门，net 表示网络管理机构，org 表示社会团体，int 表示国际性机构，cn 表示中国，uk 表示英国。

在国家顶级域名下注册的二级域名均由该国家自行确定。我国将二级域名划分为"内部域名"和"行政域名"两大类。分别是：

ac：科研机构；

com：工、商、金融等企业；

edu：教育机构；

gov：政府部门；

net：互联网、接入网络的信息中心和运行中心；

org：各种非营利性组织。

行政区域 34 个，适用于我国省、自治区、直辖市。例如，bj 为北京市，js 为江苏，sh为上海等。

一台主机只能有一个 IP 地址，但可以有多个域名（用于不同的目的）。主机从一个物理网络移到另一个网络时，其 IP 地址必须更换，但可以保留原来的域名。

人们习惯于使用域名，但计算机内部仍然需要使用 32 位的 IP 地址。因此必须将域名翻译成 IP 地址，这一工作是由软件完成的，这个软件叫域名系统（Domain Name System，DNS），运行域名系统的主机叫域名服务器（Domain Name Server），用户通过局域网接入 Internet 往往需要设置域名服务器的地址。

6.4.4　因特网提供的服务

因特网为网络用户提供了非常强大的功能（也将其称为服务）。因特网提供的服务有电子邮件（E-mail）、文件传输（FTP）、远程登录、信息服务（WWW）、BBS、专题讨论、在线交谈、游戏等。

1. 电子邮件

使用电子邮件的首要条件是拥有一个电子邮箱，它由提供电子邮政服务的机构为用户建立。绝大多数用户以从某个知名网站上申请免费邮箱的方式拥有自己的电子邮箱。每个拥有电子邮箱的人都会有一个电子邮件地址。由于 E-mail 是直接寻址到用户的，而不是仅仅到计算机，所以个人的名字或有关说明也要编入 E-mail 地址中。电子邮箱地址组成如下：

用户名@电子邮件服务器名

例如，smith@sina.com 是一个邮件地址，它表示邮箱的名字是 smith，邮箱所在的主机是 sina.com。

电子邮件一般由 3 个部分组成：邮件的头部（header），包括发送方地址、接收方地址（允许多个）、抄送方地址（允许多个）、主题等；邮件的正文（body）：信件的内容；邮件的附件：附件中可以包含一组文件，文件类型可以任意。

电子邮件系统基于客户机/服务器结构，客户机上需安装一个电子邮件程序（如 Outlook Express），服务器上需安装电子邮件服务器程序（实际上包含"发送邮件服务器"和"接收邮件服务器"程序，如 Exchange）。用户在客户机上利用电子邮件程序编写、发送和读取邮件。其内部过程是：

发送邮件：客户端邮件传送程序必须与远程的邮件服务器建立 TCP 连接，并按照 SMTP（Simple Mail Transfer Protocol，简单邮件传输协议）传输邮件，若接收方邮箱在服务器上确实存在，才进行邮件的发送，以确保邮件不会丢失。

接收邮件：按照 POP3（Post Office Protocol version3）协议向邮件服务器提出请求，只要用户输入的身份信息（用户名和密码）正确，就可以访问自己的邮箱内容。

邮件服务器上运行的软件一方面执行 SMTP 协议，负责接收电子邮件并将它存入收件人的邮箱；另一方面还执行 POP3 协议，鉴别邮件用户的身份，对收件人邮箱的存取进行控制。

2. 文件传输

因特网是一个信息资源的大宝库。一般来说，信息资源都是以文件的形式存放的，因此，在因特网上各主机间传送文件，实现资源共享就成为一个很普遍的要求。文件传输协议（File Transfer Protocol，FTP）就是为了规范主机间文件拷贝服务而制定的一个 TCP/IP 协议簇应用协议。

FTP 工作原理：当启动 FTP 从远程计算机往本地机复制文件时，事实上启动了两个程序：一个是本地机上的 FTP 客户程序，它提出复制文件的请求；另一个是运行在远程计算机上的 FTP 服务器程序，它响应请求并把指定文件传送到你的计算机中。FTP 采用客户机/服务器工作模式，远程服务器为信息服务的提供者，相当于一个大的文件仓库。本地机称为客户机，服务器和客户机之间进行文件的上载（将本地文件拷贝到远程系统）或下载（用户直接将远程文件拷贝到本地机）操作，如图 6 - 28 所示。

客户机　　　　　　　　请求　　　　　　　　FTP服务器

控制连接请求

文件　　　　　　　　　　　　　　　　　文件

下载 ←　　　　　上载 —→

图 6 - 28　文件传输原理

FTP 服务器要求用户提供登录名和口令，登录名对应于 FTP 服务器上的一个合法的账户，经服务器验证后，用户才能获得授权，然后就可以进行文件传输了。尽管登录名和口令的使用可以防止文件未经授权就被随意访问，但是这种做法有时并不很方便。

为了方便使用者，大部分 FTP 主机都提供了一种"匿名"登录的方式（匿名 FTP），使用者不需要有主机的账号和密码即可进入 FTP 主机，浏览和下载文件。要使用匿名 FTP 时，只要以 anonymous 或 guest 作为登录的账号，用有效的电子邮件地址作为密码即可进入主机。这类服务器的目的是向公众提供文件复制服务，Internet 上的大部分免费或共享软件均通过这类"匿名"FTP 服务器向公众提供。但因为安全方面的原因，"匿名"用户一般只能进行文件的下载，而不能上传文件（除非你是某服务器的合法用户）。

目前在 Internet 上有许多不同种类的 FTP 客户程序，它们将 FTP 命令集成到一个用户界面中，使用户不必去记那些枯燥无味的 FTP 命令，而只需选择此界面中相应命令按钮即可完成所有的功能操作。WS - FTP 和 CuteFTP 是目前比较流行的一类基于 Windows 环境下的 FTP 客户应用程序。另外，FTP 也可嵌入浏览器程序中，如 IE 浏览器就具有 FTP 功能。

3. 远程登录

用户把自己的机器暂时作为一台终端，通过因特网挂接到远程的大型或巨型机上，然后作为它的用户使用大型或巨型机的硬件和软件资源，因特网提供的这种服务称为远程登录。

登录的计算机用户应该预先申请合法的账户。远程登录成功后，用户即可使用其他计算机的强大的处理能力完成特定的任务，远程计算机会将处理的结果回送给用户。其工作原理如图 6 - 29 所示。

Telnet 的工作过程：

①在 TCP/IP 和 Telnet 协议的帮助下，通过本地机安装的 Telnet 应用程序向远程计算机发出登录请求。

②远程计算机在收到请求后对其响应，并要求本地机用户输入用户名和口令。

③输入用户名和口令后，远程计算机系统将验证本地机用户是否为合法用户，若是合法用户，则登录成功。

图 6 – 29　远程登录原理

④登录成功后，本地计算机就成为远程计算机的一个终端。此时，用户使用本地键盘所输入的任何命令都通过 Telnet 程序送往远程计算机，在远程计算机中执行这些命令并将执行结果返回到本地计算机屏幕上。

⑤退出对方系统的命令因系统不同而可能有差别。在结束远程登录之后，本地机上会显示信息 "Connection closed"，这表示联机已终止。

4. WWW

WWW（World Wide Web）又称万维网、Web 网、环球网、3W 网，起源于 1989 年欧洲粒子物理研究所 CERN，90 年代后以提供超媒体信息服务的万维网（WWW）得到了迅速的发展。

（1）网页与 HTML 语言

Web 服务器中向用户发布的文档通常称为网页（Web page），一个单位或者个人的主网页称为主页（homepage）。网页是一种采用 HTML 语言（超文本标记语言）描述的超文本文件，后缀为 html 或 htm。

（2）统一资源定位器

统一资源定位器（Uniform Resource Locator，URL）作为页面的世界性名称，目的是解决三个问题：①如何访问页面？如 http 或 ftp 协议。②页面在哪里？即该页面文件存放在哪个服务器，如 www.nnu.edu.cn:80/docs/，其中 "80" 代表端口号，"/docs/" 代表服务器上的具体文件夹。③页面文件叫什么？如 index.html。

（3）超链接

超链接（Hyperlink）是指包含在页面中能够链接到万维网上其他页面的链接信息，也可以链接到文档内部标记有书签的地方。

6.4.5　网络信息安全及应用

1. 网络信息安全概述

网络安全的主要目标是保护网络上的计算机资源免受毁坏、替换、盗窃和丢失。

一个较好的安全措施往往是多种安全措施适当综合应用的结果。目前主要的安全措施有：

①身份验证。

②访问控制。

③数据加密。

④防火墙技术。

⑤审计（记账）。

美国国家安全局制定了计算机安全评估准则，把计算机与网络系统的安全级别从低到高分为 4 类 8 级：D、C1、C2、B1、B2、B3、A1 和超 A1。如 DOS、Windows 9X 等个人操作系统的安全级别属于 D 级，这一级的操作系统根本就没有安全防护措施，就像一间门窗大开的房屋。UNIX 系统和 Windows 10 等达到了 C2 级别，安全性远远强于 Windows 9X 操作系统。

2. 身份认证与访问控制

身份认证是安全系统最重要且最困难的工作。为用户设置账号（User ID）和口令（Password）是最常用和最方便的身份认证方法。访问控制（Access Control）功能控制和定义一个对象对另一个对象的访问权限。

3. 数据加密

加密技术主要有私钥对称加密和公钥非对称加密两大类。

私钥加密具有对称性，即加密密钥也可以用作解密。密钥是使密码算法按照一种特定方式运行并产生特定密文的值。密钥越长，密文越安全。

加密算法可能非常简单，如图 6－30 所示。例如，可以设计一个 Character ＋ 3 的算法，在这个算法中，A 变成了 D、B 变成了 E 等。原始信息（明文）被 Character ＋3 算法转换成密文。解密的算法是反函数 Character － 3。还可以把这个算法改进得更通用：Character ＋ X，其中 X 是起密钥作用的变量，可以使用 3 作为密钥，也可以在一段时间后使用 8 作为密钥，密钥必须与加密信息分开保存，并尽可能做到秘密、安全地传送给接收者。

图 6－30　数据加密

使用对称密钥加密技术的一个很大问题是：对于加密信息所使用的密钥，需要有一种安全可靠的途径把密钥的副本传送给接收者，以使加密信息得到解密。

最有名的对称密钥加密系统就是数据加密标准（DES），这个标准现在由美国国家安全局和国家标准与技术局来管理。另一个系统是国际数据加密算法（IDEA），它比 DES 的加密性好，而且对计算机性能要求不高。

为了避开私钥加密存在的密钥副本传送的问题，安全问题专家提出了"公钥加密"的概念，这种方法也称"非对称加密"。

如图 6－31 所示，公共密钥加密使用两个不同的密钥，因此是一种不对称的加密系统。它的一个密钥是公开的，而系统的基本功能也是有公共密钥的人可以访问，公共密钥可以保存在系统目录内或保存在未加密的电子邮件信息中。它的另一个密钥是专用的，它可以对公共密钥加密的信息解密，也可用来加密信息，但公共密钥可以解密该信息。

图 6-31 公共密钥加密/解密过程

4. 防火墙

防火墙是在内部网与外部网之间实施安全防范的系统,可被认为是一种访问控制机制,用于确定哪些内部服务允许外部访问,以及允许哪些外部请求访问内部服务。即所有进出的信息必须穿过这个检查点,在这一点上按设置的安全策略检查这些信息,只允许"认可的"和符合规则的信息通过,如图 6-32 所示。防火墙主要是保护内部网络安全。

图 6-32 防火墙示意图

防火墙有三种类型:包过滤防火墙、应用级防火墙、线路级防火墙。

包过滤防火墙也称为网络级防火墙,通常由一个路由器或一台充当路由器的计算机组成。Internet/Intranet 上的所有信息都是以 IP 数据包的形式传输的,IP 数据包头信息中包含了 IP 源地址、IP 目标地址、TCP/UDP 目标端口及服务类型等信息,因此可以定义哪些 IP 源地址或 IP 目标地址的数据包可以通过防火墙,也可以定义哪些服务类型的数据包可以通过防火墙。例如,可设置包过滤防火墙来限制来自某些 IP 地址的恶意攻击,只允许外部网络对内部网进行 HTTP 访问,而不允许进行 FTP 访问等。

应用级防火墙通常指运行代理服务器软件的一台计算机主机。采用应用级防火墙,内网与外网间是通过代理服务器连接的,二者不存在直接的物理连接,一个网络的数据通信不会直接出现在另一个网络上,而是通过代理服务器进行适当转换然后转发到另一个网络。这种防火墙有效地隐藏了连接源的信息,防止外网用户窥视内网信息。由于代理服务器能够理解网络协议,因此,可以配置代理服务器控制内部网络需要的服务。例如可以设置服务器允许FTP 文件下载,不允许文件上载。

线路级防火墙也称电路层网关,是一个具有特殊功能的防火墙。电路层网关就像电线一样,只是在内部网络连接与外部网络连接之间来回复制字节,但是由于连接要穿过防火墙,它隐藏了受保护网络的有关信息,防止外网用户窥视内网信息。

上述三种类型防火墙是按照工作原理进行划分的,但并不是说这三种类型的防火墙只能独立使用。相反地，一个商品化防火墙软件通常是多种防火墙技术的并用，以实现更好的安全性和可靠性。另外，还要注意网络防火墙并非万能，例如不能防范绕过防火墙的攻击，也不能防止数据驱动式攻击（表面上看来无害的数据被邮寄或复制到主机上，一旦被执行（或打开），就会引发隐藏其中的恶意代码的执行）。

设置好一个防火墙系统，通常需要使用者对网络有相当的了解才能达到最佳效果。天网防火墙提供了方便的防火墙系统设置向导，图 6 – 33 和图 6 – 34 给出了其中两个重要设置。

图 6 – 33　安全级别设置

图 6 – 34　常用应用程序设置

6.5　案例1——上网前的准备

6.5.1　使用固定 ADSL 拨号上网

如果只有一台计算机，则不需要添购设备，直接使用运营商引入的网线即可，如图 6 - 35 所示。

图 6 - 35　一台计算机使用固定 ADSL 拨号上网

①单击"控制面板"→"网络和 Internet"→"网络和共享中心"，如图 6 - 36 所示。
②单击"设置新的连接或网络"选项，则会出现新连接的设置，如图 6 - 37 所示。

图 6 - 36　"网络和共享中心"界面

图 6 - 37　设置新的连接或网络

③单击"连接到 Internet"选项，并单击"下一步"按钮，则会出现连接方式的选择页面，如图 6 - 38 所示。
④单击"宽带（PPPOE）（R）"选项，则会出现用户名和密码的输入窗口，如图 6 - 39 所示。

图 6－38　连接方式选择

图 6－39　用户名和密码输入窗口

⑤这部分的内容需要参考网络运营商所提供的信息，正确填入后，单击"连接"按钮，开始进行连接，如图 6－40 所示。

⑥接着系统会确认用户名和密码是否正确。正确联机后，就会出现如图 6－41 所示的界面。

图 6 – 40　正在进行连接

图 6 – 41　连接成功

⑦单击"关闭"按钮即可完成设置。当下次要连接网络时，可以单击桌面右下角的"网络连接"按钮，弹出如图 6 – 42 所示的对话框。

⑧双击"网络连接"对话框中的"宽带连接"图标，则会出现如图 6 – 43 所示窗口。

⑨正确连接后，会出现已连接的提示。如果要中断连接，单击"取消"按钮，即可断开目前连接的网络。

图 6 - 42　选择"宽带连接"选项

图 6 - 43　"宽带连接"窗口

6.5.2　使用固定的 ADSL

如果使用固定地址上网，可通过以下步骤设置 Windows 的网络。

①单击"控制面板"→"网络和 Internet"→"网络和共享中心"，如图 6 - 44 所示。

图 6 - 44　进入"网络和共享中心"

②单击"更改适配器设置"选项，则会出现图 6 - 45 所示的"网络连接"窗口，右击"以太网"选项，在弹出的快捷菜单中选择"属性"命令，则会出现如图 6 - 46 所示对话框。

图 6 - 45　"网络连接"窗口

图 6 – 46 设置网络属性对话框

③双击"Internet 协议版本 4 （TCP/IPv4）"选项，则会出现如图 6 – 46 右侧的对话框。

④在图中输入正确的 IP 地址、子网掩码、默认网关及 DNS 服务器地址，并单击"确定"按钮即可完成设置。

6.5.3 无线上网

无线路由器已经越来越普及，大多数使用笔记本或者智能手机的用户，都希望能直接用WiFi 连接上网，方便、省流量。在一般家庭中，有线网络需要实体的布线，若是没有预留线路管道，则要使用压板来处理外露线路美观的问题，并且一旦实体线路发生状况，有线网络处理起来也较不方便。若是使用无线网络，则无须布线，只需要为台式机购买一台无线路由器和无线网卡，就可以实现上网的目的的。若是使用笔记本和智能手机，其 CPU 有内建Centrino，可以不必再购买无线网卡。无线路由器的安装和硬件的设置方式与一般的路由器设置方式完全相同，差异在于对无线的支持。

1. 无线路由器外观

各种无线路由器的接口大同小异，如图 6 – 47 所示。

WAN口　LAN口　恢复　电源
　　　　　　　出厂　接口

图 6 – 47 无线路由器的接口

将无线路由器连接好后启动路由器。

2. 无线路由器参数设置

用网线将无线路由器和电脑连接起来，当然，也可以直接使用无线搜索连接。

①连接好之后，打开浏览器，在地址栏中输入路由器地址，如"tplogin. cn"，如图 6 - 48 所示，进入无线路由器的设置界面。

②如图 6 - 49 所示，需要登录之后才能设置其他参数，默认的登录用户名和密码都是 admin，可以参考说明书。

图 6 - 48　输入"tplogin. cn"

图 6 - 49　用户登录

③登录成功后的界面如图 6 - 50 所示。

图 6 - 50　登录成功后的界面

④找到"路由设置"，如图 6 - 51 所示。

⑤选择上网方式，如图 6 - 52 所示。

⑥输入从网络服务商那儿申请到的账号和密码，如图 6 - 53 所示，输入完成后，直接单击"连接"按钮。

图 6－51　路由设置

图 6－52　选择上网方式

图 6－53　输入账号和密码

3. 无线设置及重启无线路由器

接下来进行无线设置，如图 6－54 所示。设置完成后，单击"保存"按钮。

图 6－54　进行无线设置

至此，无线路由器的设置完成了。重新启动路由器即可无线上网了。

4. 搜索无线信号连接上网

无线路由器设置完成后，接下来就是要开启无线设备，搜索 WiFi 信号，待连接到无线网络后，就可以无线上网了。操作方法如下：

启用无线网卡，搜索 WiFi 信号，如图 6 - 55 所示。

找到需要连接的无线路由器的名称并双击，连接到无线路由器，如图 6 - 56 所示。

图 6 - 55　无线网络信号　　　　　　　　　图 6 - 56　连接指定的无线网

接下来输入之前设置的密码即可，如图 6 - 57 所示。

单击"加入"按钮进行连接，等待一会儿即可，连接上了就可以上网了。

以上是无线路由设置的基本内容，但是路由器的设置远不止这些简单的内容。登录路由器设置页面之后，还有更多的设置选项，例如绑定 MAC 地址、过滤 IP、防火墙设置等，可以让你的无线网络更加安全。

图 6 - 57　输入之前设置的密码

6.6　案例2——漫游 Internet

IE 全名为 Internet Explorer，是当前最为普及的网页浏览器，Windows 7 集成了最新版本的 IE8 浏览器，它为网页浏览提供了更新的体验和更高的安全性。

不同于以往的版本，IE8 采用了全新的界面，如图 6 - 58 所示。

IE8 推出后，微软公司对其进行了较大的改进，加大了浏览网页的空间。菜单栏预设为隐藏状态，若需要使用，只要按下 Alt 键，就可以将其显示出来。如果发现网页上的文字太小，通过状态栏可及时调整网页的显示比例。当开启的网页太多而又想快速找到某个网页时，则可通过"快速导航"选项卡来浏览、管理网页，从而使用户比以往更轻松地进行操作。

图 6-58　IE8 浏览器界面

1. 选项卡的使用

以前的 IE 每打开一个新的页面，就会弹出一个新的窗口，操作系统下方的任务栏就会被众多的新窗口填满。在 IE8 中强化了"选项卡"这一功能，大大提高了浏览效率，并增加了一些新特性。

①打开 IE8。例如打开网易的默认主页，如图 6-59 所示。

图 6-59　打开网易的默认主页

②在网页中选择一处超链接，并右击鼠标，在弹出的快捷菜单中选择"在新选项卡中打开"，如图 6 – 60 所示。

图 6 – 60 弹出的快捷菜单

③打开新的页面后，可以看见新页面的选项卡在原页面选项卡的右边，如图 6 – 61 所示。此时单击选项卡右侧的"关闭"按钮，可关闭当前页面。

图 6 – 61 新页面选项卡在原页面选项卡右边

④从某选项卡网页中开启另一个页面选项卡后，会发现选项卡的颜色改变了，这是 IE8 推出的新功能：选项卡分组。用颜色区分选项卡分组，就能快速分辨哪些网页是相关联的。

2. 将常用的网站设置为主页

开启浏览器后看到的第一个页面，即为主页。不论打开了何种页面，只要单击选项卡旁边的"主页"按钮 ，就会立即返回主页。基于这个特性，可将经常浏览的网站设为主页，例如可把方便搜索资料的百度（www.baidu.com）设为主页，操作步骤如下：

①打开浏览器，进入百度网站（http://www.baidu.com），单击旁边的下拉箭头，选择"添加或更改主页"命令，在弹出的对话框中选中"将此网页用作唯一主页"，单击"是"按钮即可，如图 6 – 62 所示。

图 6 – 62　添加或更改主页

②在下次启动 IE 时，会自动加载百度网站的页面。

③若选择"将此网页添加到主页选项卡"，并且之前存在一个已经设为主页的网页，则当前的页面将作为第二主页。在单击"主页"按钮后，会在选项卡中同时开启两个主页，如图 6 – 63 所示。

④若在图 6 – 62 中选择"将此网页添加到主页选项卡"，并且同时开启两个以上的页面选项卡时，会弹出选择窗口，选中"使用当前选项卡集作为主页"，则会将当前开启的所有页面都设为主页。

3. 将喜爱的网站添加到收藏夹

将喜爱的网站添加到收藏夹的操作步骤如下：

①单击"收藏夹"按钮，再单击"添加到收藏夹"按钮，弹出"添加收藏"对话框，如图 6 – 64 所示，可以修改网站名称。单击"添加"按钮。

图 6-63　选项卡中同时开启两个主页

图 6-64　"添加收藏"对话框

　　②网站添加到"收藏夹"后，若要删除此网站，只需要在网站名称上单击右键，在弹出的快捷菜单中执行"删除"命令即可。

③在收藏夹中添加网站时，可将不同性质的网站分类放置。若要将网站加入自定义的文件夹，可在开启的"添加收藏"对话框中操作。

- 在"添加收藏"对话框中，单击"新建文件夹"按钮。
- 输入文件夹的名称，单击"创建"按钮。
- 在下拉菜单中选择刚才自定义的文件夹，单击"添加"按钮即可。

4. 利用搜索引擎找到感兴趣的内容

利用 IE 右上角的搜索工具条可以方便用户进行快速搜索，操作步骤如下：

①打开 IE8，如图 6 – 65 所示，在搜索工具条中输入想要搜索的关键词，单击 🔍 按钮，就会出现搜索结果。

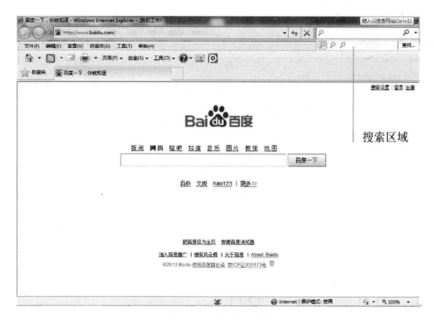

图 6 – 65　搜索工具条

②若不想使用默认提供的搜索服务，可单击 🔍 旁的下三角按钮，选择"查找更多提供程序"选项，如图 6 – 66 所示，将打开选择搜索工具的网页。

图 6 – 66　选择"查找更多提供程序"选项

③在页面中选择自己喜欢的搜索提供商，然后单击下面的"添加到 Internet Explorer"按钮，弹出"添加搜索提供程序"对话框，单击"添加"按钮。

④这样，利用图 6 - 66 所示的下拉菜单就可以选择自己喜欢的搜索服务提供商了。

5. 利用"加速器"快速查找所需信息

IE8 提供了全新的"加速器"功能，不打开网页就可以查找到地址、单词翻译等。例如利用"加速器"翻译网站中的英文单词的操作步骤如下：

①选取想要翻译的英文单词（如 WIN），单击右键，弹出如图 6 - 67 所示的快捷菜单。

图 6 - 67　加速器

②选择"使用 Bing 搜索"选项，即可在菜单旁边出现翻译结果的悬浮框。

③"加速器"不但能用来翻译，而且只要单击"页面"按钮，执行图 6 - 67 中的"查找更多加速器"命令，即可链接到加速器的下载网页，如图 6 - 68 所示，里面有各种各样的加速器，例如通过 Hotmail 传送电子邮件、使用 Soapbox 肥皂盒进行影音搜索等，可以自行选择安装。

图 6 – 68　管理加速器

6. 不保留浏览记录

浏览网页时，凡是开启过的网站，登录时使用的账号及密码等都会被浏览器保留下来。IE8 提供了"InPrivate 浏览"功能，它可以避免浏览历史、临时文件、填过的表格数据、账号和密码等信息被浏览器保留。

①打开 IE8，单击"安全"按钮，选择"InPrivate 浏览"命令，如图 6 – 69 所示。

图 6 – 69　"安全"按钮

②开启"InPrivate 浏览"后，会在地址栏出现一个"InPrivate"标记，如图 6 – 70 所示，在此浏览器窗口中出现的任何网页及相关操作都不会被记录下来；若要关闭"InPrivate 浏览"，只要关闭此浏览器窗口即可。

图 6 – 70   InPrivate 浏览

7. 设置 IE 浏览器

（1）兼容性视图设置

为了解决 IE8 和旧版本网页之间因兼容性问题可能出现的使用错误，IE8 提供了"兼容性视图"功能。使用步骤如下：

①打开网页，在网页菜单栏右边"工具"下拉菜单中可看见 兼容性视图(V) 按钮，如图 6 –71 所示。

②如果不希望每次都手动设置视图，可以将不兼容的网页加入浏览器的兼容性视图清单。选择"工具"→"兼容性视图设置"命令，在弹出的对话框中输入网址，然后单击"添加"按钮，单击"关闭"按钮，即可成功添加网址，如图 6 –72 所示。

（2）设置网络安全等级

网页上的一些控制组件或程序代码可能会对计算机

图 6 –71   兼容性视图设置

有危害，如果想要避免，可以考虑提高网络安全性等级。不过，如果安全性等级太高，反而可能会造成部分网页无法显示，所以，大多数情况下，可以套用浏览器默认的安全等级，而

图 6 - 72　添加浏览器的兼容性视图清单

在浏览陌生网站时，再适当提高安全性等级。操作步骤如下：

　　①打开 IE8，选择"工具"→"Internet 选项"命令，弹出如图 6 - 73 所示对话框。

图 6 - 73　更改安全设置

　　②切换至"安全"选项卡，设置安全级别为"高"，单击"确定"按钮。

6.7 案例3——收发电子邮件

6.7.1 电子邮件概述

电子邮件（E-mail）是因特网上使用非常广泛的一种服务。由于电子邮件通过网络传送，具有方便、快速，不受地域或时间限制，费用低廉等优点，很受广大用户欢迎。

与通过邮局邮寄信件必须写明收件人的地址类似，要使用电子邮件服务，首先要拥有一个电子邮箱，每个电子邮箱拥有唯一可识别的电子邮件地址。电子邮箱是由提供电子邮件服务的机构为用户建立的。任何人都可以将电子邮件发送到某个电子邮箱中，但是只有电子邮箱的拥有者在输入正确的用户名和密码后，才能查看到 E-mail 的内容。

1. 电子邮件地址

每个电子邮箱都有一个电子邮件地址，地址的格式是固定的：<用户标识>@<主机域名>。它由收件人用户标识（如姓名或缩写）、字符"@"（读作"at"）和电子邮箱所在计算机的域名三部分组成。地址中间不能有空格或逗号。例如 liling@sohu.com 就是一个电子邮件地址，它表示在"sohu.com"邮件主机上有一个名为 liling 的电子邮件用户。

电子邮件首先被送到收件人的邮件服务器，存放在属于收件人的 E-mail 邮箱里。所有的邮件服务器都是 24 小时工作的，随时可以接收或发送邮件，发信人可以随时上网发送邮件，收件人也可以随时连接因特网，打开自己的邮箱阅读邮件。由此可知，在因特网上收发电子邮件不受地域或时间的限制，双方的计算机并不需要同时打开。

2. 电子邮件的格式

电子邮件都有两个基本部分：信头和信体。信头相当于信封，信体相当于信件内容。

①信头。信头中通常包括如下几项：

收件人：收件人的 E-mail 地址。多个收件人地址之间用分号（;）隔开。

抄送：表示同时可以接收到此信的其他人的 E-mail 地址，假如抄送的有多个收件人，他们的 E-mail 地址之间也用分号隔开。

主题：类似一本书的章节标题，它概括描述新建邮件的主题，可以是一句话或一个词。

②信体。信体就是希望收件人看到的邮件正文，有时还可以包含有附件，比如照片、音频、文档等文件都可以作为邮件的附件进行发送。

3. 申请免费邮箱

为了使用电子邮件进行通信，每个用户必须有自己的邮箱。一般大型网站，如新浪（www.sina.com.cn）、搜狐（www.sohu.com）、网易（www.163.com）等都提供免费邮箱。这里简单介绍在网易上注册"免费邮箱"的方法。

当进入网易主页后，单击"网易邮箱"选项，就可以进入"邮件"页面，如图 6-74 所示。如果还没有账号，则单击"注册免费邮箱"按钮进入注册免费邮箱的页面，然后，按要求逐一填写各项必要的信息，如用户名、口令等进行注册。注册成功后，就可以登录此邮箱收发电子邮件了。

图 6 – 74　申请免费电子邮箱

6.7.2　电子邮件的使用

如果要使用 QQ 邮箱发送和接收邮件，则登录 QQ 后，打开如图 6 – 75 所示的界面进行操作即可。注意附件的使用。

图 6 – 75　QQ 邮件的收发

习 题 6

选择题：

1. 调制解调器的作用是（　　）。

A. 将计算机的数字信号转换成模拟信号

B. 将模拟信号转换成计算机的数字信号

C. 将计算机的数字信号与模拟信号互相转换

D. 为了使上网与接电话两不误

2. 正确的 IP 地址是（　　）。

A. 202.202.1　　　　　　　　　　B. 202.2.2.2.2

C. 202.112.111.1　　　　　　　　D. 202.257.14.13

3. 拥有计算机并以拨号方式接入网络的用户需要使用（　　）。

A. CD – ROM　　　　B. 鼠标　　　　C. 软盘　　　　D. Modem

4. 根据 Internet 的域名代码规定，域名中的（　　）表示商业组织的网站。

A. .net　　　　　　B. .com　　　　　　C. .gov　　　　　　D. .org

5. 计算机感染病毒的可能途径之一是（　　）。

A. 从键盘上输入数据

B. 随意运行外来的、未经消毒软件严格审查的软盘上的软件

C. 所使用的软盘表面不清洁

D. 电源不稳定

6. 计算机病毒除了通过有病毒的软盘传染外，另一条可能途径是通过（　　）进行传染。

A. 网络　　　　　　　　　　　　B. 电源电缆

C. 键盘　　　　　　　　　　　　D. 输入不正确的程序

7. 下列各指标中，（　　）是数据通信系统的主要技术指标之一。

A. 误码率　　　　B. 重码率　　　　C. 分辨率　　　　D. 频率

8. 主机域名 mh.bit.edu.cn 中的最高域是（　　）。

A. mh　　　　　　B. edu　　　　　　C. cn　　　　　　D. bit

9. 下列关于计算机病毒的说法中，正确的是（　　）。

A. 计算机病毒是对计算机操作人员身体有害的生物病毒

B. 计算机病毒将造成计算机的永久性物理损害

C. 计算机病毒是一种通过自我复制进行传染的，破坏计算机程序和数据的小程序

D. 计算机病毒是一种感染在 CPU 中的微生物病毒

10. 下列叙述中，正确的是（　　）。

A. 所有计算机病毒只在可执行文件中传染

B. 计算机病毒通过读写软盘或 Internet 网络进行传播

C. 只要把带毒软盘片设置成只读状态，那么此盘片上的病毒就不会因读盘而传染给另一台计算机

D. 计算机病毒是由于软盘片表面不清洁而造成的

11. 用户在 ISP 注册拨号入网后，其电子邮箱建在（　　）。

A. 用户的计算机上　　　　　　　　　　B. 发信人的计算机上

C. ISP 的主机上　　　　　　　　　　　 D. 收信人的计算机上

12. 域名 mh. bit. edu. cn 中的主机名是（　　）。

A. mh　　　　　　　B. edu　　　　　　C. cn　　　　　　D. bit

13. 能保存网页地址的文件夹是（　　）。

A. 收件箱　　　　　　B. 公文包　　　　　C. 我的文档　　　　　D. 收藏夹

14. Internet 中，主机的域名和主机的 IP 地址两者之间的关系是（　　）。

A. 完全相同，毫无区别　　　　　　　　　B. 一一对应

C. 一个 IP 地址对应多个域名　　　　　　 D. 一个域名对应多个 IP 地址

15. 在因特网上，一台计算机可以作为另一台主机的远程终端，从而使用该主机的资源，该项服务称为（　　）。

A. Telnet　　　　　　B. BBS　　　　　　C. FTP　　　　　　D. Gopher

16. 下列叙述中，（　　）是正确的。

A. 反病毒软件总是超前于病毒的出现，它可以查杀任何种类的病毒

B. 任何一种反病毒软件总是滞后于计算机新病毒的出现

C. 感染过计算机病毒的计算机具有对该病毒的免疫性

D. 计算机病毒会危害计算机用户的健康

17. 下列英文缩写和中文名字的对照中，错误的是（　　）。

A. WAN——广域网　　　　　　　　　　B. ISP——因特网服务提供商

C. USB——不间断电源　　　　　　　　　D. RAM——随机存取存储器

18. Internet 提供的最常用、最便捷的通信服务是（　　）。

A. 文件传输（FTP）　　　　　　　　　　B. 远程登录（Telnet）

C. 电子邮件（E-mail）　　　　　　　　　D. 万维网（WWW）

第7章 Word 2016 高级应用

第3章已经对 Word 2016 的基本知识进行了详细的讲解，本章针对全国计算机等级考试二级《MS Office 高级应用》，通过三个案例对 Word 2016 的高级应用进行分析讲解。通过本章的学习，应掌握：

1. 页面布局的设置。
2. 根据页面布局的需要，进行文字、段落的设置。
3. 图片的综合应用。
4. 引用 Excel 表格中的内容。
5. 邮件合并。

7.1 案例1——宣传海报的制作

【任务提出】某高校为了使学生更好地了解和使用网络，营造健康的网络使用环境，该校学工处将于 2021 年 12 月 17 日（星期五）18:30—20:30 在校园多功能报告厅举办题为"预防网络诈骗，营造绿色健康网络"的知识讲座，特别邀请某计算机协会主席王先生担任演讲嘉宾。学工处宣传部部长接到任务，要求针对这一活动制作一份宣传海报。

【相关知识点】
①页面布局的设置。
②文字、段落格式的设置。
③图片的引用。
④引用 Excel 表格中的内容。

7.1.1 页面布局的设置

1. 基本设置

启动 Word 后，打开一个新的空文档，在文档中输入海报的相关文字内容，如图 7 – 1 所示。

根据版面的需要进行页面布局，操作步骤如下：

①单击"布局"选项卡下"页面设置"组右下角的 按钮，打开"页面设置"对话框，在"纸张"选项卡下设置高度和宽度。此处在"纸张大小"中选择"自定义大小"，然后分别将"高度"和"宽度"设置为"35 厘米"和"27 厘米"。设置好后，单击"确定"按钮即可，如图 7 – 2 所示。

②按照上面同样的方式打开"页面设置"对话框中的"页边距"选项卡，将"页边距"的"上"和"下"都设置为"5 厘米"，"左"和"右"都设置为"3 厘米"，然后单击"确定"按钮，如图 7 – 3 所示。

"预防网络诈骗"知识讲座

报告题目：预防网络诈骗，营造绿色健康网络

报告人：王XX

报告日期：2021 年12月17 日(星期五)

报告时间：18:30—20:30

报告地点：多功能报告厅

欢迎大家踊跃参加！

主··办：校学工处

图7-1 海报文字内容

图7-2 "纸张大小"的设置

图7-3 "页边距"的设置

2. 插入分隔符

在海报的适当位置插入分隔符，操作步骤如下：

将鼠标置于"主办：校学工处"位置后面，单击"布局"选项卡下"页面设置"组中的"分隔符"按钮，选择"分节符"中的"下一页"命令即可另起一页，如图7-4所示。

图7-4 插入"下一页"分节符

3. 对第二页进行页面设置

操作步骤如下：

①选择第二页，单击"布局"选项卡下"页面设置"组右下角的 按钮，打开"页面设置"对话框，切换至"纸张"选项卡，选择"纸张大小"选项中的"A4"，如图7-5所示。

图7-5 "纸张大小"的设置

②切换至"页边距"选项卡，选择"纸张方向"选项下的"横向"，如图7－6所示。

③单击"布局"选项卡"页面设置"组中的"页边距"按钮，在弹出的下拉列表中选择"常规"，如图7－7所示。

图7－6 "纸张方向"的设置

图7－7 "常规"页边距的设置

7.1.2 文字、段落格式的设置

1．文字格式的设置

根据页面布局的需要，对文字格式进行设置，操作步骤如下：

选中标题"'预防网络诈骗'知识讲座"，单击"开始"选项卡下"字体"组中的"字体"下拉按钮，选择"华文琥珀"，在"字号"下拉列表中选择"初号"，在"字体颜色"下拉列表中选择"红色"。效果如图7－8所示。

按照同样的方法设置正文部分的字体，这里把正文部分设置为"宋体"，字体颜色为"深蓝"。"欢迎大家踊跃参加！"设置为"华文行楷""初号""深蓝"。效果如图7－9所示。

图 7-8　标题文字格式的设置　　　　　图 7-9　正文部分字体格式的设置

2. 段落格式的设置

根据页面布局的需要，对段落格式进行设置，操作步骤如下：

①选中"报告题目""报告人""报告日期""报告时间""报告地点"所在的段落信息，单击"开始"选项卡下"段落"组中的"段落设置"按钮，弹出"段落"对话框。在"缩进和间距"选项卡下的"间距"组中，单击"行距"下拉按钮，选择合适的行距，此处选择"单倍行距"。"段前"和"段后"都设置为"0 行"。

②在"缩进"组中，选择"特殊"格式下拉列表框中的"首行"缩进，并在右侧对应的"缩进值"下拉列表框中设置为"3.5 字符"，如图 7-10 所示。

图 7-10　正文段落格式的设置

7.1.3　引用 Excel 表格中的内容

要求在第二页的"日程安排"段落下面复制本次活动的日程安排表（安排表保存在"活动日程安排 .xlsx" Excel 文件中），要求表格内容引用 Excel 文件中的内容，如若 Excel 文件中的内容发生变化，Word 文档中的日程安排信息也会随之发生变化。操作步骤如下：

①打开"活动日程安排.xlsx"，选中表格中的所有内容，按快捷键 Ctrl + C，复制所选内容，如图 7 - 11 所示。

图 7 - 11　复制 Excel 表格中的内容

②切换到 Word 文件中，将光标定到"日程安排"段落下面，单击"开始"选项卡下"剪贴板"组中的"粘贴"按钮，在"粘贴选项"中选择"选择性粘贴"，如图 7 - 12 所示，弹出"选择性粘贴"对话框。选择"粘贴"，在"形式"下拉列表框中选择"Microsoft Excel 工作表对象"，如图 7 - 13 所示。

图 7 - 12　在"剪贴板"组中选择"选择性粘贴"按钮

③单击"确定"按钮后，实际效果如图 7 - 14 所示。若更改"活动日程安排.xlsx"文字单元格的背景色，在 Word 中即可同步更新。

图 7 – 13 "选择性粘贴"对话框

"预防网络诈骗"知识讲座　　活动细则↵
日程安排：↵

时间	主题	报告人
18:30-18:40	签到	
18:40-19:50	知识讲座	特邀嘉宾
19:50-20:30	现场提问	李老师

报名流程：↵
↵

图 7 – 14　粘贴后的效果

7.1.4　图片的应用

1. 设置海报的背景

单击"设计"选项卡下"页面背景"组中的"页面颜色"按钮，在弹出的下拉列表中选择"填充效果"命令，如图 7 – 15 所示，弹出"填充效果"对话框。切换至"图片"选项卡，单击"选择图片"按钮，如图 7 – 16 所示，打开"选择图片"对话框，从目标文件中选择"海报背景图片 . jpg"。设置完毕后，单击"确定"按钮即可。效果如图 7 – 17 所示。

图 7 - 15 "页面颜色"下拉列表

图 7 - 16 "填充效果"对话框

图7-17 插入背景图片后的效果

2. 绘制流程图

在"报名流程"段落下面，利用 SmartArt 制作本次活动的报名流程（院学生会报名、领取资料、确认座位）。操作步骤如下：

步骤1：单击"插入"选项卡下"插图"组中的"SmartArt"按钮，弹出"选择 Smart-Art 图形"对话框，选择"全部"中的"连续块状流程"，如图7-18所示。

图7-18 "选择 SmartArt 图形"对话框

步骤2：单击"确定"按钮。

步骤3：在文本中输入相应的流程名称，如图7-19所示。

步骤4：在"院学生会报名"所处的文本框上右击鼠标，在弹出的工具栏中单击"填充"下拉按钮，选择"标准色"中的"红色"，如图7-20所示。按照同样的方法依次设置后两个文本框的填充颜色为"绿色"和"紫色"。

图 7 – 19　输入相应的流程名称

图 7 – 20　改变文本框的填充色

【说明】

①流程图中的文本框，既可以改变形状和大小，也可以只改变大小。大小的改变方法和普通文本框一样，改变形状的菜单如图 7 – 21 所示。

图 7 – 21　改变文本框形状的菜单

②流程图中的文本框，既可以添加，也可以删除。若要删除文本框，选中要删除的文本框，按 Delete 键即可；若要添加文本框，选中添加位置前（或后）的一个文本框，右击鼠标，在弹出的快捷菜单中选择"添加形状"，在下一级子菜单中选择"在后面添加形状"（或"在前面添加形状"）即可。

3. 插入图片

在海报中报告人简介后面插入报告人的照片，将该照片调整到适当位置，并且不要遮挡文档中的文字内容。操作步骤如下：

①单击"插入"选项卡下"插图"组中的"图片"按钮，弹出"插入图片"对话框，选择所需要的图片"Pic 2.jpg"，如图 7－22 所示。

图 7－22 "插入图片"对话框

②选中图片，在"图片工具"的"格式"选项卡下，单击"图片样式"组中的"图片样式"右侧滚动条中的"其他"按钮，如图 7－23 所示。

图 7－23 "图片样式"右侧滚动条中的"其他"按钮

③在打开的"图片的总体样式外观"中选择"棱台形椭圆，黑色"，如图7-24所示；调整图片的位置，以不遮挡文档中的文字内容为宜，调整后的效果如图7-25所示。

图7-24　"图片的总体样式外观"选项组

图7-25　海报的效果图

【说明】

若要修改已插入的图片，则选中图片，在"图片工具"的"格式"选项卡下，单击"调整"组中的"更改图片"按钮，弹出"插入图片"对话框，选择新的要插入的图片，单击"插入"按钮，实现图片更改。

7.1.5　案例总结

本节主要介绍了 Word 文档的页面布局的设置、文字及段落格式的设置、Excel 表格内容的引用、图片的应用等。

其中，页面布局、文字格式、段落格式的设置在第3章中已经有详细的讲解，在全国计算机等级考试二级《MS Office 高级应用》中，一般情况下，要求大家根据参考样式，结合页面布局的需要，自行设置文字、段落的格式，题目不会具体给出要设置成几号字、什么颜色、段间距、行间距等细节。

7.2　案例2——请柬的制作

【任务提出】

为了让全院学生充分了解学院，激发热爱学院、爱护学院声誉的强烈责任心和高度责任感，院团委决定举办一次以"知院爱院护院，争创一流学府"为主题的演讲比赛。比赛定于2021年11月8号14:00时在院多功能报告厅举行。比赛需邀请评委，评委人员名单保存在名为"评委名单.docx"的 Word 文档中。院团委组织部部长接到任务，要求针对这一活动向各位评委发出一份请柬。

相关知识点

①页面布局的设置。

②文字、段落格式的设置。

③页脚的设置。

④邮件合并。

7.2.1　请柬的制作

1. 输入请柬内容

以"院团委"名义发出邀请，请柬中需要包含标题、收件人名称、演讲比赛时间、演讲比赛地点和邀请人。操作步骤如下：

①启动 Word 2016，新建一个空白文档。

②根据题目要求在空白文档中输入请柬必须包含的信息，如图7-26所示。

图7-26　请柬内容

2. 对请柬进行排版

改变字体、调整字号，并且标题部分（"请柬"）与正文部分（以"尊敬的×××"开头）采用不相同的字体和字号，以美观且符合中国人阅读习惯为准。操作步骤如下：

①选中"请柬"二字，单击"开始"选项卡下"字体"组中的"字号"下拉按钮，在弹出的下拉列表中选择适合的字号，此处选择"一号"。按照同样的方式在"字体"下拉列表中设置字体，此处选择"隶书"。

②选中除了"请柬"以外的正文部分，单击"开始"选项卡下"字体"组的下拉按钮，在弹出的列表中选择适合的字体，此处选择"黑体"。按照同样的方式设置字号为"小四"。

③段落格式的设置：标题"居中"，行间距设为"两倍行距"，落款右侧对齐缩进两个字符等。

效果如图 7－27 所示。

图 7－27　排版后的请柬

3. 页面设置

加大文档的上边距，为文档添加页脚，要求页脚内容为院团委联系电话。操作步骤如下：

①单击"布局"选项卡下"页面设置"组的"页边距"下拉按钮，在下拉列表中选择"自定义页边距"。

②在弹出的"页面设置"对话框中切换至"页边距"选项卡。在"页边距"组的"上"微调框中输入合适的数值，以适当加大文档的上边距为准，此处输入"3 厘米"。

③单击"插入"选项卡下"页眉和页脚"组中的"页脚"按钮，在弹出的下拉列表中选择"空白"，如图7-28所示。

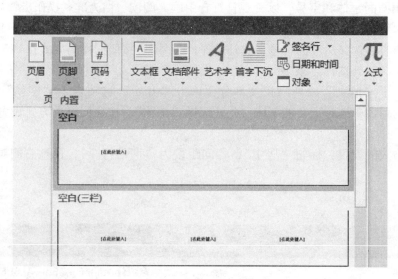

图7-28　插入页脚

【说明】

本小节涉及的知识点在第3章中都有讲解，本小节只针对请柬的制作过程做简单说明。

7.2.2　邮件合并的应用

运用邮件合并功能制作内容相同、收件人不同（收件人为"评委名单.docx"中的每个人，采用导入方式）的多份请柬，再将生成的文档以"请柬.docx"为文件名进行保存。操作步骤如下：

①将光标定到"尊敬的"后面，在"邮件"选项卡上的"开始邮件合并"组中，单击"开始邮件合并"下拉按钮，在弹出的下拉列表中执行"邮件合并分步向导"命令，如图7-29所示。

②打开"邮件合并"任务窗格，进入"邮件合并分步向导"的第1步。在"选择文档类型"中选择一个希望创建的输出文档的类型，此处选中"信函"单选按钮，如图7-30所示。

③单击"下一步：开始文档"超链接，进入"邮件合并分步向导"的第2步，在"选择开始文档"选项区域中选中"使用当前文档"单选按钮，以当前文档作为邮件合并的主文档，如图7-31所示。

④接着单击"下一步：选择收件人"超链接，进入第3步，在"选择收件人"选项区域中选中"使用现有列表"单选按钮，如图7-32所示。

图 7－29　执行"邮件合并分步向导"命令

图 7－30　邮件合并分步向导第 1 步

图 7－31　邮件合并分步向导第 2 步

图 7－32　邮件合并分步向导第 3 步

⑤然后单击"浏览"超链接，打开"选取数据源"对话框，选择文件"评委名单.docx"（文件内容如图7-33所示）后单击"打开"按钮，进入"邮件合并收件人"对话框，如图7-34所示，单击"确定"按钮完成现有工作表的链接工作。

图7-33 "评委名单.docx"内容　　　　图7-34 "邮件合并收件人"对话框

⑥选择了收件人之后，单击"下一步：撰写信函"超链接，进入第4步，如图7-35所示。在"撰写信函"区域中选择"其他项目"超链接。打开"插入合并域"对话框，在"域"列表框中，按照题意选择"姓名"域，单击"插入"按钮，如图7-36所示。插入所

图7-35 邮件合并分步向导第4步　　　　图7-36 "插入合并域"对话框

需的域后，单击"关闭"按钮，关闭"插入合并域"对话框。文档中的相应位置就会出现
已插入的域标记。

⑦在"邮件合并"任务窗格中，单击"下一步：预览信函"超链接，进入第5步。在
"预览信函"选项区域中，单击"《《"或"》》"按钮，可查看具有不同邀请人的姓名的
信函，如图7-37所示。

图7-37　邮件合并第5步

⑧预览并处理输出文档后，单击"下一步：完成合并"超链接，进入"邮件合并分步
向导"的最后一步，如图7-38所示。此处单击"编辑单个信函"超链接，打开"合并到
新文档"对话框，在"合并记录"选项区域中选中"全部"单选按钮，如图7-39所示。

图7-38　邮件合并第6步　　　　图7-39　"合并到新文档"对话框

⑨最后单击"确定"按钮，Word 就会将存储的收件人的信息自动添加到请柬的正文中，并合并生成一个新文档。

⑩将新文档以"请柬.docx"为文件名进行保存。

7.2.3　案例总结

本案例通过制作请柬，主要介绍了 Word 中排版的综合应用及邮件合并的应用。另外，Word 中还有几个常用的知识点，补充如下：

1. 插入脚注、尾注

脚注和尾注是对文本的补充说明。脚注一般位于页面的底部，可以作为文档某处内容的注释；尾注一般位于文档的末尾，列出引文的出处等。

脚注和尾注由两个关联的部分组成，包括注释引用标记和其对应的注释文本。用户可让 Word 自动为标记编号或创建自定义的标记。在添加、删除或移动自动编号的注释时，Word 将对注释引用标记重新编号。

插入脚注和尾注的步骤如下：

①将光标定于要插入脚注或尾注的位置。

②在"引用"选项卡下的"脚注"组中单击"插入脚注"（或"插入尾注"）按钮，即可在光标处显示脚注样式。然后在光标闪烁的位置输入脚注（或尾注）内容。

③如果要自定义脚注或尾注的引用标记或编号，可以单击"引用"选项卡下的"脚注"组右下方的"脚注和尾注"按钮，打开"脚注和尾注"对话框，如图 7－40 所示。然后在该对话框中进行相应的修改即可。

图 7－40　"脚注和尾注"对话框

2. 审阅修订

为了便于沟通交流及修改，Word 可以启动审阅修订模式。启动审阅修订模式后，Word 将记录显示出所有用户对该文件的修改。启用或关闭修订模式的方法如下：

①在"审阅"选项卡下的"修订"组中单击"修订"按钮，即可启动修订模式。如果"修订"按钮背景色变成深灰色，如图 7－41 所示，则表示修订模式已经启动，那么接下来对文件的所有修改都会有标记。

图 7－41　"修订"按钮

②如想退出"修订模式"，那么再单击一次"修订"按钮即可。

③单击"修订"组中右下角的 按钮，打开"修订选项"对话框，如图 7－42 所示，

在该对话框中可以进行相关选项的设置。单击"高级选项"按钮，打开"高级修订选项"对话框，如图 7 - 43 所示，在该对话框中可以进行相关高级选项的设置。

图 7 - 42　"修订选项"对话框

图 7 - 43　"高级修订选项"对话框

④修订文档的显示方式如图 7 - 44 所示。"简单标记"，Word 会在文本左侧显示红色标记，可以知道该行是否被修改过；"所有标记"，Word 不仅在修改的文本左侧显示修订标记，还会显示具体修订的行为，例如删除了什么等标记；"无标记"，Word 不会在文档中显示任何标记，和普通文档一样进行编辑即可；"原始版本"，Word 会设置一个与修订前相区别的状态，用户可以看到修订前的状态。

图 7 - 44　修订文档的显示方式

7.3　案例3——毕业论文的排版

【任务提出】

　　每一位大学生在毕业前都要完成毕业论文的写作。毕业论文的篇幅都很长，排版要求也比较严格，学好相应的技巧，可以起到事半功倍的效果。各个学校的具体排版要求可能略有不同，但是基本格式是相似的。

【相关知识点】

①分页符、分节符等分隔符的应用。

②多级列表的设置。

③页眉、页脚的设置。

④目录的自动生成。

7.3.1　页面设置

基本的页面设置方法在前面的章节已经详细讲解过，本节不再重复讲述。在开始写论文内容之前，首先要按规定对页面进行设置。毕业论文用纸规格为 A4；页面设置中，"页边距"设为上 3.3 厘米，下 2.7 厘米，左、右各 2.75 厘米，装订线 0.5 厘米，左侧装订；在"布局"选项卡中设置页眉为 2.6 厘米，页脚为 2 厘米，再选择"奇偶页不同"，应用于"整篇文档"，如图 7 -45 所示。

7.3.2　利用样式创建章节结构

1. 更改各级标题的样式

毕业论文篇幅较长，写论文时，首先要确定好主要内容，然后创建章节结构，一般情况下都是三级标题的结构。标题 1 的格式为小二号、黑体，段前间距 1 行、段后间距 0.5 行，行距 1.5 倍，居中对齐，作为章标题的格式。标题 2 的格式为四号、黑体，段前、段后间距 0.5 行，行距 1.5 倍，作为节标题的格式。标题 3 的格式为小四号、黑体，段前、段后 0.5 行，行距 1.5 倍，作为节中知识点的标题格式。

单击"开始"选项卡下"样式"组右下角的"对话框启动器"按钮，打开"样式"对话框，如图 7 -46 所示。单击"标题 1"右侧的下拉按钮，弹出下拉菜单，选中"修改"项，打开"修改样式"对话框。单击"格式"按钮，在菜单中分别选择"字体"和"段落"，设置相应的属性，如图 7 -47 所示。用类似的方法修改标题 2 和标题 3 的格式。通常正文样式设为小四号、宋体，标准字间距、1.25 倍行间距、首行缩进 2 个字符，段前、段后间距 0.2 行。

图 7 -45　"页面设置"中的"布局"选项卡

图 7 -46　"样式"对话框

图 7 – 47　"修改样式"对话框

2. 定义多级列表

使用多级列表可以方便地设置文档的层次结构，最多可以有 9 个级别，论文中通常设置三级列表。

1）单击"开始"选项卡"段落"组中的"多级列表"按钮，在弹出的菜单中选择"定义新多级列表"，打开如图 7 – 48 所示的对话框。

图 7 – 48　"定义新多级列表"对话框

2）设置第 1 级别。

①在要修改的级别列表中单击"1"。

②删除"输入编号的格式"文本框中原有的内容，输入"第"。

③从"此级别的编号样式"下拉列表框中选择"一，二，三（简）…"。

④在"输入编号的格式"文本框中输入"章"，此时"输入编号的格式"文本框中显示"第一章"。

⑤单击"字体"按钮，打开"字体"对话框，设置字体为黑体、小二号、加粗。

⑥单击"更多"按钮，在"将级别链接到样式"下拉列表框中选择"标题1"，如图 7 - 49 所示。

图 7 - 49   设置第 1 级别

3）设置第 2 级别。

①在要修改的级别列表中单击"2"，删除"输入编号的格式"中的内容。

②在"包含的级别编号来自"下拉列表框中选择"级别1"，"输入编号的格式"文本框中显示"一"（带有灰色域底纹）。

③删除"输入编号的格式"文本框中的内容，重新输入"1."。

④从"此级别的编号样式"下拉列表框中选择"1，2，3，…"，"输入编号的格式"文本框中显示"1.1"（带有灰色域底纹）。

⑤单击"字体"按钮，打开"字体"对话框，设置字体为黑体、四号。

⑥在"将级别链接到样式"下拉列表框中选择"标题2"。

⑦单击选中"正规形式编号"，"输入编号的格式"文本框中显示"1.1"（带有灰色域底纹）。

4）设置第 3 级别。

①在要修改的级别列表中单击"3"，删除"输入编号的格式"中的内容。

②在"包含的级别编号来自"下拉列表框中选择"级别1"，"输入编号的格式"文本

框中显示"1"（带有灰色域底纹）。

③删除"输入编号的格式"文本框中的内容，重新输入"1."。

④在"包含的级别编号来自"下拉列表框中选择"级别2"，"输入编号的格式"文本框中显示"1.1"（带有灰色域底纹），再输入"."。

⑤从"此级别的编号样式"下拉列表框中选择"1，2，3，…"，"输入编号的格式"文本框中显示"1.1.1"（带有灰色域底纹）。

⑥单击"字体"按钮，打开"字体"对话框，设置字体为黑体、小四号。

⑦在"将级别链接到样式"下拉列表框中选择"标题3"。

⑧单击选中"正规形式编号"，"输入编号的格式"文本框中显示"1.1.1"（带有灰色域底纹）。

3. 输入并设置论文的章节结构

①将计划好的论文的章节结构输入新建的文档中，如图7-50所示。

②选中全文，单击"开始"选项卡"样式"组中的"标题1"按钮，文字格式如图7-51所示。

③选中相应的段落，使用"开始"选项卡"样式"组中的"标题2""标题3"格式。设置完毕后的章节结构如图7-52所示。再在各章节中输入相应的文章内容，并应用正文样式。

绪论
研究的背景
研究的意义
国内外研究的现状
研究方法及技术路线
章节安排
测评理论模型与方法
层次分析法
层次分析法简述

图7-50　论文的
章节结构

第一章　绪论
第二章　研究的背景
第三章　研究的意义
第四章　国内外研究的现状
第五章　研究方法及技术路线
第六章　章节安排
第七章　测评理论模型与方法
第八章　层次分析法
第九章　层次分析法简述

图7-51　应用了
标题1的文档

第一章　绪论

1.1研究的背景

1.1.1研究的国际背景

1.1.2研究的国内背景

1.2研究的意义

图7-52　设置完毕后的
章节结构

7.3.3　设置页眉和页脚

学位论文均采用双面印制，页眉和页脚从第一章开始，中文摘要和英文摘要部分不加页眉。奇数页页眉横线左侧为论文题目，右侧为章标题；偶数页页眉横线左侧为章标题，右侧为论文题目。页码位于页面下方居中排列。第1页自绪论或引言部分开始，以小写的阿拉伯数字顺序编号。中英文摘要的页码用罗马数字（如Ⅰ、Ⅱ、Ⅲ等）编号，目录部分不编页码。

1. 分页

文章的每一章节结束后，都应该另起一页，所以应在每一章节结束后插入分页符。单击"插入"选项卡"页面"组中的"分页"按钮即可。

2. 分节

根据论文格式要求，应该从第一章绪论开始将整个文档分成两节。前一节内容有中英文摘要，后一节为正文。

①把光标定到"第一章绪论"前。

②单击"布局"选项卡下"页面设置"组中的"分隔符"按钮，在弹出的菜单中选择"分节符"组的"下一页"选项。此时，全文分成两节，可以设置不同的页眉和页脚。

3. 设置页眉和页脚

①设置中英文摘要的页脚。

单击"插入"选项卡下"页眉和页脚"组中的"页码"按钮，在弹出的菜单中选择"设置页码格式"。设置编号格式为罗马数字，起始页码为Ⅰ，如图7-53所示。

把光标分别定到摘要部分的第1页和第2页，单击"插入"选项卡下"页眉和页脚"组中的"页码"按钮，选择"页面底端""普通数字2"。

②设置正文部分的页眉和页脚。

将光标移至"第一章绪论"后，单击"插入"选项卡下"页眉和页脚"组中的"页眉"按钮，在菜单中选择"空白"选项，同时页眉也处于编辑状态。在"页眉和页脚工具/设计"选项卡的"选项"组中选中"奇偶页不同"选项，因本节页眉与上一节的不一样，因此要注意取消默认选中的"链接到前一节"选项，如图7-54所示。

图7-53 "页码格式"对话框

图7-54 页眉设置

单击"插入"选项卡"文本"组的"文档部件"按钮，选择"域"菜单，打开"域"对话框，在"类别"中选择"链接和引用"，在"域名"列表中选择"StyleRef"。在"域属性"列表中选择"标题1"，如图7-55所示。单击"确定"按钮后，每个奇数页上都加上了每章的标题，如图7-56所示。根据排版的要求，应在文字"第一章绪论"的左侧再加上论文的题目，并设置页眉文字的大小、字体及对齐方式，最后效果如图7-57所示。

图 7－55 "域"对话框的设置

图 7－56 设置奇数页页眉

图 7－57 奇数页页眉效果

用同样的方法设置偶数页的页眉，最后效果如图 7－58 所示。

图 7－58 偶数页页眉效果

页眉设置好后，设置页脚。方法和前面所讲的设置中英文摘要的页脚相似，先设置好页码格式和起始页码，如图7-59所示，再插入页码。

7.3.4 生成论文目录

在英文摘要的后面，再插入一个"分节符（下一页）"，空出一个空白页，用来放目录。

通过前面的操作，已经将文档中的标题段落应用了各级标题样式。切换到大纲视图，检查一下有没有遗漏的，以保证将要显示在目录中的文字设置为正确的大纲

图7-59 "页码格式"设置对话框

级别。单击"引用"选项卡"目录"组中的"目录"按钮，可以在其中选择"自动目录"，也可以选择"自定义目录"。如果选择"自动目录"，则按照已有的格式自动生成目录；如果选择"自定义目录"，则打开如图7-60所示的"目录"对话框，在对话框中可以对目录格式进行设置。设置完成后，生成的目录如图7-61所示。

图7-60 "目录"对话框

图7-61 自动生成的目录

更改文档内容后，会使页码或目录项发生变化，可用右键单击目录，从快捷菜单中选择"更新域"命令，即可自动更新目录。

7.3.5　案例总结

本节主要以毕业论文的排版为例，介绍了 Word 文档中分页符、分节符等分隔符的应用；介绍了多级列表的设置；讲解了奇偶页不同的页眉的设置方法，以及目录的自动生成方法等。

习　题　7

某高校学生会计划举办一场关于"大学生人生观、价值观"的演讲活动，拟邀请部分专家和老师给在校学生进行演讲。因此，校学生会外联部需制作一批邀请函，并分别递送给相关的专家和老师。请按如下要求完成邀请函的制作：

（1）根据"邀请函参考样式.docx"文件，调整邀请函中内容文字的字体、字号和颜色。

（2）把图片"背景图片.jpg"设置为邀请函背景。

（3）调整文档版面，要求页面高度为 16 厘米、宽度为 28 厘米，上、下页边距为 2 厘米，左、右页边距为 3 厘米。

（4）调整邀请函中内容文字段落对齐方式。

（5）根据页面布局需要，调整邀请函中段落的间距。

（6）在"尊敬的"和"（老师）"文字之间插入拟邀请的专家和老师姓名，拟邀请的专家和老师姓名保存在"通信录.xlsx"文件中。每页邀请函中只能包含 1 位专家或老师的姓名，所有的邀请函页面另外保存在一个名为"邀请函.docx"文件中。

第 8 章　Excel 的高级应用

Excel 2016 高级应用的核心工具是公式和函数，因此，熟练掌握公式和函数，才能在 Excel 2016 实际应用中得心应手。

本章主要根据全国计算机等级考试（二级 MS）的大纲要求对 Excel 2016 的高级应用部分以案例形式讲解 Excel 2016 的公式与函数。通过对本章案例的学习，应掌握：

1. 文本函数的使用和函数的连接。
2. 常用时间函数的使用。
3. 引用与查找函数的使用。
4. 数组函数的简单操作。

8.1　案例1——员工档案表

在工作表中输入数据后，一些数据可以用来引用，作为后续数据的根据，甚至可以组合，从而得到更多的信息。为了实现该功能，就需要对公式与函数进行更多的了解和掌握，主要包括文本函数、时间函数等。下面以制作"员工档案表"为例，介绍使用函数和公式获得身份证号码包含的信息。

8.1.1　出生日期提取

企业人事为员工制作一个档案表，主要记录员工的信息。同时，也提取出一些信息，比如出生年月。

1. 函数准备

①MID（text,start_num,num_chars）函数从文本中指定的起始位置起，返回指定长度的字符。与 MID 类似的是 LEFT 和 RIGHT 两个函数，比较 LEFT（text,num_chars）和 RIGHT（text,num_chars）与 MID，可以发现 LEFT 和 RIGHT 少了一个起始数位，因为 MID 是根据 start_num 决定提取数字的位置的，而 LEFT 和 RIGHT 分别从文本的左边和右边开始提取。

②"&"这个符号可以用来连接两个单元格内容。如果用函数表示，则是 CONCATE-NATE，比如，将 A1 和 B1 的单元格内容相连，则在 C1 单元格中输入"=A1&B1"；如果用函数，公式则是 =CONCATENATE（A1,B1）。本书中只需用"&"这个符号就可以。

2. 分步提取出生日期

①制作初始档案表。如图 8−1 所示，员工档案表中已经有员工的身份证信息，只需要根据每个员工的身份信息提取出出生日期信息即可。

②提取出生信息。为了便于理解，在出生日期列前面插入三列，分别为年、月、日。身份证中的出生日期是从第 7 位开始，第 7~10 位为年，第 11 和位为月，第 13 和 14 位为日。如图 8−2 所示，在 E3 单元格中输入"=MID（D3,7,4）&"年""，得到出生年份为 1972 年。

图 8-1 登云公司员工档案

MID 从第 7 位开始，提取长度为 4 位的字符串。依此类推，在 F3 和 G3 单元格中分别输入"=MID(D3,11,2)&"月""和"=MID(D3,13,2)&"日""，得到出生的月和日。

图 8-2 MID 函数提取出生日期

③完成出生日期的连接。现在用 & 把三个公式连接成一个公式就可以了。如图 8-3 所示，在 H3 单元格中输入"=MID(D3,7,4)&"年"&MID(D3,11,2)&"月"&MID(D3,13,2)&"日""，可以得到该员工的出生日期。这个公式看起来比较长，通过上一步骤的分解，可以看到实际上是 MID 和 & 的重复使用。

④先删除前面分解的三列，使用填充柄工具完成其他员工的出生日期的提取。

8.1.2 性别信息提取

1. 函数准备

①MID 提取身份信息的第 17 位数字。身份证号中第 17 位为性别验证码，奇数为男，偶数为女。

图8-3 连接 MID 函数提取出生日期

②取余函数 MOD。MOD(number,divisor) 结果返回余数，两个参数分别为被除数和除数。这里主要是用 MOD 对提取的数字进行取余，用于判断奇偶性。

③IF 函数判断余数，结果显示性别。

2. 分步识别与提取性别信息

①MID 提取第 17 位数字。如图 8-4 所示，在性别列前面插入三列（这里是为了便于理解，掌握后删除插入列），选中 C3 单元格，输入" = MID(G3,17,1)"，结果为 1。

图8-4 MID 提取性别验证码

②MOD 取余。在 D3 单元格中输入" = MOD(MID(G3,17,1),2)"，这是嵌套函数，如图 8-5 所示，公式中的 MID(G3,17,1) 作为被除数，除数为 2，结果返回 1。

③IF 判断奇偶。选中 E3 单元格，输入" = IF(MOD(MID(G3,17,1),2)=1,"男","女")"。判断前面取余的结果的奇偶性，根据结果得到性别。在 IF 的参数中，MOD(MID(G3,17,1),2)=1 为判断条件，条件成立，则性别为男，否则，为女；反之，MOD(MID(G3,17,1),2)=0，条件成立，则性别为女，否则，为男。这两个条件是等同的。

④完成性别的判断与提取。如图 8-6 所示，删除性别列的前面三列，在 G3 单元格中输入" = IF(MOD(MID(G3,17,1),2)=1,"男","女")"，完成性别的提取，并填充整表。

图 8-5　MOD 取余数

图 8-6　性别信息提取公式

8.1.3　年龄提取

1. 函数准备

①NOW( )。返回日期时间格式的当前日期和时间，读取系统时间。

②YEAR(serial_number)。返回日期的年份值。类似的函数有 MONTH、DAY。

③DATE(year,month,day)。返回日期中的数字。

2. 提取年龄信息

①年龄的计算。年龄计算为当前年份减去出生年份加上 1。

②当前时间计算。公式为" = YEAR(NOW( ))"，结果返回系统设置时间的年份。

③出生年份提取。公式为" = MID(D3,7,4)"。这里没有连接"年"，因为年龄不需要显示"年"。

④完成计算。如图 8-7 所示，在 I3 单元格中输入" = YEAR(NOW( )) - MID(D3,7,4) + 1"，结果为 43。

工龄的计算和年龄的类似，在 H3 单元格中输入" = YEAR(NOW( )) - YEAR(G3)"，单元格格式设置为"数字 - 常规"；或者使用 VALUE 函数转换，即" = VALUE(YEAR (NOW( )) - YEAR(G3))"。

图8-7 年龄计算公式

8.1.4 生日提示

1. 函数准备

①VALUE(text)。将代表数值的字符串转换成数值。身份证号在 Excel 中一般是采用文本格式输入，所以 MID(D3,11,2) 提取出来的是文本字符串而非数值。在进行数值之间的判断时需要转换。

②MONTU(NOW())。提取当前日期时间中的月。

2. 当月生日提示计算

①身份证中的出生月的提取与转换。使用公式" = VALUE(MID(D3,11,2))"完成生日的月的提取。

②IF 判断是否为本月生日。如图 8-8 所示，选中 J3 单元格，输入公式" = IF(VALUE(MID(D3,11,2)) = MONTH(NOW()),"本月生日","")"，当前系统时间为 5 月。条件判断出生月与系统当前日期中的月是否相同，如相同，则显示"本月生日"提示，否则为空。

图8-8 本月生日计算

③生日快乐提醒。生日快乐提醒比本月生日提醒稍复杂一些，需要用到 AND 设置多条件判断，即出生月与当前月、出生日与当前日判断，完全相同的为生日。如图 8 - 9 所示，在 K3 单元格中输入公式，判断当天是否为生日并提示出来。公式为 " = IF(AND(VALUE (MID(D3，11，2)) = MONTH(NOW( ))，VALUE(MID(D3，13，2)) = DAY(NOW( )))，"生日快乐"，"") "。当前系统时间为 2020 年 5 月 12 日（系统时间可以自行设置，以检验公式的正确性）。

K3	▼		×	✓	fx	=IF(AND(VALUE(MID(D3,11,2))=MONTH(NOW()),VALUE(MID(D3,13,2))=DAY(NOW())),"生日快乐","")				
▲	A	B	C	D	E	F	G	H	I	J	K
1					登云公司员工档案表						
2	员工编号	姓名	性别	身份证号	出生日期	学历	入职时间	工龄	年龄	本月生日	生日快乐
3	DY006	侯小华	男	320583197212278211	1972年12月27日	硕士	2015年3月		50		
4	DY002	李保大	男	320316198209283216	1982年09月28日	硕士	2016年12月				
5	DY004	郭晶晶	女	320105198903040128	1989年03月04日	大专	2012年3月				
6	DY013	苏高明	男	320108197202213159	1972年02月21日	硕士	2018年6月				
7	DY007	毕福娟	女	320105198410020109	1984年10月02日	硕士	2009年6月				
8	DY003	郑小小	女	320129197305120123	1973年05月12日	硕士	2018年10月			本月生日	生日快乐
9	DY001	吴大文	男	310108197712121139	1977年12月12日	硕士	2019年7月				
10	DY014	宋小乔	男	372208197510090512	1975年10月09日	本科	2012年7月				
11	DY005	魏法国	男	320101198209021144	1982年09月02日	本科	2015年9月				
12	DY012	张国庆	女	320108198812120129	1988年12月12日	本科	2015年9月				
13	DY011	孙小红	女	551018198607311126	1986年07月31日	本科	2017年5月				
14	DY008	陈洛飞	男	320608198310070512	1983年10月07日	本科	2018年5月				

图 8 - 9　生日快乐计算

8.2　案例2——图书销售信息表

8.2.1　LOOKUP 查找店铺信息

在日常工作中，有时需要在数据表中查询数据，Excel 中对数据查询给出了很多方式，其中查询速度最快是 LOOKUP 函数。

1. 函数准备

LOOKUP 函数的功能是返回向量（单行区域或单列区域）或数组中的数值。函数 LOOKUP 有两种语法形式：向量和数组。函数 LOOKUP 的向量形式是在单行区域或单列区域（向量）中查找数值，然后返回第二个单行区域或单列区域中相同位置的数值；函数 LOOKUP 的数组形式是在数组的第一行或第一列查找指定的数值，然后返回数组的最后一行或最后一列中相同位置的数值。

2. 图书销售店铺信息查找与引用

1）员工号中的店铺信息

如图 8 - 10 所示，图书销售信息表中第一列为销售员工号，员工号中的第 3、4 位对应店铺信息，例如，1101001 代表 11 年入职一号店铺：前进店。员工号中第 3、4 位对应店铺信息关系为：01—前进店；02—亭林店；03—城东店；04—马鞍山店；05—城南店。

2）使用 LOOKUP 函数查找店铺信息

选中 C3 单元格，输入公式 " = LOOKUP(MID(A3，3，2)，{ "01"，"02"，"03"，"04"，"05"}，{"前进店"，"亭林店"，"城东店"，"马鞍山店"，"城南店"}) "，填充公式，结果如图 8 - 11 所示。店铺名称完成查找。

图 8-10　员工号信息

图 8-11　店铺信息查找结果

从公式中可以看到，LOOKUP 函数的第一参数就是需要查找的数据，第二参数和第三参数是对应关系，两者一一对应，在第二参数中查找到第一参数，对应返回到第三参数的位置，并显示第三参数相应位置的结果。比如，第一参数为 03，在第二参数中找到 03 是第三个位置，则返回的结果是第三参数的第三个位置的数据：城东店。

8.2.2　VLOOKUP 查找图书名称和单价信息

1. 函数准备

VLOOKUP 函数在财务管理与分析中是一个经常用到的函数，因此，熟悉它将会给工作带来很大便利。

VLOOKUP 函数的功能是在表格或数值数组的首列查找指定的数值，并由此返回表格或数组当前行中指定列处的数值。公式为" = VLOOKUP(lookup_value,table_array,col_index_num,range_lookup)",公式中的逻辑值 range_lookup 指明函数 VLOOKUP 返回时是精确匹配还是近似匹配,如果其为 TRUE 或省略,则返回近似匹配值,也就是说,如果找不到精确匹配值,则返回小于 lookup_value 的最大数值;如果 range_value 为 FALSE,函数 VLOOKUP 将返回精确匹配值;如果找不到,则返回错误值#N/A。

假设单元格区域 A1:A4 中的数据分别为 1、30、80 和 90,单元格区域 B1:B4 中的数据分别为 400、500、600 和 700,则有 VLOOKUP(5,A1:B4,2) = 400,VLOOKUP(30,A1:B4,2) = 500,VLOOKUP(79,A1:B4,2) = 500,VLOOKUP(92,A1:B4,2) = 700。

2. 图书名称和单价信息的查找与引用

(1) 图书信息对照表制作

要实现图书名称和单价的查找和引用,首先要完成图书信息对照表的制作(一般是仓储部门完成这个表格)。如图 8 - 12 所示,新建一个工作表,即图书信息对照表。该表主要有三列内容:图书编号、图书名称、单价。同销售信息表中有关联的是图书编号,通过图书编号可以查找到图书名称和单价。这类操作多用于财务和库房管理。

图书信息对照表		
图书编号	图书名称	定价
DY-83021	《计算机基础及MS Office应用	¥ 36.00
DY-83022	《计算机基础及Photoshop应	¥ 34.00
DY-83023	《C语言程序设计》	¥ 42.00
DY-83024	《VB语言程序设计》	¥ 38.00
DY-83025	《Java语言程序设计》	¥ 39.00
DY-83026	《Access数据库程序设计》	¥ 41.00
DY-83027	《MySQL数据库程序设计》	¥ 40.00
DY-83028	《MS Office高级应用》	¥ 39.00
DY-83029	《网络技术》	¥ 43.00
DY-83030	《数据库技术》	¥ 41.00

图 8 - 12　图书信息对照表制作

(2) 查找与引用图书名称和单价

回到图书订单明细表,选中 E3 单元格,输入公式" = VLOOKUP(D3,图书信息对照表!A2:C19,2,TRUE)"。公式中,"D3"为要查找的数据;"图书信息对照表!A2:C19"为 D3 在这里查找;"2"为查找结果返回第 2 列,即文中的图书名称;TRUE 为近似匹配。图书名称查找结果如图 8 - 13 所示。

同样,图书单价的公式为" = VLOOKUP(D3,图书信息对照表!A2:C19,3,TRUE)"。比较两个公式可以发现,只有一个变化:第三个参数变成了 3,回到图书信息对照表中,可以看出图书名称为该表第 2 列,图书单价为该表第 3 列。这里要查找到图书单价,所以参数设为 3。图书单价查找结果如图 8 - 14 所示。

E3			fx	=VLOOKUP(D3,图书信息对照表!A2:C19,2,TRUE)			

	A	B	C	D	E	F	G
1					图书订单明细表		
2	员工号	日期	书店名称	图书编号	图书名称	单价	销量（本）
3	1601001	2021年1月2日	前进店	DY-83021	《计算机基础及MS Office应用》		12
4	1701002	2021年1月3日	前进店	DY-83022	《计算机基础及Photoshop应用》		5
5	1501003	2021年1月4日	前进店	DY-83034	《操作系统原理》		41
6	1802001	2021年1月5日	亭林店	DY-83027	《MySQL数据库程序设计》		21
7	1705001	2021年1月6日	城南店	DY-83028	《MS Office高级应用》		32
8	1703005	2021年1月7日	城东店	DY-83029	《网络技术》		3
9	1804002	2021年1月8日	马鞍山店	DY-83030	《数据库技术》		1
10	1602002	2021年1月9日	亭林店	DY-83031	《软件测试技术》		3
11	1904003	2021年1月10日	马鞍山店	DY-83035	《计算机组成与接口》		43

图 8 - 13　图书名称查找结果

F3			fx	=VLOOKUP(D3,图书信息对照表!A2:C19,3,TRUE)			

	A	B	C	D	E	F	G
1					图书订单明细表		
2	员工号	日期	书店名称	图书编号	图书名称	单价	销量（本）
3	1601001	2021年1月2日	前进店	DY-83021	《计算机基础及MS Office应用》	36	12
4	1701002	2021年1月3日	前进店	DY-83022	《计算机基础及Photoshop应用》	34	5
5	1501003	2021年1月4日	前进店	DY-83034	《操作系统原理》	39	41
6	1802001	2021年1月5日	亭林店	DY-83027	《MySQL数据库程序设计》	40	21
7	1705001	2021年1月6日	城南店	DY-83028	《MS Office高级应用》	39	32
8	1703005	2021年1月7日	城东店	DY-83029	《网络技术》	43	3
9	1804002	2021年1月8日	马鞍山店	DY-83030	《数据库技术》	41	1
10	1602002	2021年1月9日	亭林店	DY-83031	《软件测试技术》	36	3
11	1904003	2021年1月10日	马鞍山店	DY-83035	《计算机组成与接口》	40	43
12	1804002	2021年1月11日	马鞍山店	DY-83029	《网络技术》	43	22

图 8 - 14　图书单价查找结果

（3）完成小计计算

即单价 * 数量。选中 H3 单元格，输入公式 " = "，选择 F3 单元格，输入 " * "，选择 G3 单元格，按 Enter 键。或者输入 " = PRODUCT（ ）"，选择 F3：G3 单元格区域，按 Enter 键。填充到表格最后一行。制作结果如图 8 - 15 所示。

F3			fx	=PRODUCT(表2[@[单价]:[销量（本）]])			
				PRODUCT(**number1**, [number2], ...) E			

	A	B	C	D	E	F	G	H
1					图书订单明细表			
2	员工号	日期	书店名称	图书编号	图书名称	单价	销量（本）	小计
3	1601001	2021年1月2日	前进店	DY-83021	《计算机基础及MS Office应用》	36	12	本）]])
4	1701002	2021年1月3日	前进店	DY-83022	《计算机基础及Photoshop应用》	34	5	170
5	1501003	2021年1月4日	前进店	DY-83034	《操作系统原理》	39	41	1599
6	1802001	2021年1月5日	亭林店	DY-83027	《MySQL数据库程序设计》	40	21	840
7	1705001	2021年1月6日	城南店	DY-83028	《MS Office高级应用》	39	32	1248
8	1703005	2021年1月7日	城东店	DY-83029	《网络技术》	43	3	129
9	1804002	2021年1月8日	马鞍山店	DY-83030	《数据库技术》	41	1	41
10	1602002	2021年1月9日	亭林店	DY-83031	《软件测试技术》	36	3	108

图 8 - 15　制作结果

习　题　8

1. 完成本章案例。

2. 根据图 8 – 16 所示制作学生期末成绩表。

2	学号	姓名	班级	语文	数学	英语	生物	地理	历史	政治
3	200305	王清华	3班	91.5	89	94	92	91	86	86
4	200101	包宏伟	1班	97.5	106	108	98	99	99	96
5	200203	吉祥	2班	93	99	92	86	86	73	92
6	200104	刘康锋	1班	102	116	113	78	88	86	74
7	200301	刘鹏举	3班	99	98	101	95	91	95	78
8	200306	齐飞扬	3班	101	94	99	90	87	95	93
9	200206	闫朝霞	2班	100.5	103	104	88	89	78	90
10	200302	孙玉敏	3班	78	95	94	82	90	93	84
11	200204	苏解放	2班	95.5	92	96	84	95	91	92
12	200201	杜学江	2班	94.5	107	96	100	93	92	93
13	200304	李北大	3班	95	97	102	93	95	92	88
14	200103	李娜娜	1班	95	85	99	98	92	92	88
15	200105	张桂花	1班	88	98	101	89	73	95	91
16	200202	陈万地	2班	86	107	89	88	92	88	89
17	200205	倪冬声	2班	103.5	105	105	93	93	90	86
18	200102	符合	1班	110	95	98	99	93	93	92

图 8 – 16　学生期末成绩表

（1）使用 LOOKUP 查找学生班级信息，学号中的第 3、4 位代表班级信息。对应关系为：01—1 班、02—2 班、03—3 班。

（2）使用 SUM 计算总分。

（3）使用 AVERAGE 计算平均分。

第9章 演示文稿的高级应用

9.1 丰富幻灯片内容

9.1.1 插入表格、图表及图形图像

1）有时需要在 PPT 中插入一些表格，步骤如下。

①单击"插入"菜单的"表格"命令，如图 9-1 所示。

图 9-1 插入表格菜单

②在此菜单里面，"插入表格"可以用鼠标拖动，选择需要的表格的行数和列数；"插入表格"需要自己输入行数和列数，如图 9-2 所示；"绘制表格"是表格的编辑命令，可以进行任意的修改，如图 9-3 所示。

图 9-2 插入表格

图 9-3 绘制表格

③插入 Excel 电子表格，如图 9-4 所示。

方法一：选中 Excel 表格，复制，在 PPT 中单击"选择性粘贴"，勾选"图标"并更名。

方法二：选中 Excel 表格，复制，在 PPT 中粘贴。右边会有一个粘贴的图标，单击，可以选择是粘贴普通表格、Excel 表格还是图片等。

图 9-4　插入电子表格

2）插入图表。

PPT 中经常用到图表，比如柱形图、圆饼图等，这些图是基于一定的数据建立起来的，所以先建立数据表格，然后才能生成图表。下面提供了两种建立和插入图表的方法，原理其实是一样的。

方法一：通过 Excel 创建图表，然后复制到 PPT 中。

①打开 Excel，建立一个表格，基于这个表格中的数据建立图表，单击"插入"→"三维饼图"，如图 9-5 所示。

②在打开的下拉列表中，选择一个样式，如图 9-6 所示，这样在 Excel 中就建立了一个图表。

图 9-5　在 Excel 中插入图表

图 9-6　图表样式

③右键单击如图 9-7 所示的图表，选择"复制"。

④切换到 PPT 中，右击空白的位置，选择"粘贴"，这样图表就插入 PPT 中了。

图9-7 Excel 生成的图表

方法二：在 PPT 中直接创建。

①打开 PPT，单击菜单栏上的"新建幻灯片"，如图9-8所示。

图9-8 新建幻灯片

②单击幻灯片中的图表缩略图（图9-9），打开"插入图表"对话框，如图9-10所示。

图9-9 图表缩略图

图 9 – 10　选择图表样式

③选择一个图表的样式，单击"确定"按钮。

④打开 Excel 表格，在表格中输入数据，用于建立图表。关闭 Excel，图表自动创建完成，如图 9 – 11 所示。

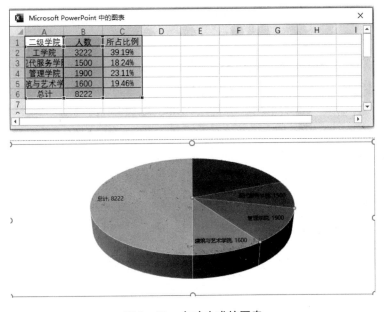

图 9 – 11　自动生成的图表

255

图形、图像的插入与图表的类似，这里不做详细介绍。

9.1.2 插入媒体剪辑

为了让制作的幻灯片给观众带来视觉、听觉上的冲击，PowerPoint 2016 提供了插入声音和视频的功能，并在剪辑管理器中提供了素材。接下来分别讲解如何在幻灯片中插入声音和视频。

在演示文稿中插入声音的操作步骤如下：

①选中演示文稿中的第 1 张幻灯片，切换到"插入"选项卡，在"媒体"组中单击"音频"下拉按钮，在弹出的下拉列表中选择"PC 上的音频"选项，如图 9 – 12 所示。

插入声音时，若在下拉列表中选择"剪贴画音频"选项，可插入剪辑管理器中的声音；若选择"录制音频"选项，则可自行录制声音，录制完毕后，便可插入当前幻灯片。

②在弹出的"插入音频"对话框中选择需要插入的声音，然后单击"插入"按钮。

③插入声音后，幻灯片中将出现声音图标，如图 9 – 13 所示，根据操作需要，可调整该图标的大小和位置。

图 9 – 12 插入"音频"选项按钮

图 9 – 13 音频播放按钮

默认情况下，在幻灯片中插入声音后，放映该幻灯片时，需要单击声音图标才会播放声音。插入声音后，选中声音图标，功能区中将显示"音频工具/格式"和"音频工具/播放"选项卡。在"音频工具/格式"选项卡中，可对声音图标的外观进行美化操作；在"音频工具/播放"选项卡中，可预听声音、编辑声音，以及调整声音的放映音量、播放方式等，如图 9 – 14 所示。

图 9 – 14 视频播放工具栏

视频的插入方法与声音的相似，操作步骤如下：在要插入视频的幻灯片中，切换到"插入"选项卡，在"媒体"组中单击"视频"下拉按钮，在弹出的下拉列表中选择"文件中的视频"选项。在弹出的"插入视频文件"对话框中选择需要插入的视频，然后单击"插入"按钮即可，如图 9 – 15 所示。

图 9 – 15　视频播放

注意，插入视频时，若在下拉列表中选择"来自联网视频网站的视频"选项，可插入来自网站中的视频；若选择"剪辑画视频"选项，可插入剪辑管理器中的视频。

插入视频后，幻灯片中将出现以插入的视频片头图像显示的视频图标，根据操作需要，可调整大小和位置。此外，选中视频图标，功能区中将显示"视频工具/格式"和"视频工具/播放"选项卡。在"视频工具/格式"选项卡中，可对视频图标的外观进行美化操作；在"视频工具/播放"选项卡中，可预览、编辑视频，以及调整视频的放映音量、播放方式等。

在 PowerPoint 2016 中，在幻灯片中插入声音和视频后，可通过裁剪功能删除与剪辑消息无关的部分，使声音和视频更加简洁。

9.1.3　通过占位符插入对象

在幻灯片中插入图片、表格和影片等对象时，还可通过占位符实现。当幻灯片采用的是"标题和内容""两栏内容"等版式时，占位符框中还会提供表格、图片等对象的占位符，单击某个图标，可在幻灯片中插入相应的对象。

- 单击"插入表格"占位符，可插入表格。
- 单击"插入图表"占位符，可插入图表。
- 单击"插入 SmartArt 图形"占位符，可插入 SmartArt 图形。
- 单击"插入来自文件的图片"占位符，可将电脑中收藏的图片插入幻灯片。
- 单击"插入剪贴画"占位符，可插入程序自带的剪贴画。
- 单击"插入来自文件的影片"占位符，可将电脑中的影片插入幻灯片。

若幻灯片是用于会议之类的严肃场合的，则不宜插入不必要的对象，以免分散观众的注意力。

9.2　插入超链接

9.2.1　添加超链接

在演示文稿中，若对文本或其他对象（如图片、表格等）添加超链接，此后单击该对象时，可直接跳转到其他位置。添加超链接的具体操作步骤如下：

①打开需要操作的幻灯片，在要设置超链接的幻灯片中选择要添加链接的对象，切换到"插入"选项卡，然后单击"链接"组中的"超链接"按钮。

②弹出"插入超链接"对话框，在"链接到"栏中选择链接位置，如"本文档中的位置"，然后在"请选择文档中的位置"列表框中选择链接的目标位置，完成后单击"确定"按钮，如图9-16所示。

图9-16 "插入超链接"对话框

③返回幻灯片，可看见所选文本的下方出现下划线，并且文本颜色也发生了变化。

④切换到"幻灯片放映"视图模式，当演示到此幻灯片时，将鼠标指针指向设置了超链接的文本，鼠标指针会变为手形状 👆，此时单击该文本可跳转到目标位置。

9.2.2 插入动作按钮

PowerPoint 2016 提供了一组动作按钮，用户可任意添加，以便在放映过程中跳转到其他幻灯片，或者激活声音文件、视频文件等。插入动作按钮的具体操作步骤如下：

①打开需要操作的演示文稿，选中要添加动作按钮的幻灯片，切换到"插入"选项卡，然后单击"插图"组中的"形状"按钮，在弹出的下拉列表中选择需要的动作按钮。

②鼠标指针将呈十字状，在要添加动作按钮的位置处按住鼠标左键不放并拖动，以绘制动作按钮，绘制完成后释放鼠标键，如图9-17所示。

图9-17 动作按钮

③释放鼠标键后，将自动弹出"动作设置"对话框，并定位在"单击鼠标"选项卡，如图9-18所示。在"单击鼠标时的动作"栏中选中"超链接到"单选项，然后在下拉列表框中选择链接位置，如"最后一张幻灯片"。如果要设置跳转时的声音，可选中"播放声音"复选框，然后在下拉列表框中选择需要的声音效果。相关参数设置完成后，单击"确定"按钮。

图 9 – 18 "动作设置"对话框

④通过上述设置后，以后在放映演示文稿时，当放映到该幻灯片时，单击设置的动作按钮，可快速跳转到最后一张幻灯片。

在"动作设置"对话框中，若选中"运行程序"单选项，此后单击动作按钮，可启动设置的应用程序。

9.3 设置动画及切换效果

9.3.1 为同一对象添加多个动画效果

为了让幻灯片中对象的动画效果丰富、自然，可对其添加多个动画效果。例如，要对某张图片添加进入屏幕时的动画动作、在屏幕中的运动轨迹，以及从屏幕中消失的动画动作，可先将该图片选中，然后依次添加"进入"式动画、"动作路径"动画和"退出"式动画。

对幻灯片中的对象添加多个动画效果的操作步骤如下：

①在幻灯片中选中要添加动画效果的对象，如图片，切换到"动画"选项卡，如图 9 – 19 所示，然后在"动画"组中单击列表框中的 ▾ 按钮，在弹出的下拉列表中选择需要的动画效果。

②保持图片的选中状态，在"动画"选项卡的"高级动画"组中单击"添加动画"按钮，在弹出的下拉列表中选择需要添加的第 2 个动画效果。

③保持图片的选中状态，再次单击"添加动画"按钮，在弹出的下拉列表中选择需要添加的第 3 个动画效果。

④为选中的对象添加多个动画效果后，该对象的左侧会出现编号，该编号是根据动画效果的添加顺序而添加的。

注意：添加动画效果后，还可以对这些效果进行相应的编辑操作，如复制动画效果、删除动画效果和调整动画效果的播放顺序等。

图9-19 添加动画效果

9.3.2 设置动画参数

每个动画效果都有相应的参数，比如开始、速度等。下面以进入式动画方案中的"轮子"动画效果为例，讲解如何设置动画参数。

①在"动画"选项卡的"动画"组中选中要设置动画参数的动画效果，这里选择"轮子"动画效果，然后在"计时"组的"开始"下拉列表中设置开始播放该动画的触发点。

②保持该动画的选中状态，在"动画"选项卡中单击"效果选项"按钮，在弹出的下拉列表中设置该动画的进入方向，如图9-20所示。

图9-20 设置动画的进入方向

③若需要更详细的参数设置，可在"动画窗格"对话框中单击"飞入"动画效果右侧的下拉按钮，在弹出的下拉列表中选择"效果选项"选项。

④弹出"参数设置"对话框，在"效果"选项卡中可设置动画方向、动画的播放声音和动画播放后的效果等参数。

⑤在"计时"选项卡中，可设置播放时的触发点、速度（在"期间"下拉列表中设置）和重复次数等参数。相关参数设置完成后，单击"确定"按钮即可。

注意：如果希望动画效果只在单击某一个特殊对象的时候才开始播放，就需要使用触发器来指定这一播放条件。方法为：在"参数设置"对话框的"计时"选项卡中单击"触发器"按钮，在展开的选项中进行设置即可。

在"计时"组或"参数设置"对话框的"计时"选项卡中，都有一个"开始"下拉列表，在该下拉列表中有 3 个选项，其作用如下：

◆ 单击时：上一个动画播放完毕后，单击鼠标才能播放当前动画。

◆ 与上一动画同时：与前一个动画同步播放。

◆ 上一动画之后：在上一个动画播放完毕后，自动播放当前动画。

9.3.3　设置切换声音与持续时间

除了对幻灯片设置切换方式外，还可以根据操作需要设置切换声音及持续时间，其中持续时间是 PowerPoint 2016 的新增功能，相当于以往版本中的切换速度。设置切换声音及持续时间的具体操作步骤如下：

①在演示文稿的第 1 张幻灯片中，切换到"切换"选项卡，然后在"计时"组的"声音"下拉列表中设置切换声音。若在"声音"下拉列表中选择"其他声音"选项，可在弹出的"添加音频"对话框中选择电脑中存储的声音。

②在当前幻灯片中，在"持续时间"微调框中可设置切换效果的播放时间，如图 9 – 21 所示。如果要将当前幻灯片的设置（切换方式、声音及持续时间）应用到该演示文稿的所有幻灯片中，可单击"计时"组中的"全部应用"按钮。

图 9 – 21　设置持续时间

9.4　演示文稿的放映

9.4.1　设置幻灯片放映时间及录制幻灯片演示

默认情况下，在放映演示文稿时，需要单击鼠标左键才会播放下一个动画或下一张幻灯片，这种方式叫手动放映。如果希望当前动画或幻灯片播放完毕后自动播放下一个动画或下一张幻灯片，可对幻灯片设置放映时间。放映时间的设置方法有两种：一种是手动设置，另一种是排练计时，接下来将分别进行讲解。

1. 幻灯片放映

（1）手动设置

手动设置放映时间，就是逐一对各张幻灯片设置播放时间。手动设置放映时间的操作方法为：在演示文稿中选中要设置放映时间的某张幻灯片，切换到"切换"选项卡，在"计时"组的"换片方式"栏中勾选"设置自动换片时间"复选框，然后在右侧的微调框中设置当前幻灯片的播放时间。用相同的方法分别对其他幻灯片设置相应的放映时间即可。对每张幻灯片设置播放时间后，放映演示文稿时，会根据设置的时间进行自动放映。此外，对当前幻灯片的放映时间设置好后，如果希望将该设置应用到所有的幻灯片中，可单击"计时"

组中的"全部应用"按钮。

（2）排练计时

排练计时是指在排练的过程中设置幻灯片的播放时间。排练计时的方法为：

在要进行排练计时的演示文稿中，切换到"幻灯片放映"选项卡，然后单击"设置"组中的"排练计时"按钮，进入全屏放映幻灯片状态，同时，屏幕的左上角将打开"预演"工具条进行计时，此时演示者便可开始排练演示时间。

在排练计时的过程中，可进行如下操作：

● 当需要对下一个动画或下一张幻灯片进行排练时，可单击"预演"工具条中的"下一项"按钮➡。

● 在排练过程中，因故需要暂停排练时，可单击"预演"工具条中的"暂停"按钮 ‖ 暂停计时。

● 在排练计时的过程中，可在"幻灯片放映时间"文本框中手动输入当前动画或幻灯片的放映时间，然后按下 Tab 键切换到下一个动画或下一张幻灯片，使手动设置的时间生效。

● 若因故需要对当前幻灯片重新排练，可单击"重复"按钮 ↺，将当前幻灯片的排练时间归零，并重新计时。

在排练计时的过程中，"预演"工具条中的"重复"按钮右侧会记录并显示当前演示文稿放映的总时间，但这个总时间不一定是各张幻灯片放映时间的总和，有时可能会有一些时间误差。

2. 录制幻灯片

为了便于观众理解，演示者有时还会在放映的过程中进行讲解。但当演示者不能参加演示文稿放映时，就可以通过 PowerPoint 2016 的录制功能来录制旁白，以解决该问题。

如果用户的电脑已经安装了相关的声音硬件，就可以录制旁白了，具体操作步骤如下：

①打开需要录制旁白的演示文稿，切换到"幻灯片放映"选项卡，然后在"设置"组中单击"录制幻灯片演示"下拉按钮，在弹出的下拉列表中选择录制的起始幻灯片，如"从头开始录制"。若直接单击"设置"组中的"录制幻灯片演示"按钮，将直接从第一张幻灯片开始录制。

②在弹出的"录制幻灯片演示"对话框中，若选中"幻灯片和动画设计"复选框，可记录幻灯片的播放时间；若选中"旁白和激光笔"复选框，可录制旁白。这里选中全部复选框，然后单击"开始录制"按钮。

③进入全屏放映幻灯片状态，同时屏幕上还会打开"预演"工具条进行计时，此时演讲者只需对着麦克风讲话，即旁白。当前幻灯片的旁白录制完成后，可单击"预演"工具条中的"下一项"按钮，切换到下一张幻灯片。

④用同样的方法为其他幻灯片录制旁白，当最后一张幻灯片的旁白录制好后，单击"下一项"按钮 ▤ 结束放映。

⑤结束旁白的录制后，PowerPoint 2016 将自动以"幻灯片浏览"视图模式显示各幻灯片的播放时间，并且设置了旁白的幻灯片右下角将添加一个声音图标 🔊 。

9.4.2 幻灯片的高级放映方式

1. 启动放映

幻灯片的放映方法主要有 4 种，分别是从头开始、从当前幻灯片开始、广播幻灯片和自定义幻灯片放映（由读者自己去体会实践）。

（1）从头开始

如果希望从第 1 张幻灯片开始依次放映演示文稿中的幻灯片，可通过下面两种方法实现。

- 切换到"幻灯片放映"选项卡，然后单击"开始放映幻灯片"组中的"从头开始"按钮。
- 按 F5 键。

（2）从当前幻灯片开始

如果希望从当前选中的幻灯片开始放映演示文稿，可通过下面两种方法实现。

- 切换到"幻灯片放映"选项卡，然后单击"开始放映幻灯片"组中的"从当前幻灯片开始"按钮。
- 按 Shift + F5 组合键，或者单击右下方工具栏上的 ♀ 按钮开始放映。

（3）广播幻灯片

PowerPoint 2016 新增了广播放映幻灯片功能，通过该功能，演示者可以在任意位置通过 Web 与任何人共享幻灯片放映。在放映过程中，演示者可以随时暂停幻灯片放映、向访问群体重新发送观看网站，或者在不中断广播及不向访问群体显示桌面的情况下切换到另一应用程序。

广播幻灯片具体的操作步骤如下：

①打开需要广播放映的演示文稿，切换到"幻灯片放映"选项卡，然后单击"开始放映幻灯片"组中的"广播幻灯片"按钮。

②弹出"广播幻灯片"对话框，如果愿意使用"广播服务"栏中提供的服务，可单击"启动广播"按钮。

③在接下来弹出的对话框中，将自动连接到服务器。连接到服务器后，在弹出的对话框中输入 Windows Live 账号，然后单击"确定"按钮。

④输入的账号通过验证后，会将演示文稿连接到广播服务上，并在对话框中显示连接进度。连接完成后，在弹出的对话框中将显示链接地址，将该地址复制下来，并告知访问群体，当访问群体收到访问地址后，演示者可单击"开始放映幻灯片"按钮实现广播放映。

⑤此时，演示者的电脑上开始全屏播放演示文稿，同时，访问群体将在浏览器（如 Internet Explorer）中同步观看。

⑥演示完毕并准备结束广播时，按 Esc 键退出幻灯片放映视图，在返回的窗口中单击"结束广播"按钮结束广播放映。

2. 隐藏幻灯片

当放映的场合或者针对的观众群不相同时，放映者可能不需要放映某些幻灯片，此时便可通过隐藏功能将它们隐藏。具体操作步骤如下。

①打开需要操作的演示文稿，选中要隐藏的幻灯片，切换到"幻灯片放映"选项卡，然后单击"设置"组中的"隐藏幻灯片"按钮，如图9－22所示。

图9－22　隐藏幻灯片

②对幻灯片执行隐藏操作后，在视图窗格的"幻灯片"选项卡中，该幻灯片的缩略图将呈朦胧状态显示，并且编号上出现了一个斜线方框，表示该幻灯片已被隐藏，在放映过程中不会放映。

③若要将隐藏的幻灯片显示出来，应先将其选中，再次单击"隐藏幻灯片"按钮，或者使用鼠标右键对其单击，在弹出的快捷菜单中选择"隐藏幻灯片"命令，从而取消该命令的选中状态。

3. 控制放映过程

若没有对演示文稿中的幻灯片设置放映时间或者录制旁白，则在放映时就需要控制放映过程，如切换到下一个动画或下一张幻灯片、返回到上一个动画或上一张幻灯片等。

若要切换到下一个动画或下一张幻灯片，可通过以下几种方式实现：

- 使用鼠标左键单击屏幕中的任意位置。
- 按下 Enter、PageDown、N、空格、→或↓键。
- 使用鼠标右键单击任意位置，在弹出的快捷菜单中选择"下一张"命令。
- 移动光标到屏幕左下角，屏幕左下角将出现控制按钮，单击"下一张"按钮。

若要切换到上一个动画或上一张幻灯片，可通过以下几种方式实现：

- 使用鼠标右键单击任意位置，在弹出的快捷菜单中选择"上一张"命令。
- 移动光标到屏幕左下角，单击"上一张"按钮。
- 按下 BackSpace、PageUp、P、↑或←键。

在放映过程中，屏幕左下角的控制按钮中有一个菜单按钮▤，对其单击，可弹出一个控制菜单，该菜单中各项命令的功能和使用方法如下：

- 选择"上一张"命令，可切换到上一个动画或上一张幻灯片。
- 选择"下一张"命令，可切换到下一个动画或下一张幻灯片。
- 选择"上次查看过的"命令，可切换到上次播放的幻灯片。
- 选择"定位至幻灯片"命令，在弹出的子菜单中会列出演示文稿中所有的幻灯片，单击任意一张幻灯片，可切换到该幻灯片。
- 选择"自定义放映"命令，在弹出的子菜单中会列出自定义放映方式，单击某个方式，即可以该方式的设置放映幻灯片。
- 选择"结束放映"命令，可结束放映，并退出"幻灯片放映"视图。

在放映带有演讲者备注的演示文稿时，最好使用演示者视图进行放映，演示者便可在一台计算机（如便携式计算机）上查看带有演讲者备注的演示文稿，而观众可以在其他监视器（如投影到大屏幕上的监视器）上观看不带备注的演示文稿。

使用演示者视图时，还需要遵守以下要求：

• 确保用于演示文稿的计算机支持使用多台监视器，目前大多数台式计算机均内置了多监视器支持，如果没有，则需要两个视频卡。

• PowerPoint 2016 仅支持对一个演示文稿使用两台监视器，不过，用户可以通过适当的配置，使演示文稿可在连接到一台计算机上的 3 台或更多台监视器上运行。

9.4.3 将演示文稿转换成视频

将演示文稿转换视频前，请读者记住以下几点提示：

• 可以在视频中录制语音旁白和激光笔运动轨迹，并进行计时。

• 可以控制多媒体文件的大小及视频的质量。

• 可以在电影中添加动画和切换效果。

• 观看者无须在其计算机上安装 PowerPoint，就可观看该文稿。

• 即使演示文稿中包含嵌入的视频，该视频也可以正常播放，而无须加以控制。

• 根据演示文稿的大小，创建视频可能需要很长时间。演示文稿越长，并且动画、切换效果及包括的其他媒体越多，需要的时间就越长，但在等待的过程中仍然可以使用 Power-Point。

将演示文稿转变成视频的具体操作步骤如下：

①打开演示文稿，切换到"文件"选项卡，在左侧窗格选择"导出"命令，如图 9 - 23 所示，在中间窗格的栏中选择"创建视频"命令，在右侧窗格中单击"创建视频"按钮。

图 9 - 23　创建视频菜单

②在弹出的"另存为"对话框中设置存放视频的路径，然后单击"保存"按钮。

③开始将"公司宣传册"演示文稿转换成视频，此时可在该演示文稿窗口的状态栏中查看转换进度。

④转换完成后，进入方才设置的存放路径，可看见生成的视频文件。

在"文件"选项卡的"创建视频"界面中，在"计算机和 HD 显示"下拉列表中有 3 个选项，其作用如下：

- 若要创建质量很高的视频（文件会比较大），可选择"计算机和 HD 显示"选项。
- 若要创建具有中等文件大小和中等质量的视频，可选择"Internet 和 DVD"选项。
- 若要创建文件最小的视频（质量低），可选择"便携式设备"选项。

在"使用录制的计时和旁白"下拉列表中有两个选项，其作用如下：

- 若选择"不要使用录制的计时和旁白"选项，则所有的幻灯片都将使用下面设置的默认持续时间，即"放映每张幻灯片的秒数"微调框中设置的时间，将忽略视频中的任何旁白。
- 若选择"使用录制的计时和旁白"选项，则没有设置计时的幻灯片才会使用下面设置的默认持续时间。

默认情况下，每张幻灯片的放映时间默认设置为 5 秒，根据操作需要，用户可在"放映每张幻灯片的秒数"微调框中更改此值。

⑤将演示文稿转换成视频后，便可播放该视频了，其方法为：进入视频文件所在的存放路径，然后双击该视频文件，便可使用默认的播放器进行播放。

9.5 案例——制作"公司宣传册"演示文稿

9.5.1 设计"公司宣传册"演示文稿

①新建一篇空白演示文稿，并以"公司宣传册"为名进行保存，然后参考前面所讲的知识，在第 1 张幻灯片中输入并编辑内容，然后插入声音。

②参照前面所学知识，在第 1 张幻灯片后面添加一张"标题和内容"版式的幻灯片，在其中输入并编辑内容。

③参照前面所学知识，在第 2 张幻灯片后面添加一张"两栏内容"版式的幻灯片，并在其中输入与编辑内容，插入与编辑图片。

④参照前面所学知识，在第 3 张幻灯片后面添加一张"两栏内容"版式的幻灯片，并在其中输入与编辑内容，插入与编辑图片。

⑤参照前面所学知识，在第 4 张幻灯片后面添加一张"两栏内容"版式的幻灯片，并在其中输入与编辑内容，插入与编辑图片。

⑥参照前面所学知识，在第 5 张幻灯片后面添加一张"标题和内容"版式的幻灯片，并在其中输入与编辑内容。

⑦参照前面所学知识，在第 6 张幻灯片后面添加一张"标题和内容"版式的幻灯片，并在其中输入与编辑内容，插入与编辑表格。

⑧参照前面所学知识，在第 7 张幻灯片后面添加一张"标题和内容"版式的幻灯片，并在其中输入与编辑内容，插入与编辑 SmartArt 图形。

⑨参照前面所学知识，在第 8 张幻灯片后面添加一张"标题和内容"版式的幻灯片，并在其中输入与编辑内容。

⑩参照前面所学知识，在第 9 张幻灯后面添加一张"空白"版式的幻灯片，在其中插入与编辑艺术字。

至此，完成了"公司宣传册"演示文稿的制作，切换到"幻灯片浏览"视图模式可查看效果。

9.5.2　美化"公司宣传册"演示文稿

幻灯片的内容编辑完成后，为了让其更加赏心悦目，可对其进行相应的美化操作，例如设置背景、应用主题样式等，下面简单进行讲解。

1. 设置幻灯片背景

幻灯片是否美观，背景十分重要。PowerPoint 2016 提供了几款内置背景色样式，用户可根据需要进行选择。如果对内置样式不满意，用户可自定义其他的背景样式，如纯色、渐变色或图片等。对演示文稿设置背景的具体操作步骤如下：

①打开需要操作的演示文稿，切换到"设计"选项卡，然后单击"背景"组中的"背景样式"按钮，在弹出的下拉列表中选择"设置背景格式"选项。

在"背景样式"下拉列表中提供了一些背景样式，这些样式是根据用户近期使用的颜色和原背景色自动生成的，直接单击某样式，可将其应用到演示文稿中所有的幻灯片。

②弹出"设置背景格式"对话框，在"填充"选项卡中选择背景填充方式，这里选中"图片或纹理填充"单选项，然后单击"文件"按钮。

③在弹出的"插入图片"对话框中选择需要作为背景的图片，然后单击"插入"按钮。

④在返回的"设置背景格式"对话框中单击"全部应用"按钮，将所设置的背景应用到演示文稿中的所有幻灯片，然后单击"关闭"按钮，关闭该对话框。

⑤返回演示文稿，切换到"幻灯片浏览"视图模式可查看设置后的效果。

注意：

①在"设置背景格式"对话框中设置好背景后，若直接单击"关闭"按钮，则设置的背景效果将只应用到当前幻灯片中；若单击"重置背景"按钮，可取消当前设置的背景效果。

②对幻灯片设置背景后，"背景样式"下拉列表中的"重设幻灯片背景"选项将呈可用状态，选择该选项，可取消设置的背景效果。

2. 应用主题

演示文稿的主题是一组格式选项，集合了颜色、字体和幻灯片背景等格式，通过应用这些主题，用户可快速而轻松地对演示文稿中所有的幻灯片设置具备统一风格的外观效果。

PowerPoint 2016 提供了许多主题样式，应用这些样式，可轻松设置整个演示文稿的格式，如背景样式、标题文本等格式，从而可对演示文稿设置更专业、更时尚的外观。对演示文稿应用主题的操作方法如下：

①打开"公司宣传册"演示文稿，切换到"设计"选项卡，在"主题"组的列表框中，通过单击向上▲或向下▼按钮滚动查找需要的主题样式，或者单击下拉按钮▼，在弹出的下拉列表中进行选择，如图 9 - 24 所示。

图9-24　主题样式

如果 PowerPoint 2016 自带的主题样式不能满足用户的需要，可以自定义需要的主题样式，其方法为：在"主题"组中，通过单击"颜色""字体"和"效果"按钮，可分别手动设置统一风格的颜色、字体及效果。

②应用主题样式后，切换到"幻灯片浏览"视图模式下查看设置后的效果。

9.5.3　放映"公司宣传册"演示文稿

本小节内容将结合创建自动运行的演示文稿、放映演示文稿等相关知识，练习放映"公司宣传册"，具体操作步骤如下：

①打开"公司宣传册"演示文稿，参照前面的操作方法，通过排练计时的功能，将每张幻灯片的放映时间设置为10秒。本案例中为了避免时间误差，在排练计时过程中，当每张幻灯片的放映时间为9秒时，就单击"预演"工具条中的"下一页" ➡ 按钮切换到下一张幻灯片，以使每张幻灯片的放映时间为10秒。

②参照前面所讲的知识，打开"设置放映方式"对话框，在"放映选项"选项组中选中"循环放映，按 Esc 键终止"复选框，然后单击"确定"按钮。

③返回演示文稿，在"幻灯片放映"选项卡的"开始放映幻灯片"组中单击"从头开始"按钮。此时，系统将按照排练时间从第1张幻灯片开始进行放映，并且该演示文稿会循环放映。当要结束放映时，按下 Esc 键即可。

习 题 9

1. 自己寻找素材，制作"百合花.pptx"演示文稿，具体要求如下：

（1）幻灯片不少于5页，选择恰当的版式，并且版式要有变化。

（2）第一页上要有艺术字形式的"百年好合"字样。有标题页，有主题。

（3）幻灯片中除了有文字外，还要有图片。

（4）采用由观众手动自行浏览的方式放映演示文稿，动画效果要贴切，幻灯片切换效果要恰当、多样。

（5）在放映时，要全程自动播放背景音乐。

（6）将制作完成的演示文稿以"百合花.pptx"为文件名进行保存。

2. 打开老师下发的演示文稿"DYC2.pptx"，按照下列要求完成对此文稿的制作：

（1）使用"暗香扑面"演示文稿设计主题修饰全文。

（2）将第二张幻灯片版式设置为"标题和内容"，把这张幻灯片移为第三张幻灯片。

（3）为前三张幻灯片设置动画效果。

（4）要有两个超链接进行幻灯片之间的跳转。

（5）演示文稿播放的全程需要有背景音乐。

（6）将制作完成的演示文稿以"BX.pptx"为文件名进行保存。

第 10 章　二级公共基础部分

10.1　数据结构与算法

10.1.1　算法的基本概念

计算机解题的过程实际上是在实施某种算法，这种算法称为计算机算法。

1. 算法的基本特征

可行性；确定性；有穷性；输入项（Input），一个算法有 0 个或多个输入；输出项（Output），一个算法有一个或多个输出，以反映对输入数据加工后的结果，没有输出的算法是毫无意义的。

2. 算法的基本要素

（1）算法中对数据的运算和操作

一个算法由两种基本要素组成：一是对数据对象的运算和操作；二是算法的控制结构。在一般的计算机系统中，基本的运算和操作有 4 类：算术运算、逻辑运算、关系运算和数据传输。

（2）算法的控制结构

算法中各操作之间的执行顺序称为算法的控制结构。描述算法的工具通常有传统流程图、N–S 结构化流程图、算法描述语言等。一个算法一般都可以用顺序、选择、循环 3 种基本控制结构组合而成。

10.1.2　算法复杂度

1. 算法的时间复杂度

算法的时间复杂度是指执行算法所需要的计算工作量。同一个算法用不同的语言实现，或者用不同的编译程序进行编译，或者在不同的计算机上运行，效率均不同。这表明使用绝对的时间单位衡量算法的效率是不合适的。撇开这些与计算机硬件、软件有关的因素，可以认为一个特定算法"运行工作量"的大小，只依赖于问题的规模（通常用整数 n 表示），它是问题规模的函数。即算法的工作量 = f(n)。

2. 算法的空间复杂度

算法的空间复杂度是指执行这个算法所需要的内存空间。一个算法所占用的存储空间包括算法程序所占的空间、输入的初始数据所占的存储空间及算法执行过程中所需要的额外空间。其中，额外空间包括算法程序执行过程中的工作单元及某种数据结构所需要的附加存储空间。如果额外空间量相对于问题规模来说是常数，则称该算法是原地工作的。在许多实际问题中，为了减少算法所占的存储空间，通常采用压缩存储技术，以便尽量减少不必要的额外空间。

疑难解答：算法的工作量用什么来计算？

算法的工作量用算法所执行的基本运算次数来计算，而算法所执行的基本运算次数是问题规模的函数，即算法的工作量 = f(n)，其中 n 是问题的规模。

10.1.3　数据结构

1. 数据结构的基本概念

数据结构作为计算机的一门学科，主要研究和讨论以下三个方面：

①数据集合中各数据元素之间所固有的逻辑关系，即数据的逻辑结构。

②在对数据元素进行处理时，各数据元素在计算机中的存储关系，即数据的存储结构。

③对各种数据结构进行的运算。

数据：是对客观事物的符号表示，在计算机科学中是指所有能输入计算机中并被计算机程序处理的符号的总称。

数据元素：是数据的基本单位，在计算机程序中通常作为一个整体进行考虑和处理。

数据对象：是性质相同的数据元素的集合，是数据的一个子集。

数据的逻辑结构是对数据元素之间的逻辑关系的描述，它可以用一个数据元素的集合和定义在此集合中的若干关系来表示。数据的逻辑结构有两个要素：一是数据元素的集合，通常记为 D；二是 D 上的关系，它反映了数据元素之间的前后件关系，通常记为 R。一个数据结构可以表示成 B = (D, R)。其中，B 表示数据结构。为了反映 D 中各数据元素之间的前后件关系，一般用二元组来表示。数据的逻辑结构在计算机存储空间中的存放形式称为数据的存储结构（也称数据的物理结构）。由于数据元素在计算机存储空间中的位置关系可能与逻辑关系不同，因此，为了表示存放在计算机存储空间中的各数据元素之间的逻辑关系（即前后件关系），在数据的存储结构中，不仅要存放各数据元素的信息，还需要存放各数据元素之间的前后件关系的信息。

一种数据的逻辑结构根据需要可以表示成多种存储结构，常用的存储结构有顺序、链接、索引等。而采用不同的存储结构，其数据处理的效率是不同的。因此，在进行数据处理时，选择合适的存储结构是很重要的。

2. 线性结构与非线性结构

根据数据结构中各数据元素之间前后件关系的复杂程度，一般将数据结构分为两大类型：线性结构与非线性结构。如果一个非空的数据结构满足下列两个条件：

①有且只有一个根结点。

②每一个结点最多有一个前件，也最多有一个后件。则称该数据结构为线性结构。线性结构又称线性表。在一个线性结构中插入或删除任何一个结点后还应是线性结构。如果一个数据结构不是线性结构，则称为非线性结构。

疑难解答：空的数据结构是线性结构还是非线性结构？

一个空的数据结构究竟是线性结构还是非线性结构，这要根据具体情况来确定。如果对该数据结构的算法是按线性结构的规则来处理的，则属于线性结构；否则，属于非线性结构。

10.1.4 栈及线性链表

1. 栈的基本概念

栈是限定只在一端进行插入与删除的线性表，通常称插入、删除的这一端为栈顶，另一端为栈底。当表中没有元素时，称为空栈。栈顶元素总是后被插入的元素，从而也是最先被删除的元素；栈底元素总是最先被插入的元素，从而也是最后才能被删除的元素。栈是按照"先进后出"或"后进先出"的原则组织数据的。

2. 栈的顺序存储及其运算

用一维数组 S(1:m) 作为栈的顺序存储空间，其中 m 为最大容量。在栈的顺序存储空间 S(1:m) 中，S(bottom) 为栈底元素，S(top) 为栈顶元素。top = 0 表示栈空；top = m 表示栈满。

栈的基本运算有三种：入栈、退栈与读栈顶元素。

（1）入栈

入栈运算是指在栈顶位置插入一个新元素。首先将栈顶指针加 1（即 top 加 1），然后将新元素插入栈顶指针指向的位置。当栈顶指针已经指向存储空间的最后一个位置时，说明栈空间已满，不可能再进行入栈操作。这种情况称为栈的"上溢"错误。

（2）退栈

退栈是指取出栈顶元素并赋给一个指定的变量。首先将栈顶元素（栈顶指针指向的元素）赋给一个指定的变量，然后将栈顶指针减 1（即 top 减 1）。当栈顶指针为 0 时，说明栈空，不可进行退栈操作。这种情况称为栈的"下溢"错误。

（3）读栈顶元素

读栈顶元素是指将栈顶元素赋给一个指定的变量。这个运算不删除栈顶元素，只是将它赋给一个变量，因此栈顶指针不会改变。当栈顶指针为 0 时，说明栈空，读不到栈顶元素。

小技巧：栈是按照"先进后出"或"后进先出"的原则组织数据的，但是出栈方式有多种选择，在考题中经常考查各种不同的出栈方式。

3. 线性链表的基本概念

在链式存储方式中，要求每个结点由两部分组成：一部分用于存放数据元素值，称为数据域；另一部分用于存放指针，称为指针域。其中指针用于指向该结点的前一个或后一个结点（即前件或后件）。链式存储方式既可用于表示线性结构，也可用于表示非线性结构。

（1）线性链表

线性表的链式存储结构称为线性链表。在某些应用中，对线性链表中的每个结点设置两个指针，一个称为左指针，用于指向其前件结点；另一个称为右指针，用于指向其后件结点。这样的表称为双向链表。

（2）带链的栈

栈也是线性表，也可以采用链式存储结构。带链的栈可以用来收集计算机存储空间中所有空闲的存储结点，这种带链的栈称为可利用栈。

疑难解答：在链式结构中，存储空间位置关系与逻辑关系是什么？

在链式存储结构中，存储数据结构的存储空间可以不连续，各数据结点的存储顺序与数据元素之间的逻辑关系可以不一致，而数据元素之间的逻辑关系是由指针域来确定的。

10.1.5 树与二叉树

1. 树的基本概念

树（tree）是一种简单的非线性结构。在树结构中，每一个结点只有一个前件，称为父结点；没有前件的结点只有一个，称为树的根结点。每一个结点可以有多个后件，它们称为该结点的子结点。没有后件的结点称为叶子结点。

在树结构中，一个结点所拥有的后件个数称为该结点的度。叶子结点的度为 0。在树中，所有结点中的最大的度称为树的度。

2. 二叉树及其基本性质

（1）二叉树的定义

二叉树是一种很有用的非线性结构，具有以下两个特点：

①非空二叉树只有一个根结点。

②每一个结点最多有两棵子树，并且分别称为该结点的左子树和右子树。

由以上特点可以看出，在二叉树中，每一个结点的度最大为 2，即所有子树（左子树或右子树）也均为二叉树，而树结构中的每一个结点的度可以是任意的。另外，二叉树中的每个结点的子树被明显地分为左子树和右子树。在二叉树中，一个结点可以只有左子树而没有右子树，也可以只有右子树而没有左子树。当一个结点既没有左子树也没有右子树时，该结点即为叶子结点。

（2）二叉树的基本性质

二叉树具有以下几个性质：

性质 1：在二叉树的第 k 层上，最多有 $2k-1(k \geqslant 1)$ 个结点。

性质 2：深度为 m 的二叉树最多有 $2m-1$ 个结点。

性质 3：在任意一棵二叉树中，度为 0 的结点（即叶子结点）总是比度为 2 的结点多一个。

性质 4：具有 n 个结点的二叉树，其深度至少为 $\lceil \log_2 n \rceil + 1$，其中 $\lceil \log_2 n \rceil$ 表示取 $\log_2 n$ 的整数部分。

小技巧：在二叉树的遍历中，无论是前序遍历、中序遍历还是后序遍历，二叉树的叶子结点的先后顺序都是不变的。

3. 满二叉树与完全二叉树

满二叉树是指这样的一种二叉树：除最后一层外，每一层上的所有结点都有两个子结点。在满二叉树中，每一层上的结点数都达到最大值，即在满二叉树的第 k 层上有 $2k-1$ 个结点，并且深度为 m 的满二叉树有 $2m-1$ 个结点。完全二叉树是指这样的二叉树：除最后一层外，每一层上的结点数均达到最大值；在最后一层上只缺少右边的若干结点。对于完全二叉树来说，叶子结点只可能在层次最大的两层上出现；对于任何一个结点，若其右分支下的子孙结点的最大层次为 p，则其左分支下的子孙结点的最大层次或为 p，或为 p + 1。

完全二叉树具有以下两个性质：

性质 1：具有 n 个结点的完全二叉树的深度为 $\lceil \log_2 n \rceil + 1$。

性质 2：设完全二叉树共有 n 个结点。如果从根结点开始，按层次（每一层从左到右）用自然数 1，2，…，n 给结点进行编号，则对于编号为 k（k = 1，2，…，n）的结点有以下结论：

①若 k = 1，则该结点为根结点，它没有父结点；若 k > 1，则该结点的父结点编号为 INT(k/2)。

②若 2k ≤ n，则编号为 k 的结点的左子结点编号为 2k；否则，该结点无左子结点（显然也没有右子结点）。

③若 2k + 1 ≤ n，则编号为 k 的结点的右子结点编号为 2k + 1；否则，该结点无右子结点。

4. 二叉树的遍历

在遍历二叉树的过程中，一般先遍历左子树，再遍历右子树。在先左后右的原则下，根据访问根结点的次序，二叉树的遍历分为三类：前序遍历、中序遍历和后序遍历。

（1）前序遍历

先访问根结点，然后遍历左子树，最后遍历右子树；并且，在遍历左、右子树时，仍然先访问根结点，然后遍历左子树，最后遍历右子树。

（2）中序遍历

先遍历左子树，然后访问根结点，最后遍历右子树；并且，在遍历左、右子树时，仍然先遍历左子树，然后访问根结点，最后遍历右子树。

（3）后序遍历

先遍历左子树，然后遍历右子树，最后访问根结点；并且，在遍历左、右子树时，仍然先遍历左子树，然后遍历右子树，最后访问根结点。

疑难解答：树与二叉树的不同之处是什么？

在二叉树中，每一个结点的度最大为 2，即所有子树（左子树或右子树）也均为二叉树，而树结构中的每一个结点的度可以是任意的。

误区警示：满二叉树也是完全二叉树，而完全二叉树一般不是满二叉树。应该注意二者的区别。

10.1.6 查找技术和排序技术

1. 查找技术

（1）顺序查找

查找是指在一个给定的数据结构中查找某个指定的元素。从线性表的第一个元素开始，依次将线性表中的元素与被查找的元素相比较，若相等，则表示查找成功；若线性表中所有的元素都与被查找元素进行了比较但都不相等，则表示查找失败。

在下列两种情况下，也只能采用顺序查找：

①如果线性表为无序表，则不管是顺序存储结构还是链式存储结构，只能用顺序查找。

②即使是有序线性表，如果采用链式存储结构，也只能用顺序查找。

（2）二分法查找

二分法只适用于顺序存储的，按非递减排列的有序表，其方法如下：

设有序线性表的长度为 n，被查找的元素为 i。

①将 i 与线性表的中间项进行比较。

②若 i 与中间项的值相等，则查找成功。

③若 i 小于中间项，则在线性表的前半部分以相同的方法查找。

④若 i 大于中间项，则在线性表的后半部分以相同的方法查找。

疑难解答：二分查找法适用于哪种情况？

二分查找法只适用于顺序存储的有序表。在此所说的有序表是指线性表中的元素按值非递减排列（即从小到大，但允许相邻元素值相等）。这个过程一直进行到查找成功或子表长度为 0 为止。对于长度为 n 的有序线性表，在最坏情况下，二分查找只需要比较 $\log_2 n$ 次。

2. 排序技术

冒泡排序法和快速排序法都属于交换类排序法。

（1）冒泡排序法

首先，从表头开始往后扫描线性表，逐次比较相邻两个元素的大小，若前面的元素大于后面的元素，则将它们互换，不断地将两个相邻元素中的大者往后移动，最后最大者到了线性表的最后面。然后，从后到前扫描剩下的线性表，逐次比较相邻两个元素的大小，若后面的元素小于前面的元素，则将它们互换，不断地将两个相邻元素中的小者往前移动，最后最小者到了线性表的最前面。对剩下的线性表重复上述过程，直到剩下的线性表变空为止，此时已经排好序。在最坏的情况下，冒泡排序需要比较次数为 $n(n-1)/2$。

（2）快速排序法

它的基本思想是：任取待排序序列中的某个元素作为基准（一般取第一个元素），通过一趟排序，将待排元素分为左、右两个子序列，左子序列元素的排序码均小于或等于基准元素的排序码，右子序列的排序码则大于基准元素的排序码，然后分别对两个子序列继续进行排序，直至整个序列有序。

疑难解答：冒泡排序和快速排序的平均执行时间分别是多少？

冒泡排序法的平均执行时间是 $O(n_2)$，而快速排序法的平均执行时间是 $O(n\log_2 n)$。

10.1.7　例题详解

【例 1】算法的时间复杂度取决于（　　　）。

A. 问题的规模　　　　　　　　　　B. 待处理的数据的初态

C. 问题的难度　　　　　　　　　　D. A 和 B

解析：算法的时间复杂度不仅与问题的规模有关，在同一个问题规模下，还与输入数据有关。即与输入数据所有的可能取值范围、输入各种数据或数据集的概率有关。答案：D。

【例 2】在数据结构中，从逻辑上可以把数据结构分成（　　　）。

A. 内部结构和外部结构　　　　　　B. 线性结构和非线性结构

C. 紧凑结构和非紧凑结构　　　　　D. 动态结构和静态结构

解析：逻辑结构反映数据元素之间的逻辑关系，线性结构表示数据元素之间为一对一的关系，非线性结构表示数据元素之间为一对多或者多对一的关系，所以答案为 B。

【例 3】以下（　　　）不是栈的基本运算。

A. 判断栈是否为空　　　　　　　　B. 将栈置为空栈

C. 删除栈顶元素　　　　　　　　　D. 删除栈底元素

解析：栈的基本运算有：入栈、出栈（删除栈顶元素）、初始化、置空、判断栈是否为空或满、提取栈顶元素等，对栈的操作都是在栈顶进行的。答案：D。

【例4】 链表不具备的特点是（　　　）。

A. 可随机访问任意一个结点　　　　　　　B. 插入和删除不需要移动任何元素

C. 不必事先估计存储空间　　　　　　　　D. 所需空间与其长度成正比

解析：顺序表可以随机访问任意一个结点，而链表必须从第一个数据结点出发，逐一查找每个结点。所以答案为A。

【例5】 已知某二叉树的后序遍历序列是 DACBE，中序遍历序列是 DEBAC，则它的前序遍历序列是（　　　）。

A. ACBED　　　　　　B. DEABC　　　　　　C. DECAB　　　　　　D. EDBAC

解析：后序遍历的顺序是"左子树－右子树－根结点"；中序遍历顺序是"左子树－根结点－右子树"；前序遍历顺序是"根结点－左子树－右子树"。根据各种遍历算法，不难得出前序遍历序列是 EDBAC。所以答案为 D。

【例6】 设有一个已按各元素的值排好序的线性表（长度大于2），对给定的值 k，分别用顺序查找法和二分查找法查找一个与 k 相等的元素，比较的次数分别是 s 和 b，在查找不成功的情况下，s 和 b 的关系是（　　　）。

A. s＝b　　　　　　B. s＞b　　　　　　C. s＜b　　　　　　D. s≥b

解析：对于顺序查找，当查找不成功时，和给定关键字比较的次数为 $n+1$。二分查找查找不成功的关键字比较次数为 $\lfloor \log_2 n \rfloor + 1$。当 $n \geq 2$ 时，显然 $n+1 > \lfloor \log_2 n \rfloor + 1$。答案：B。

【例7】 在快速排序过程中，每次划分时，将被划分的表（或子表）分成左、右两个子表，考虑这两个子表，下列结论一定正确的是（　　　）。

A. 左、右两个子表都已各自排好序

B. 左边子表中的元素都不大于右边子表中的元素

C. 左边子表的长度小于右边子表的长度

D. 左、右两个子表中元素的平均值相等

解析：快速排序基本思想是：任取待排序表中的某个元素作为基准（一般取第一个元素），通过一趟排序，将待排元素分为左、右两个子表，左子表元素的排序码均小于或等于基准元素的排序码，右子表的排序码则大于基准元素的排序码，然后分别对两个子表继续进行排序，直至整个表有序。答案：B。

【例8】 问题处理方案的正确而完整的描述称为_____。

解析：计算机解题的过程实际上是在实施某种算法，这种算法称为计算机算法。答案：算法。

【例9】 一个空的数据结构是按线性结构处理的，则属于_____。

解析：一个空的数据结构是线性结构或是非线性结构，要根据具体情况而定。如果对数据结构的运算是按线性结构来处理的，则属于线性结构，否则，属于非线性结构。答案：线性结构。

【例10】 设树 T 的度为4，其中度为1、2、3 和 4 的结点的个数分别为4、2、1、1，则 T 中叶子结点的个数为_____。

解析：根据树的性质：树的结点数等于所有结点的度与对应的结点个数乘积之和加1。因此树的结点数为 $1 \times 4 + 2 \times 2 + 3 \times 1 + 4 \times 1 + 1 = 16$。叶子结点数目等于树结点总数减去度不为 0 的结点数之和，即 $16 - (4 + 2 + 1 + 1) = 8$。答案：8。

【例 11】 二分法查找的存储结构仅限于_____且是有序的。

解析：二分查找，也称折半查找，它是一种高效率的查找方法。但二分查找有条件限制：要求表必须用顺序存储结构，且表中元素必须按关键字有序（升序或降序均可）。答案：顺序存储结构。

10.2　程序设计基础

10.2.1　结构化和面向对象的程序设计

1. 结构化程序设计的原则

20 世纪 70 年代提出了"结构化程序设计"的思想和方法。结构化程序设计方法引入了工程化思想和结构化思想，使大型软件的开发和编程得到了极大的改善。结构化程序设计方法的主要原则为：自顶向下、逐步求精、模块化和限制使用 goto 语句。

疑难解答：如何进行自顶向下设计？

程序设计时，应先考虑总体，后考虑细节；先考虑全局目标，后考虑局部目标；不要一开始就过多追求细节，先从最上层总目标开始设计，逐步使问题具体化。

2. 面向对象的程序设计

误区警示：

当使用"对象"这个术语时，既可以指一个具体的对象，也可以泛指一般的对象，但是当使用"实例"这个术语时，必须是指一个具体的对象。面向对象方法涵盖对象、对象属性与方法、类、继承、多态性几个基本要素。

（1）对象

通常把对对象的操作也称为方法或服务。属性即对象所包含的信息，它在设计对象时确定，一般只能通过执行对象的操作来改变。属性值应该指的是纯粹的数据值，而不能指对象。操作描述了对象执行的功能，通过信息的传递，还可以为其他对象使用。对象具有如下特征：标识唯一性、分类性、多态性、封装性、模块独立性。

（2）类和实例

类是具有共同属性、共同方法的对象的集合。它描述了属于该对象类型的所有对象的性质，而一个对象则是其对应类的一个实例。类是关于对象性质的描述，它同对象一样，包括一组数据属性和在数据上的一组合法操作。

（3）消息

消息是实例之间传递的信息，它请求对象执行某一处理或回答某一要求的信息，它统一了数据流和控制流。一个消息由三部分组成：接收消息的对象的名称、消息标识符（消息名）和零个或多个参数。

（4）继承

广义地说，继承是指能够直接获得已有的性质和特征，而不必重复定义它们。继承分为单继承与多重继承。单继承是指一个类只允许有一个父类，即类等级为树形结构。多重继承是指一个类允许有多个父类。

（5）多态性

对象根据所接收的消息而做出动作，同样的消息被不同的对象接收时，可导致完全不同的行动，该现象称为多态性。

疑难解答：列举现实中的对象及其属性和操作。

一辆汽车是一个对象，它包含了汽车的属性（如颜色、型号等）及其操作（如起动、刹车等）。一个窗口是对象，它包含了窗口的属性（如大小、颜色等）及其操作（如打开、关闭等）。

10.2.2 例题详解

【例1】结构化程序设计方法提出于（　　　）。

A. 20世纪50年代　　B. 20世纪60年代　　C. 20世纪70年代　　D. 20世纪80年代

解析：20世纪70年代提出了"结构化程序设计"的思想和方法。结构化程序设计方法引入了工程化思想和结构化思想，使大型软件的开发和编程得到了极大的改善。答案：C。

【例2】结构化程序设计方法的主要原则有4项，下列不正确的是（　　　）。

A. 自下向上　　　　　　　　　　C. 模块化

B. 逐步求精　　　　　　　　　　D. 限制使用goto语句

解析：结构化程序设计方法的主要原则为：

①自顶向下：即先考虑总体，后考虑细节；先考虑全局目标，后考虑局部目标。②逐步求精：对复杂问题，应设计一些子目标作过渡，逐步细化。③模块化：把程序要解决的总目标分解为分目标，再进一步分解为具体的小目标，把每个小目标称为一个模块。④限制使用goto语句。答案：A。

【例3】面向对象的开发方法中，类与对象的关系是（　　　）。

A. 抽象与具体　　　B. 具体与抽象　　　C. 部分与整体　　　D. 整体与部分

解析：现实世界中的很多事物都具有相似的性质，把具有相似的属性和操作的对象归为类，也就是说，类是具有共同属性、共同方法的对象的集合，是对对象的抽象。它描述了该对象类型的所有对象的性质，而一个对象则是对应类的一个具体实例。所以本题正确答案为A。

【例4】在面向对象方法中，使用已经存在的类定义作为基础建立新的类定义，这样的技术叫作_____。

解析：继承是面向对象方法的一个主要特征。继承是使用已有的类定义作为基础建立新类的定义技术。已有的类可当作基类来引用，则新类相应地可当作派生类来引用。答案：继承。

【例5】对象的基本特点包括_____、分类性、多态性、封装性和模块独立性好等5个特点。

解析：对象具有如下的基本特点：

（1）标识唯一性。对象是可区分的，并且由对象的内在本质来区分。（2）分类性。可以将具有相同属性和操作的对象抽象成类。（3）多态性。同一个操作可以是不同对象的行为。（4）封装性。只能看到对象的外部特征，无须知道数据的具体结构以及实现操作的算法。（5）模块独立性。面向对象是由数据及可以对这些数据施加的操作所组成的统一体。答案：标识唯一性。

【**例6**】对象根据所接收的消息而做出动作，同样的消息被不同的对象所接收时可能导致完全不同的行为，这种现象称为_____。

解析：对象根据所接收的消息而做出动作，同样的消息被不同的对象接收时可导致完全不同的行为，该现象称为多态性。答案：多态性。

10.3 软件工程基础

10.3.1 软件工程的基本概念

1. 软件定义与软件特点

软件指的是计算机系统中与硬件相互依存的另一部分，包括程序、数据和相关文档的完整集合。程序是软件开发人员根据用户需求开发的、用程序设计语言描述的、适合计算机执行的指令序列。数据是使程序能正常操纵信息的数据结构。文档是与程序的开发、维护和使用有关的图文资料。可见，软件由两部分组成：

①机器可执行的程序和数据。

②机器不可执行的，与软件开发、运行、维护、使用等有关的文档。

软件的特点：

①软件是逻辑实体，而不是物理实体，具有抽象性。

②没有明显的制作过程，可进行大量的复制。

③使用期间不存在磨损、老化问题。

④软件的开发、运行对计算机系统具有依赖性。

⑤软件复杂性高，成本高昂。

⑥软件开发涉及诸多社会因素。

根据应用目标的不同，软件可分为应用软件、系统软件和支撑软件（或工具软件）。小提示：应用软件是为解决特定领域的应用而开发的软件；系统软件是计算机管理自身资源，提高计算机使用效率并为计算机用户提供各种服务的软件；支撑软件是介于两者之间，协助用户开发软件的工具性软件。

2. 软件工程过程与软件生命周期

软件产品从提出、实现、使用维护到停止使用退役的过程称为软件生命周期。一般包括可行性分析研究与需求分析、设计、实现、测试、交付使用及维护等活动。

还可以将软件生命周期分为如图 10-1 所示的定义、开发和维护 3 个阶段。生命周期的主要活动阶段是：可行性研究与计划制订、需求分析、软件设计、软件实施、软件测试及运行与维护。

图 10-1 软件生命周期

10.3.2　结构化设计方法

1. 软件设计的基础

从技术观点上看，软件设计包括软件结构设计、数据设计、接口设计、过程设计。

①结构设计定义软件系统各主要部件之间的关系。

②数据设计将分析时创建的模型转化为数据结构的定义。

③接口设计描述软件内部、软件和协作系统之间及软件与人之间如何通信。

④过程设计则是把系统结构部件转换为软件的过程性描述。

从工程管理角度来看，软件设计分两步完成：概要设计和详细设计。

①概要设计将软件需求转化为软件体系结构、确定系统级接口、全局数据结构和数据库模式。

②详细设计确立每个模块的实现算法和局部数据结构，用适当方法表示算法和数据结构的细节。

2. 软件设计的基本原理

①抽象：软件设计中，考虑模块化解决方案时，可以定出多个抽象级别。抽象的层次从概要设计到详细设计逐步降低。

②模块化：模块是指把一个待开发的软件分解成若干小的简单的部分。模块化是指解决一个复杂问题时自顶向下逐层把软件系统划分成若干模块的过程。

③信息隐蔽：信息隐蔽是指在一个模块内包含的信息（过程或数据），对于不需要这些信息的其他模块来说是不能访问的。

④模块独立性：模块独立性是指每个模块只完成系统要求的独立的子功能，并且与其他模块的联系最少且接口简单。模块的独立程度是评价设计好坏的重要度量标准。衡量软件的模块独立性使用耦合性和内聚性两个定性的度量标准。内聚性是信息隐蔽和局部化概念的自然扩展。一个模块的内聚性越强，则该模块的模块独立性越强；一个模块与其他模块的耦合性越强，则该模块的模块独立性越弱。内聚性是度量模块功能强度的一个相对指标。内聚是从功能角度来衡量模块的联系，它描述的是模块内的功能联系。内聚有如下种类，它们之间的内聚度由弱到强排列：偶然内聚、逻辑内聚、时间内聚、过程内聚、通信内聚、顺序内聚、功能内聚。

耦合性是模块之间互相连接的紧密程度的度量。耦合性取决于各个模块之间接口的复杂度、调用方式及哪些信息通过接口。耦合可以分为下列几种，它们之间的耦合度由高到低排列：内容耦合、公共耦合、外部耦合、控制耦合、标记耦合、数据耦合、非直接耦合。在程序结构中，各模块的内聚性越强，则耦合性越弱。一般较优秀的软件设计，应尽量做到高内聚低耦合，即减弱模块之间的耦合性和提高模块内的内聚性，有利于提高模块的独立性。

小提示：上面仅是对耦合机制进行的一个分类。可见一个模块与其他模块的耦合性越强，则该模块独立性越弱。原则上讲，模块化设计总是希望模块之间的耦合表现为非直接耦合方式，但是，由于问题所固有的复杂性和结构化设计的原则，非直接耦合是不存在的。

3. 详细设计

详细设计的任务是为软件结构图中的每个模块确定实现算法和局部数据结构，用某种选定的表达表示工具算法和数据结构的细节。

详细过程设计的常用工具有：

①图形工具：程序流程图、N – S、PAD、HIPO。

②表格工具：判定表。

③语言工具：PDL（伪码）。

程序流程图的 5 种控制结构：顺序型、选择型、先判断重复型、后判断重复型和多分支选择型。

方框图中仅含 5 种基本的控制结构，即顺序型、选择型、多分支选择型、WHILE 重复型和 UNTIL 重复型。

PAD 图表示 5 种基本控制结构，即顺序型、选择型、多分支选择型、WHILE 重复型和 UNTIL 重复型。

过程设计语言（PDL）也称为结构化的语言和伪码，它是一种混合语言，采用英语的词汇和结构化程序设计语言，类似于编程语言。

PDL 可以由编程语言转换得到，也可以是专门为过程描述而设计的。

疑难解答：程序流程图、N – S 图、PAD 图的控制结构的异同点是什么？

相同点是三种图都有顺序结构、选择结构和多分支选择，并且 N – S 图和 PAD 图还有相同的 WHILE 重复型、UNTIL 重复型。

不同点是程序流程图没有 WHILE 重复型、UNTIL 重复型，而有后判断重复型和先判断重复型。

4. 软件测试

软件测试是在软件投入运行前对软件需求、设计、编码的最后审核。其工作量、成本占总工作量、总成本的 40% 以上，而且具有较高的组织管理和技术难度。

①软件测试是为了发现错误而执行程序的过程。

②一个好的测试用例是能够发现至今尚未发现的错误的用例。

③一个成功的测试是发现了至今尚未发现的错误的测试。

软件测试过程分 4 个步骤，即单元测试、集成测试、确认测试和系统测试。

单元测试是对软件设计的最小单位——模块（程序单元）进行正确性检验测试。单元测试的技术可以采用静态分析和动态测试。

集成测试是测试和组装软件的过程，主要目的是发现与接口有关的错误，主要依据是概要设计说明书。

集成测试所设计的内容包括软件单元的接口测试、全局数据结构测试、边界条件和非法输入的测试等。集成测试时，将模块组装成程序，通常采用两种方式：非增量方式组装和增量方式组装。

确认测试的任务是验证软件的功能和性能，以及其他特性是否满足了需求规格说明中确定的各种需求，包括软件配置是否完全、正确。确认测试的实施首先运用黑盒测试方法，对软件进行有效性测试，即验证被测软件是否满足需求规格说明确认的标准。

系统测试是通过测试确认软件，作为整个基于计算机系统的一个元素，与计算机硬件、外设、支撑软件、数据和人员等其他系统元素组合在一起，在实际运行（使用）环境下对计算机系统进行一系列的集成测试和确认测试。

系统测试的具体实施一般包括功能测试、性能测试、操作测试、配置测试、外部接口测试、安全性测试等。

5. 软件的调试

误区警示：

程序经调试改错后，还应进行再测试，因为经调试后有可能产生新的错误，而且测试贯穿生命周期的整个过程。

在对程序进行了成功测试之后，将进入程序调试（通常称为 Debug，即排错）。程序的调试任务是诊断和改正程序中的错误。调试主要在开发阶段进行。

程序调试活动由两部分组成：一是根据错误的迹象确定程序中错误的确切性质、原因和位置；二是对程序进行修改，排除这个错误。程序调试的基本步骤：

①错误定位。从错误的外部表现形式入手，研究有关部分的程序，确定程序中出错位置，找出错误的内在原因。

②修改设计和代码，以排除错误。

③进行回归测试，防止引进新的错误。

调试原则可以从以下两个方面考虑：

（1）确定错误的性质和位置时的注意事项

分析思考与错误征兆有关的信息；避开死胡同；只把调试工具当作辅助手段来使用；避免用试探法，最多只能把它当作最后手段。

（2）修改错误原则

在出现错误的地方，很可能有别的错误；修改错误的一个常见失误是只修改了这个错误的征兆或这个错误的表现，而没有修改错误本身；注意修正一个错误的同时，有可能会引入新的错误；修改错误的过程将迫使人们暂时回到程序设计阶段；修改源代码程序，不要改变目标代码。

疑难解答：软件测试与软件调试有何不同？

软件测试是尽可能多地发现软件中的错误，而软件调试的任务是诊断和改正程序中的错误。软件测试贯穿整个软件生命周期，调试主要在开发阶段。

10.3.3 例题详解

【例1】对软件的特点，下面描述正确的是（　　　）。

A. 软件是一种物理实体

B. 软件在运行使用期间不存在老化问题

C. 软件开发、运行对计算机没有依赖性，不受计算机系统的限制

D. 软件的生产有一个明显的制作过程

解析：软件在运行期间不会因为介质的磨损而老化，只可能因为适应硬件环境以及需求变化进行修改而引入错误，导致失效率升高，从而软件退化。正确答案为 B。

【例2】（　　　）是软件生命周期的主要活动阶段。

A. 需求分析　　　　　B. 软件开发　　　　　C. 软件确认　　　　　D. 软件演进

解析：B、C、D 项都是软件工程过程的基本活动。答案：A。

【例 3】 从技术观点看，软件设计包括（　　）。

A. 结构设计、数据设计、接口设计、程序设计

B. 结构设计、数据设计、接口设计、过程设计

C. 结构设计、数据设计、文档设计、过程设计

D. 结构设计、数据设计、文档设计、程序设计

解析：技术角度来说，软件要进行结构、数据、接口、过程的设计。结构设计是定义系统各部件关系，数据设计是根据分析模型转化数据结构，接口设计是描述如何通信，过程设计是把系统结构部件转化为软件的过程性描述。答案：B。

【例 4】（　　）是软件测试的目的。

A. 证明程序没有错误　　　　　　　　B. 演示程序的正确性

C. 发现程序中的错误　　　　　　　　D. 改正程序中的错误

解析：关于测试目的的基本知识，IEEE 的定义是：使用人工或自动手段来运行或测定某个系统的过程，其目的在于检验它是否满足规定的需求，或是弄清预期结果与实际结果之间的差别。答案：C。

【例 5】（　　）要对接口过去时行测试。

A. 单元测试　　　　　　　　　　　　B. 集成测试

C. 验收测试　　　　　　　　　　　　D. 系统测试

解析：考查对测试实施各阶段的了解。集成测试时，要进行接口测试、全局数据结构测试、边界条件测试和非法输入的测试等。答案：B。

【例 6】 程序调试的主要任务是（　　）。

A. 检查错误　　　　B. 改正错误　　　　C. 发现错误　　　　D. 以上都不是

解析：程序的调试任务是诊断和改正程序中的错误。调试主要在开发阶段进行。答案：B。

【例 7】 以下不是程序调试的基本步骤的是（　　）

A. 分析错误原因　　　　　　　　　　B. 错误定位

C. 修改设计代码，以排除错误　　　　D. 回归测试，防止引入新错误

解析：程序调试的基本步骤：①错误定位。从错误的外部表现形式入手，研究有关部分的程序，确定程序中出错位置，找出错误的内在原因。②修改设计和代码，以排除错误。③进行回归测试，防止引入新的错误。答案：A。

【例 8】 在修改错误时，应遵循的原则有（　　）。

A. 注意修改错误本身而不仅仅是错误的征兆和表现

B. 修改错误的是源代码而不是目标代码

C. 遵循在程序设计过程中的各种方法和原则

D. 以上 3 个都是

解析：修改错误原则：①在出现错误的地方，很可能有别的错误；②修改错误的一个常见失误是只修改了这个错误的征兆或这个错误的表现，而没有修改错误本身；③注意修正一个错误的同时有可能会引入新的错误；④修改错误的过程将迫使人们暂时回到程序设计阶段；⑤修改源代码程序，不要改变目标代码。答案：D。

【例9】软件设计是软件工程的重要阶段，是一个把软件需求转换为（　　）的过程。

解析：软件设计是软件工程的重要阶段，是一个把软件需求转换为软件表示的过程。其基本目标是用比较抽象、概括的方式确定目标系统如何完成预定的任务，即软件设计是确定系统的物理模型。答案：软件表示。

【例10】（　　）是指把一个待开发的软件分解成若干小的简单的部分。

解析：模块化是指把一个待开发的软件分解成若干小的简单的部分。如高级语言中的过程、函数、子程序等。每个模块可以完成一个特定的子功能，各个模块可以按一定的方法组装起来成为一个整体，从而实现整个系统的功能。答案：模块化。

【例11】数据流图采用4种符号表示（　　）、数据源点和终点、数据流向和数据加工。

解析：数据流图可以表达软件系统的数据存储、数据源点和终点、数据流向和数据加工。其中，用箭头表示数据流向，用圆或者椭圆表示数据加工，用双杠表示数据存储，用方框来表示数据源点和终点。答案：数据存储。

10.4 数据库设计基础

10.4.1 数据库系统的基本概念

数据是数据库中存储的基本对象，描述事物的符号记录。数据库是长期储存在计算机内、有组织的、可共享的大量数据的集合，它具有统一的结构形式并存放于统一的存储介质内，是多种应用数据的集成，并可被各个应用程序所共享。

数据库管理系统（Database Management System，DBMS）是数据库的机构，它是一种系统软件，负责数据库中的数据组织、数据操作、数据维护、控制及保护和数据服务等。数据库管理系统是数据系统的核心，主要有如下功能：数据模式定义、数据存取的物理构建、数据操纵、数据的完整性、安全性定义和检查、数据库的并发控制与故障恢复、数据的服务。为完成数据库管理系统的功能，数据库管理系统提供相应的数据语言：数据定义语言、数据操纵语言、数据控制语言。

数据库管理员的主要工作如下：设计数据库、维护数据库、改善系统性能、提高系统效率。

1. 数据库系统的发展

数据管理技术的发展经历了3个阶段，见表10-1。

表 10-1 各阶段特点的详细说明

背景阶段		人工管理阶段	文件系统阶段	数据库系统阶段
背景	应用背景	科学计算	科学计算、管理	大规模管理
	硬件背景	无直接存取存储设备	磁盘、磁鼓	大容量磁盘
	软件背景	没有操作系统	有文件系统	有数据库管理系统
	处理方式	批处理	联机实时处理、批处理	联机实时处理、批处理、分布处理

背景阶段		人工管理阶段	文件系统阶段	数据库系统阶段
特点	数据的管理者	用户（程序员）	文件系统	数据库管理系统
	数据面向的对象	某一应用程序	某一应用	现实世界
	数据的共享程度	无共享，冗余度大	共享性差，冗余度大	共享性高，冗余度小
	数据的独立性	不独立，完全依赖于程序	独立性差	具有高度的物理独立性和一定的逻辑独立性
	数据结构化	无结构	记录内有结构、整体无结构	整体结构化，用数据模型描述
	数控制控制能力	应用程序自己控制	应用程序自己控制	由数据库管理系统提供数据安全性、完整性、并发控制和恢复能力

2. 数据库系统的基本特点

数据独立性是数据与程序间的互不依赖性，即数据库中的数据独立于应用程序而不依赖于应用程序。数据的独立性一般分为物理独立性与逻辑独立性两种。

①物理独立性：指用户的应用程序与存储在磁盘上的数据库中的数据是相互独立的。当数据的物理结构（包括存储结构、存取方式等）改变时，如存储设备的更换、物理存储的更换、存取方式改变等，应用程序都不用改变。

②逻辑独立性：指用户的应用程序与数据库的逻辑结构是相互独立的。数据的逻辑结构改变了，如修改数据模式、增加新的数据类型、改变数据间联系等，用户程序都可以不变。数据统一管理与控制主要包括 3 个方面：数据的完整性检查、数据的安全性保护和并发控制。

3. 数据库系统的内部结构体系

数据库系统的 3 级模式：

①概念模式，也称逻辑模式，是对数据库系统中全局数据逻辑结构的描述，是全体用户（应用）公共数据视图。一个数据库只有一个概念模式。

②外模式，外模式也称子模式，它是数据库用户能够看见和使用的局部数据的逻辑结构和特征的描述，它是由概念模式推导而出来的，是数据库用户的数据视图，是与某一应用有关的数据的逻辑表示。一个概念模式可以有若干个外模式。

③内模式，内模式又称物理模式，它给出了数据库物理存储结构与物理存取方法。

内模式处于最底层，它反映了数据在计算机物理结构中的实际存储形式；概念模式处于中间层，它反映了设计者的数据全局逻辑要求；外模式处于最外层，它反映了用户对数据的要求。

4. 数据库系统的两级映射

两级映射保证了数据库系统中数据的独立性。

①概念模式到内模式的映射。该映射给出了概念模式中数据的全局逻辑结构到数据的物理存储结构间的对应关系。

②外模式到概念模式的映射。概念模式是一个全局模式而外模式是用户的局部模式。一

个概念模式中可以定义多个外模式，而每个外模式是概念模式的一个基本视图。

10.4.2　数据模型

数据模型用来抽象、表示和处理现实世界中的数据和信息。分为两个阶段：把现实世界中的客观对象抽象为概念模型；把概念模型转换为某一 DBMS 支持的数据模型。

数据模型所描述的内容有 3 个部分：数据结构、数据操作与数据约束。

1. E-R 模型

E-R 模型的基本概念：

①实体：现实世界中的事物可以抽象成实体，实体是概念世界中的基本单位，它们是客观存在的且又能相互区别的事物。

②属性：现实世界中事物均有一些特性，这些特性可以用属性来表示。

③码：唯一标识实体的属性集称为码。

④域：属性的取值范围称为该属性的域。

⑤联系：在现实世界中事物间的关联称为联系。

两个实体集间的联系实际上是实体集间的函数关系，这种函数关系可以有下面几种：一对一的联系、一对多或多对一联系、多对多。

E-R 模型用 E-R 图来表示。

①实体表示法：在 E-R 图中用矩形表示实体集，在矩形内写上该实体集的名字。

②属性表示法：在 E-R 图中用椭圆形表示属性，在椭圆形内写上该属性的名称。

③联系表示法：在 E-R 图中用菱形表示联系，菱形内写上联系名。

2. 层次模型

满足下面两个条件的基本层次联系的集合为层次模型。

①有且只有一个结点没有双亲结点，这个结点称为根结点。

②除根结点以外的其他结点有且仅有一个双亲结点。

3. 关系模型

当对关系模型进行查询运算，涉及多种运算时，应当注意它们之间的先后顺序，因为有可能在进行投影运算时，把符合条件的记录过滤，从而产生了错误的结果。关系模型采用二维表来表示，二维表一般满足下面 7 个性质：

①二维表中元组个数是有限的：元组个数有限性；

②二维表中元组均不相同：元组的唯一性；

③二维表中元组的次序可以任意交换：元组的次序无关性；

④二维表中元组的分量是不可分割的基本数据项：元组分量的原子性；

⑤二维表中属性名各不相同：属性名唯一性；

⑥二维表中属性与次序无关，可任意交换：属性的次序无关性；

⑦二维表属性的分量具有与该属性相同的值域：分量值域的统一性。

在二维表中唯一标识元组的最小属性值称为该表的键或码，二维表中可能有若干个键，它们称为表的候选码或候选键。从二维表的所有候选键选取一个作为用户使用的键称为主键或主码。表 A 中的某属性集是某表 B 的键，则称该属性值为 A 的外键或外码。

关系操纵：数据查询、数据删除、数据插入、数据修改。

关系模型允许定义三类数据约束，它们是实体完整性约束、参照完整性约束以及用户定义的完整性约束。

小提示：关系模式采用二维表来表示，一个关系对应一张二维表。可以这么说，一个关系就是一个二维表，但是一个二维表不一定是一个关系。

疑难解答：E－R 图是如何向关系模式转换的？

从 E－R 图到关系模式的转换是比较直接的，实体与联系都可以表示成关系，E－R 图中属性也可以转换成关系的属性。实体集也可以转换成关系。

10.4.3　关系代数

1. 关系模型的基本操作

关系模型的基本操作：插入、删除、修改和查询。

其中，查询包含如下运算：

①投影运算。从 R 中选择出若干属性列组成新的关系。

②选择运算。选择运算是一个一元运算，关系 R 通过选择运算（并由该运算给出所选择的逻辑条件）后仍为一个关系。设关系的逻辑条件为 F，则 R 满足 F 的选择运算可写成 $\sigma F(R)$。

③笛卡尔积运算。设有 n 元关系 R 及 m 元关系 S，它们分别有 p、q 个元组，则关系 R 与 S 经笛卡尔积记为 R×S，该关系是一个 n＋m 元关系，元组个数是 p×q，由 R 与 S 的有序组组合而成。

小提示：当关系模式进行笛卡尔积运算时，读者应该注意运算后的结果是 n＋m 元关系，元组个数是 p×q，这是经常混淆的。

2. 关系代数中的扩充运算

（1）交运算

关系 R 与 S 经交运算后所得到的关系是由那些既在 R 内又在 S 内的有序组组成的，记为 R∩S。

（2）除运算

如果将笛卡尔积运算看作乘运算的话，除运算就是它的逆运算。当关系 T＝R×S 时，则可将除运算写成 T÷R＝S 或 T/R＝S，S 称为 T 除以 R 的商，除法运算不是基本运算，它可以由基本运算推导出。

（3）连接与自然连接运算

连接运算又可称为 θ 运算，这是一种二元运算，通过它可以将两个关系合并成一个大关系。设有关系 R、S 以及比较式 iθj，其中 i 为 R 中的域，j 为 S 中的域，θ 含义同前。则可以将 R、S 在域 i、j 上的 θ 连接记为：$\underset{i\theta j}{R\bowtie S}$。在 θ 连接中，如果 θ 为 "＝"，就称此连接为等值连接，否则称为不等值连接；如果 θ 为 "＜"，称为小于连接；如果 θ 为 "＞"，称为大于连接。

自然连接（natural join）是一种特殊的等值连接，它满足下面的条件：

①两关系间有公共域；

②通过公共域的等值进行连接。

设有关系 R、S，R 有域 A1，A2，…，An，S 有域 B1，B2，…，Bm，并且，Ai1，Ai2，

…，Aij 与 B1，B2，…，Bj 分别为相同域，此时它们自然连接可记为 R|×|S。

自然连接的含义可用下式表示：

$$R|×|S = πA1, A2, …, An, Bj + 1, …, Bm(σAi1 = B1^Ai2 = B2^ ^Aij = , Bj(R × S))…$$

疑难解答：连接与自然连接的不同之处是什么？

一般的连接操作是从行的角度进行运算的，但自然连接还需要取消重复列，所以是同时从行和列的角度进行运算的。

10.4.4 数据库设计与管理

数据库设计中有两种方法：面向数据的方法和面向过程的方法。

面向数据的方法是以信息需求为主，兼顾处理需求；面向过程的方法是以处理需求为主，兼顾信息需求。由于数据在系统中稳定性高，数据已成为系统的核心，因此面向数据的设计方法已成为主流。数据库设计目前一般采用生命周期法，即将整个数据库应用系统的开发分解成目标独立的若干阶段。它们是：需求分析阶段、概念设计阶段、逻辑设计阶段、物理设计阶段、编码阶段、测试阶段、运行阶段和进一步修改阶段。在数据库设计中采用前 4 个阶段，它们的成果分别是需求说明书、概念数据模型、逻辑数据模型和数据库内模式。

10.4.5 例题详解

【例1】对于数据库系统，负责定义数据库内容，决定存储结构和存取策略及安全授权等工作的是（　　）。

　　A. 应用程序员　　　　　　　　　　　　B. 用户

　　C. 数据库管理员　　　　　　　　　　　D. 数据库管理系统的软件设计员

解析：数据库管理员（简称 DBA）具有如下职能：设计、定义数据库系统；帮助用户使用数据库系统；监督与控制数据库系统的使用和运行；改进和重组数据库系统；转储和恢复数据库；重构数据库。所以，定义数据库内容，决定存储结构和存取策略及安全授权等是数据库管理员（DBA）的职责。答案：C。

【例2】在数据库管理技术的发展过程中，经历了人工管理阶段、文件系统阶段和数据库系统阶段。在这几个阶段中，数据独立性最高的是（　　）。

　　A. 数据库系统　　　　B. 文件系统　　　　C. 人工管理　　　　D. 数据项管理

解析：在人工管理阶段，数据无法共享，冗余度大，不独立，完全依赖于程序。在文件系统阶段，数据共享性差，冗余度大，独立性也较差。所以 B 选项和 C 选项均是错误的。答案：A。

【例3】在数据库系统中，当总体逻辑结构改变时，通过改变（　　），使局部逻辑结构不变，从而使建立在局部逻辑结构之上的应用程序也保持不变，称为数据和程序的逻辑独立性。

　　A. 应用程序　　　　　　　　　　　　　B. 逻辑结构和物理结构之间的映射

　　C. 存储结构　　　　　　　　　　　　　D. 局部逻辑结构到总体逻辑结构的映射

解析：模式描述的是数据的全局逻辑结构，外模式描述的是数据的局部逻辑结构。当模式改变时，由数据库管理员对外模式/模式映射做相应改变，可以使外模式保持不变。应用程序是依据数据的外模式编写的，从而应用程序也不必改变，保证了数据与程序的逻辑独立性，即数据的逻辑独立性。答案：D。

【例4】 数据库系统依靠（ ）支持数据的独立性。

A. 具有封装机制 B. 定义完整性约束条件

C. 模式分级，各级模式之间的映射 D. DDL 语言和 DML 语言互相独立

解析：数据库的三级模式结构指数据库系统由外模式、模式和内模式 3 级构成。数据库管理系统在这 3 级模式之间提供了两层映射：外模式/模式映射，模式/内模式映射。这两层映射保证了数据库系统中的数据能够具有较高的逻辑独立性和物理独立性。答案：C。

【例5】 将 E－R 图转换到关系模式时，实体与联系都可以表示成（ ）。

A. 属性 C. 键 B. 关系 D. 域

解析：E－R 图由实体、实体的属性和实体之间的联系 3 个要素组成，关系模型的逻辑结构是一组关系模式的集合，将 E－R 图转换为关系模型，即将实体、实体的属性和实体之间的联系转化为关系模式。答案：B。

【例6】 用树形结构来表示实体之间联系的模型称为（ ）。

A. 关系模型 B. 层次模型 C. 网状模型 D. 数据模型

解析：满足下面两个条件的基本层次联系的集合为层次模型：①有且只有一个结点没有双亲结点，这个结点称为根结点；②根以外的其他结点有且仅有一个双亲结点。层次模型的特点：①结点的双亲是唯一的；②只能直接处理一对多的实体联系；③每个记录类型定义一个排序字段，也称为码字段；④任何记录值只有按其路径查看时，才能显出它的全部意义；⑤没有一个子女记录值能够脱离双亲记录值而独立存在。答案：B。

【例7】 对数据库中的数据可以进行查询、插入、删除、修改（更新），这是因为数据库管理系统提供了（ ）。

A. 数据定义功能 B. 数据操纵功能 C. 数据维护功能 D. 数据控制功能

解析：数据库管理系统包括如下功能：

①数据定义功能：DBMS 提供数据定义语言（DDL），用户可以通过它方便地对数据库中的数据对象进行定义。

②数据操纵功能：DBMS 还提供数据操作语言（DML），用户可以通过它操纵数据，实现对数据库的基本操作，如查询、插入、删除和修改。

③数据库的运行管理：数据库在建立、运用和维护时由数据库管理系统统一管理、统一控制，以保证数据的安全性、完整性、多用户对数据的并发使用及发生故障后的系统恢复。

④数据库的建立和维护功能：它包括数据库初始数据的输入、转换功能，数据库的转储、恢复功能，数据库的重组、功能和性能监视等。答案：B。

【例8】 设关系 R 和关系 S 的属性元数分别是 3 和 4，关系 T 是 R 与 S 的笛卡儿积，即 T＝R×S，则关系 T 的属性元数是（ ）。

A. 7 B. 9 C. 12 D. 16

解析：笛卡儿积的定义是设关系 R 和 S 的元数分别是 r 和 s，R 和 S 的笛卡儿积是一个（r＋s）元属性的集合，每一个元组的前 r 个分量来自 R 的一个元组，后 s 个分量来自 s 的一个元组。所以关系 T 的属性元数是 3＋4＝7。答案：A。

【例9】 下述（ ）不属于数据库设计的内容。

A. 数据库管理系统 B. 数据库概念结构

C. 数据库逻辑结构　　　　　　　　　　　　D. 数据库物理结构

解析：数据库设计是确定系统所需要的数据库结构。数据库设计包括概念设计、逻辑设计和建立数据库（又称物理设计）。答案：A。

【例10】一个数据库的数据模型至少应该包括3个组成部分：（　　　）、数据操作和数据的完整性约束条件。

解析：数据模型是严格定义的一组概念的集合。这些概念精确地描述了系统的静态特性、动态特性和完整性约束条件。因此，数据模型通常由数据结构、数据操作和完整性约束3部分组成。其中，数据结构是对系统静态特性的描述，数据操作是对系统动态特性的描述，数据的完整性约束用于限定符合数据模型的数据库状态及状态的变化，以保证数据的正确性、有效性和相容性。答案：数据结构。

【例11】在关系数据模型中，二维表的列称为属性，二维表的行称为（　　　）。

解析：一个关系是一张二维表。表中的行称为元组，一行对应一个元组，一个元组对应存储在文件中的一个记录值。答案：元组。

习 题 10

1. 算法的有穷性是指（　　　）。答案：A

A. 算法程序的运行时间是有限的　　　　　　B. 算法程序所处理的数据量是有限的

C. 算法程序的长度是有限的　　　　　　　　D. 算法只能被有限的用户使用

2. 对长度为 n 的线性表排序，在最坏情况下，比较次数不是 n(n−1)/2 的排序方法是（　　　）。答案：D

A. 快速排序　　　　　B. 冒泡排序　　　　　C. 直接插入排序　　　　D. 堆排序

3. 下列关于栈的叙述，正确的是（　　　）。答案：B

A. 栈按"先进先出"组织数据　　　　　　　　B. 栈按"先进后出"组织数据

C. 只能在栈底插入数据　　　　　　　　　　D. 不能删除数据

4. 一个栈的初始状态为空。现将元素1、2、3、4、5、A、B、C、D、E 依次入栈，然后再依次出栈，则元素出栈的顺序是（　　　）。答案：B

A. 12345ABCDE　　　　B. EDCBA54321　　　　C. ABCDE12345　　　　D. 54321EDCBA

5. 下列叙述中正确的是（　　　）。答案：D

A. 循环队列有队头和队尾两个指针，因此，循环队列是非线性结构

B. 在循环队列中，只需要队头指针就能反映队列中元素的动态变化情况

C. 在循环队列中，只需要队尾指针就能反映队列中元素的动态变化情况

D. 循环队列中元素的个数是由队头指针和队尾指针共同决定的

6. 结构化程序设计的基本原则不包括（　　　）。答案：A

A. 多态性　　　　　　B. 自顶向下　　　　　C. 模块化　　　　　　D. 逐步求精

7. 在面向对象方法中，不属于"对象"基本特点的是（　　　）。答案：A

A. 一致性　　　　　　B. 分类性　　　　　　C. 多态性　　　　　　D. 标识唯一性

8. 下列选项中不属于结构化程序设计原则的是（　　　）。答案：A

A. 可封装　　　　　　B. 自顶向下　　　　　C. 模块化　　　　　　D. 逐步求精

9. 数据库管理系统是（　　）。答案：B

A. 操作系统的一部分 　　　　　　　　　B. 在操作系统支持下的系统软件

C. 一种编译系统 　　　　　　　　　　　D. 一种操作系统

10. 面向对象方法中，继承是指（　　）。答案：D

A. 一组对象所具有的相似性质 　　　　　B. 一个对象具有另一个对象的性质

C. 各对象之间的共同性质 　　　　　　　D. 类之间共享属性和操作的机制

11. 程序流程图中带有箭头的线段表示的是（　　）。答案：C

A. 图元关系 　　　　B. 数据流 　　　　C. 控制流 　　　　D. 调用关系

12. 软件设计中，模块划分应遵循的准则是（　　）。答案：B

A. 低内聚低耦合 　　B. 高内聚低耦合 　　C. 低内聚高耦合 　　D. 高内聚高耦合

13. 在软件开发中，需求分析阶段产生的主要文档是（　　）。答案：B

A. 可行性分析报告 　　　　　　　　　　B. 软件需求规格说明书

C. 概要设计说明书 　　　　　　　　　　D. 集成测试计划

14. 数据流图中带有箭头的线段表示的是（　　）。答案：D

A. 控制流 　　　　　B. 事件驱动 　　　　C. 模块调用 　　　　D. 数据流

15. 在软件开发中，需求分析阶段可以使用的工具是（　　）。答案：B

A. N－S 图 　　　　B. DFD 图 　　　　C. PAD 图 　　　　D. 程序流程图

16. 在数据库设计中，将 E－R 图转换成关系数据模型的过程属于（　　）。答案：C

A. 需求分析阶段 　　B. 概念设计阶段 　　C. 逻辑设计阶段 　　D. 物理设计阶段

R

B	C	D
a	0	k1
b	1	n1

S

B	C	D
f	3	h2
a	0	k1
n	2	x1

T

B	C	D
a	0	k1

17. 由关系 R 和 S 通过运算得到关系 T，则所使用的运算为（　　）。答案：D

A. 并 　　　　　　　B. 自然连接 　　　　C. 笛卡尔积 　　　　D. 交

18. 设有表示学生选课的三张表：学生 S（学号，姓名，性别，年龄，身份证号），课程 C（课号，课名），选课 SC（学号，课号，成绩），则表 SC 的关键字（键或码）为（　　）。答案：C

A. 课号，成绩 　　　　　　　　　　　　B. 学号，成绩

C. 学号，课号 　　　　　　　　　　　　D. 学号，姓名，成绩

19. 一间宿舍可住多个学生，则实体宿舍和学生之间的联系是（　　）。答案：B

A. 一对一 　　　　　B. 一对多 　　　　　C. 多对一 　　　　　D. 多对多

R

A	B
m	1
n	2

S

B	C
1	3
3	5

T

A	B	C
m	1	3

20. 由关系 R 和 S 通过运算得到关系 T，则所使用的运算为（　　）。答案：D

A. 笛卡尔积 　　　　B. 交 　　　　　　　C. 并 　　　　　　　D. 自然连接